工程信息管理

刘雨桐 孔令和 汪洋 薛广涛 著

清華大學出版社
北京

内 容 简 介

本书按照管理学的思想，根据管理的目的、主体、客体、方法、环境与条件几个要素，系统全面地介绍面向工程信息的管理知识，利用理论和实践相结合的方法，深入剖析为什么要进行工程信息管理、由谁管理、管理哪些内容、如何管理，以及管理使用的系统与环境。本书共9章，按照“总—分—总”的架构进行知识编排。第1、2章为概括总述部分，概括性介绍工程信息管理的主体、内容和意义，以及系统性介绍工程信息管理的组织结构、活动组成、功能实现等内容，使读者能够从全局的视角率先理解工程信息管理的含义，对全书内容有大致的把握。第3～7章分别从过程管理、全生命周期信息管理、利益相关方信息管理、安全管理、伦理与规范几个角度阐述工程信息管理的核心要点。第8、9章总结实际应用中开发的工程信息管理系统、管理实践案例以及未来管理技术发展趋势。通过这种“总—分—总”的架构，读者能够全面完整地了解工程信息管理的框架和要点，并最终能够用所学知识指导实际应用，提升所在行业的信息管理效率和生产力。本书强调基础理论的全面性与整体性，特别注重理论对工程实践的指导意义，因此，书中增加了大量的真实工程信息应用案例对相应理论进行解析，便于读者理解和应用。

本书以培养读者的理论素养、应用能力、创新能力为核心目标，配合真实工程信息应用案例，使理论知识讲解清晰易懂，同时在每章的最后提供了相应的思考题，考查并提高读者对章节知识的理解程度。本书可作为高等院校工程管理高年级本科生和硕士研究生的核心课程教材，也可作为工程管理人员和工程技术人员的自学参考用书。

图书在版编目（CIP）数据

工程信息管理 / 刘雨桐等著. -- 北京：清华大学出版社，2025.3. -- ISBN 978-7-302-68753-5

Ⅰ. TB

中国国家版本馆 CIP 数据核字第 20257J63V8 号

责任编辑： 龙启铭　王玉梅
封面设计： 刘　键
责任校对： 刘惠林
责任印制： 沈　露

出版发行： 清华大学出版社

网　　址： https://www.tup.com.cn，https://www.wqxuetang.com
地　　址： 北京清华大学学研大厦 A 座　　**邮　　编：** 100084
社 总 机： 010-83470000　　**邮　　购：** 010-62786544
投稿与读者服务： 010-62776969，c-service@tup.tsinghua.edu.cn
质量反馈： 010-62772015，zhiliang@tup.tsinghua.edu.cn
课件下载： https://www.tup.com.cn，010-83470236

印 装 者： 三河市龙大印装有限公司
经　　销： 全国新华书店
开　　本： 185mm×260mm　　**印　　张：** 15　　**字　　数：** 365 千字
版　　次： 2025 年 5 月第 1 版　　**印　　次：** 2025 年 5 月第1次印刷
定　　价： 59.00 元

产品编号：104827-01

前言

工程信息管理在现代工程项目中发挥着至关重要的作用，它贯穿项目的全生命周期，涉及项目的规划、设计、施工、运维等各个环节。对海量工程信息的有效管理可以提高项目的决策效率和准确性，优化资源配置，加强项目参与方的沟通与协作，并最终提升项目管理的效率和质量。

国内外已有大量丰富的案例印证了工程信息管理的重要性。上海中心大厦是上海市的一座标志性建筑，其建设过程充分展现了国内工程信息管理的先进水平。中国建筑股份有限公司作为该项目的承建方，为上海中心大厦建设项目引入了先进的工程信息管理系统，实现了项目信息的全面数字化管理。该系统涵盖了项目进度、成本、质量、安全等各方面，包含了项目进度管理、成本管理、质量管理、安全管理等多个模块，旨在通过实时工程信息收集、集中存储、分析和共享，提高项目管理效率和质量。在工程信息管理系统的帮助下，上海中心大厦建设项目的管理团队能够实时掌握项目进展情况，及时调整施工计划，确保项目按时交付。同时，系统还能够帮助管理团队进行成本控制和风险管理，避免了浪费和损失。此外，工程信息管理系统还促进了项目团队之间的沟通与协作。项目成员通过系统共享设计文件、施工图纸、技术资料等信息，减少了信息传递的延误和误差。这种高效的信息共享机制不仅提高了工作效率，还加强了团队之间的合作与信任。类似地，伦敦希斯罗机场扩建项目也采用了先进的工程信息管理系统。该系统不仅包括了项目进度、成本、质量等关键数据，还整合了设计文档、施工图纸、合同文件等大量信息。通过这一系统，诺丁汉建筑集团项目团队成员能够随时获取所需信息，确保决策的及时性和准确性。

除了建筑工程外，制造工程、科学工程、社会工程也提出了信息管理的需求。尤其是在当下大数据时代，工程项目中涉及的信息种类繁多，如各式各样的设计图纸、质量检测报告、进度报告等。这些数据不仅数量庞大，而且格式多样，需要耗费大量时间和人力进行整理和分析。同时，由于工程项目往往涉及多个参与方，各方之间的数据交换和共享也面临一定的挑战，如信息孤岛问题(不同部门或参与方之间缺乏有效的信息沟通和共享机制，导致信息流通不畅，形成信息孤岛)。这不仅影响了项目决策的及时性和准确性，还可能导致资源浪费和重复劳动。此外，工程项目中涉及的信息往往具有一定的商业价值或敏感性，如成本预算、技术方案等。一个有效的工程信息管理方案需要确保这些信息在传递、存储和使用过程中的安全性，防止信息泄露或被非法获取。

随着物联网、云计算、联邦学习、区块链等先进技术的不断进步，工程信息管理系统的设计也应当随之进行更新。为进一步提高管理效率，工程信息管理系统设计应当充分利

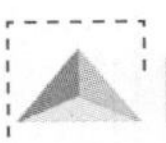

用物联网为工程信息的实时收集和传输提供的感知手段和通信支持,云计算为海量工程信息的集中分析与处理提供的大算力的支撑,联邦学习为信息的隐私保护和互通共享提供的技术保障,区块链为工程信息的真实性和可靠性提供的理论依据;工程信息管理人员应当与时俱进,学习、理解并最终运用这些技术提高工程信息管理的效率和质量,这既是时代推动下的潮流,也是社会发展的需求。

本书以现代工程信息管理技术为切入点,通过理论与实践相结合的形式,结合具体工程信息管理案例,深入剖析为什么要进行工程信息管理、由谁管理、管理哪些内容、如何管理,以及管理使用的系统与环境。本书共 9 章,按照"总—分—总"的架构进行知识编排。第 1、2 章为概括总述部分,概括性介绍工程信息管理的主体、内容和意义,以及系统性介绍工程信息管理的组织结构、活动组成、功能实现等内容,使读者能够从全局的视角率先理解工程信息管理的含义,对全书内容有大致的把握。第 3～7 章分别从过程管理、全生命周期信息管理、利益相关方信息管理、安全管理、伦理与规范几个角度阐述工程信息管理的核心要点。第 8、9 章总结实际应用中开发的工程信息管理系统、管理实践案例以及未来管理技术发展趋势。本书以培养读者的理论素养、应用能力、创新能力为核心目标,配合真实工程信息应用案例使理论知识讲解清晰易懂,同时在每章的最后提供了相应的思考题,考查并提高读者对章节知识的理解程度。

当前技术的快速更新迭代,导致大量工程信息管理人员缺乏先进的信息管理知识和技能。同时由于工作量大、时间紧等,信息管理工作的质量不高,这在一定程度上抑制了工程效率的提高。为了更好地使用本书来帮助个人提高工程信息管理的能力,首先,建议读者通过阅读本书的概述部分,理解工程信息管理的核心价值和目的,明确信息在工程项目管理中的重要性。这将有助于读者形成对工程信息管理的整体认识,为后续的学习和实践奠定基础。其次,建议读者按照本书的章节顺序,逐步学习工程信息管理的知识体系,即从工程信息管理体系的基本框架和原理开始,逐步深入过程管理、全生命周期信息管理、利益相关方信息管理、安全管理以及伦理与规范等多方面,确保对每方面的知识都能够清晰地理解和掌握。在学习过程中,读者既可以通过本书提供的真实工程信息应用案例,分析案例中的信息管理策略和方法,也可以进一步思考如何将这些策略和方法应用到自己所在领域的工程项目中。在积极参与工程项目实践的过程中,读者可以尝试运用书中所讲知识,不断积累经验,提升实际工程信息管理的能力。读者在使用本书的过程中,应关注最新的技术趋势和研究成果,了解新兴技术在工程信息管理中的应用,并根据实际需要,更新自己的信息管理策略和方法,以适应不断变化的工程环境。最后,在每章学习结束后,读者应依托书后的思考题对自己的学习成果进行检验和反思,并通过定期对自己的工程项目信息管理实践进行总结和梳理,找出存在的问题和不足,制定改进措施,逐步提升自己的工程信息管理能力。

在本书的撰写过程中,刘雨桐博士承担了第 1～4 及第 8、9 章的撰写工作。她在工程信息管理方面积累的研究背景和教学经验,为本书大部分章节的实践案例与理论分析提供了重要参考。孔令和教授负责整体结构的规划和内容的组织,通过与各章作者密切沟通,确保了全书的连贯性和逻辑性。同时,他还参与了第 1 章的撰写工作,从宏观的视角对本书的整体基调和内容范畴进行了准确把握。本书第 5、6 章由汪洋博士撰写,重点探讨通过先进计算机技术进行工程信息的融合和安全保护。他的研究背景以及在该领域的实践经验，使得这两章具有很高的实用性和研究价值。薛广涛教授负责对全书的审阅和指导，他在参与第7、9章撰写工作的过程中，通过前瞻性的视角分析该领域的最新发展与研究趋势，为读者提供了新的视角和思考方式。

在此，衷心感谢参与本书撰写的所有作者和支持人员。他们的努力与奉献使得本书的完成成为可能。希望读者能够从中获得启发与收获，对该主题有更深入的理解。

作　者

2024年6月

目 录

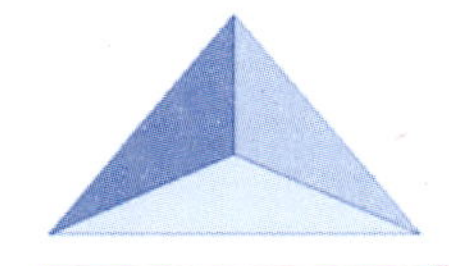

第 1 章 工程信息管理概论

本章要点

按照管理学的思想,一项管理活动必须具备五个要素。

(1) 管理的目的:为什么要进行管理。

(2) 管理的主体:由谁管理。

(3) 管理的客体:管理哪些内容。

(4) 管理的方法:如何管理。

(5) 管理的环境与条件:管理使用的系统与环境。

作为本书的开篇第1章,本章从标题"工程信息管理"切入,拆字分析,分别解释了什么是工程、工程管理、信息、信息管理、工程信息、工程信息管理以及工程管理信息化建设;从概念、内涵、特征几方面进行概述,同时配合一些实例进行具象的解释,旨在让读者明白管理的第一要素——管理的目的,即为什么要进行工程信息管理,从而在讲解各类技术之前做好思想铺垫和建设,用科学、理性的思维进行接下来的学习和探索。本书后几章会对本章提到的一些技术性概念进行具体解释。

1.1 工程与工程管理

工程信息管理是工程项目管理的一部分,因此在学习本书工程信息管理的相关内容之前,读者首先要明确什么是工程以及什么是工程管理。

1.1.1 工程概述

目前,"工程"在不同的版本中有不同的解释,这里分别选取国外和国内两个对"工程"的典型解释。

(1)《剑桥国际英语词典》中的定义:一项在一段时间内完成并为实现一个特定目标的有计划的工作或活动。("A piece of planned work or activity which is completed over a period of time and intended to achieve a particular aim.")

(2)《辞海》中的定义:将自然科学的原理应用到工农业生产部门中去而形成的各学科的总称,或指具体的基本建设项目。

从上述定义可以看出,工程是人类为了更好地生存和更快地发展,应用有关的科学知识和技术手段,通过一群人的有组织的活动将某个(或某些)现有自然或人造的实体转换为具有预期使用价值的人造产品的过程。在现实生活中，符合上述定义的工程实例也很多，例如：

（1）建筑工程：建造房屋、仓库、铁路、桥梁、水坝等。

（2）制造工程：制造设备、车辆、船舶、武器等。

（3）科学工程：软件工程、基因工程、空间探索工程等。

（4）社会工程：985/211 工程、菜篮子工程、希望工程等。

为了更好地支持我国 2022 年北京冬奥会的举办，Populus 跨国建筑设计公司和北京建筑设计研究院联合设计并建造了国家速滑馆，如图 1-1(a)所示。该建筑又被称为“冰丝带”，位于北京城市中轴线北端的奥林匹克森林公园西侧，是典型的建筑工程实例。该建筑整体呈椭圆形，以“冰”和“速度”为设计象征，外形有 22 根飘逸发光的丝带线条，是目前世界上跨度最大的单层双向正交马鞍形索网屋面体育馆。在该工程建设期间，多家单位联合协作，共同攻坚，例如：通过 12∶1 的缩尺模型进行了大跨度索网屋盖结构建造关键技术及模型试验研究，解决了屋顶的建设难题；通过建筑信息模型（building information model，BIM）技术，在深化设计阶段、构件加工阶段、施工阶段，基于扫描复测和 BIM 参数化设计，使模型数据传递至加工生产的具体环节，保证了幕墙龙骨高精度调节和玻璃容差安装，实现了幕墙精准高效施工。

(a)“冰丝带”建筑工程

(b) 特斯拉车辆制造工程

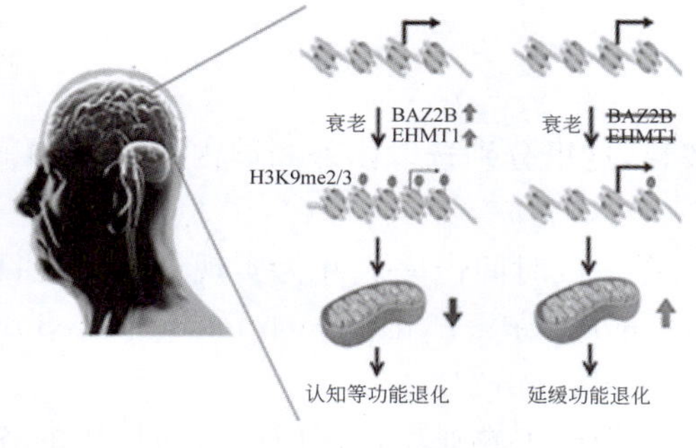

(c) 抗衰老基因科学工程

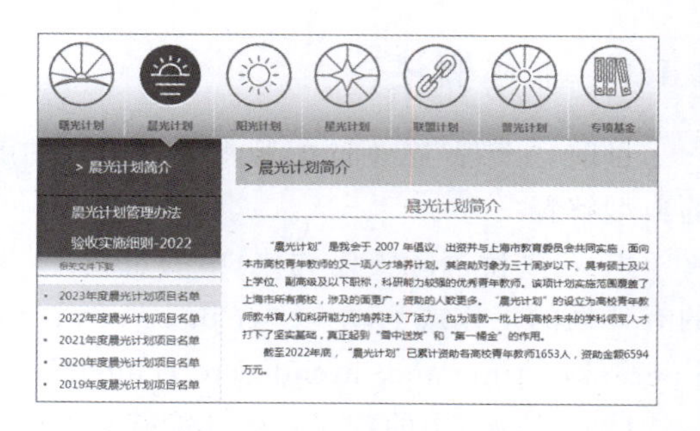

(d)“晨光计划”社会工程

图 1-1　四大类工程实例

2022 年，特斯拉上海超级工厂累计交付 71 万辆新能源车辆，远超 2021 年度的 48.413

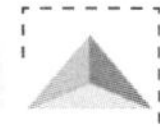

万辆。该超级工厂配置了新型车辆制造工程流程。如图 1-1(b)所示，在该超级工厂中，共有冲压中心、车身中心、烤漆中心与组装中心四大制造部门。冲压机器把切割后的薄铝合金金属板冲压成汽车所需的各种形状厚度的零部件。车身中心需要将部分钢制的底盘和连接件焊接起来，而后对整个车身进行焊接。烤漆结束后，机器人会根据现拍的车顶照片计算出安装玻璃天窗的位置并精确地放入。接着把车辆的中控内饰、座椅、动力组件、车轮以及电池底盘装入车架内。在整个自动化流水线中，由计算机控制的机器人，以及机器人之间的无缝对接，辅助工人进行快速汽车制造和加工，这体现了当下制造工程的智能化和数字化发展趋势。

为了推动科技领域的发展创新，国家自然科学基金委每年都会根据当下科技范式变革，在各学科领域提出各种值得研究的科学问题，以科学工程的申请和推进形式来推动重大挑战的应对和重要科学成果的产出。例如，《器官衰老与器官退行性变化的机制重大研究计划 2022 年度项目指南》，旨在明确组织器官衰老及退行性变化的共性机制和器官特异性改变的分子基础。如图 1-1(c)所示，通过发展与衰老及器官退行性变化相关研究的新方法与新技术，聚焦重要人体组织器官和生理功能系统的衰老及其向退行性变化演变的早期过程，明确器官衰老和器官退行性变化相关的分子、细胞和功能变化特征，阐释器官衰老及向退行性变化演变的调控机制，认识衰老相关疾病发生发展，为制定衰老相关疾病的应对策略提供理论指导。

除此之外，上海市"晨光计划"由上海市教育发展基金会于 2007 年倡议、出资并与上海市教育委员会共同实施，为面向本市高校青年教师的人才培养工程。如图 1-1(d)所示，该计划的资助对象为三十周岁以下、具有硕士及以上学位、副高级及以下职称，科研能力较强的优秀青年教师。该工程有助于为高校青年教师教书育人和科研能力的培养注入活力，为造就一批上海高校未来的学科领军人才打下基础。该社会工程不同于建筑、制造工程等能获得具体的产品产出，其关注的是人才培养，通过投入资金激励人才的科研和教育等发展，从人文的角度推动社会发展，是典型的社会工程实例。

进一步分析表明，"工程"一词包含三方面的含义：工程活动、工程技术系统和工程科学。其中，工程活动即上述定义中提到的"有计划的工作或活动"，如可行性研究、项目规划、设备制造、施工、运行和维护、技术创新等各类为了完成工程目的而进行的活动。工程技术系统往往是工程核心内容，即通过上述活动建造出的具备一定的系统结构的人造技术系统，可以实现一定的使用功能或价值，例如某生产流水线或车间、某种具备新功能的产品、某种长度的铁路等。而工程科学即上述定义中提到的"学科"，对应一系列专业技术知识体系，例如在学科体系中常见到的各类形容专业的词汇，如力学、材料学、土木工程、化学工程、软件工程、食品工程、生物工程等。

虽然工程的定义比较宽泛，但其具备以下几个本质特征。

(1) 工程的复杂性：工程需要较多的人力、物力将自然资源转换为各类成果，工作庞大、复杂、有理论支撑。一些简单或重复的制造或生产过程虽然也能将自然资源转换为成品，但不能被称为工程，例如炒一盘青菜、抄写一段文字等。

(2) 工程的系统性：工程完成过程中需要按合理的计划，有组织、有目的地进行一系列活动或工作。任何一项工程的完成都离不开合适而独立的设计。生物优良品种的筛选、培育和推广依托于专门的设计和计划,可以被称为工程,但生物的自然繁育不能被称为工程。

(3) 工程的相对性:在不同时期工程的定义不同,古人生产能力不高时,打造一把镰刀就是一项大工程,而当下在更发达的生产能力支持下,这件事已然不能称为一项工程,这是工程的时间相对性。同时,一栋大楼的设计可以被称为一项工程,大楼中一个房间的设计也可以是一项工程,这是工程的范围相对性。

(4) 工程的整体性:工程一旦开始就具有整体的生命周期,包括前期的设计、计划,中期的实施、推进和后期的运行、维护等阶段。各阶段不同的表现或涉及的不同问题都会影响整个工程的进展和最终的结果。同时,在系统中,各个利益方、人与生产资料之间的关系也彼此影响,关联紧密。

(5) 工程的价值性:工程是人类为了解决一定的社会、经济或生活问题而提出并建造的具有一定功能或一定价值的系统,因此工程要以价值为导向,并最终为取得更大的经济、社会、环境等效益而服务。

1.1.2 工程管理概述

工程管理是指为实现预期目标,有效地利用资源,对工程所进行的决策、计划、组织、指挥、协调与控制。从该定义可以看出,工程管理对工程全生命周期过程进行管理,以实现工程总目标为管理目的,需要运用科学的管理理论、方法和手段来协调工程各部分和各子系统,因此其同样具有类似工程特征的复杂性、系统性、整体性和价值性。除此之外,工程管理还具有其他几个特性。

(1) 工程管理的专业性:工程管理是工程技术、工程科学和管理科学交叉融合的学科,管理过程除了需要管理学思想的指导外,还需要工程相关的技术、流程、组织结构等。因此,工程管理不仅具有人文社会科学特征,还具备技术性特征,在管理过程中要重视理论与实践的结合,工程管理理论都应来源于实践并用于指导实践。

(2) 工程管理的多样性:不同阶段或者不同相关方涉及的工程管理属性具有一定的偏向性。比如工程前期的决策、经济投入、产业规划阶段偏向经济管理属性,而工程后期的设计、实施和维护阶段偏向技术管理属性。同时,高层工程管理者,如政府、企业高管等,更多着眼于经济管理的角度,而实施层执行者更多着眼于技术管理属性。

(3) 工程管理的导向性:工程管理对于整个工程系统的计划、执行、推动,并最终实现价值具有导向作用。在管理过程中,应当具备大局观,从宏观角度统筹整个工程各部分的协调与合作。

对工程全生命周期的管理主要包含前期策划、设计和计划、施工、运行、更新几个阶段的管理,如图 1-2 所示。

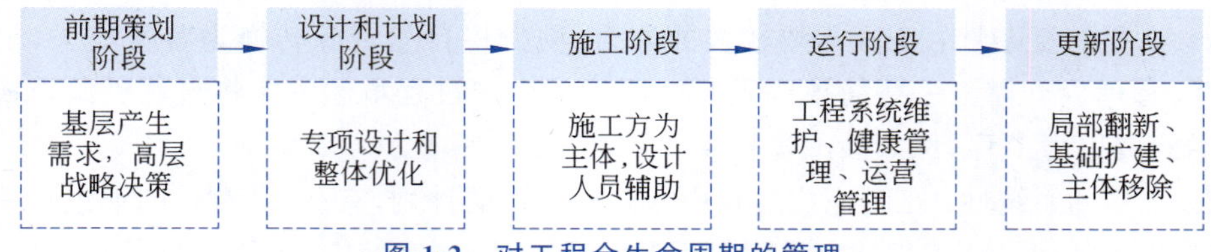

图 1-2 对工程全生命周期的管理

前期策划阶段通常从工程构思产生到批准立项为止，综合考虑工程的动机、目标、可行性、成果定位、项目预算、总体实施方案、优先级等问题，主要由基层产生需求并由高层进行战略决策。例如，某市基于对客运出租车运行管理过程中产生的动态监控需求，提出利用卫星定位系统等现代化科技手段搭建新型出租车运营监控系统，实现精准监控，有据执法，更好地服务乘客，为政府、企业监管出租汽车提供现代化手段，有效提升监管能力和监管效率。同时促进出租汽车企业提高企业管理水平、提升企业服务水平，进而提高企业的竞争力。在该工程管理过程中，基层管理部门和一线执法部门提出需求，多方征求意见，然后专家论证该项目的可行性和必要性，最终经过必要流程决策是否批准项目立项。

设计和计划阶段通常需要对工程系统布局、定位、制定详细技术描述和说明。该管理阶段需要考虑各工程子系统之间的有机联系，采用专项设计和整体优化的思想，经历多次“设计—生产—使用—反馈”的螺旋式上升过程，提高系统各部分的协调性和适应性。该阶段的管理需要遵循可靠、安全、耐久、环境友好、可维护、可施工、可扩展以及人性化等设计准则。

施工阶段通常需要按照设计完成工程建设任务，重点关心工程建设阶段目标的灵活设置、采购管理和具体施工过程的管理。该阶段以施工方为主要任务承担主体，同时设计人员也应介入施工全过程，参与施工方案的制定，保持与承包商的沟通，从而保证工程总目标、设计准则和业主的各类要求能够在工程施工过程中得到全程贯彻。

运行阶段通常包括工程运行的准备、计划和组织等方面的工作，还包括工程系统的维护、健康管理、运营管理等内容。随着时间的推移，工程系统的老化问题越来越得到重视，社会对系统能够持续稳定运行的要求越来越高，使得工程运行阶段管理也变得日益重要。该阶段，管理既可以由使用单位或业主自行负责，也可以由第三方管理公司（如建筑工程中的物业方）承担，或由工程承包商承担运行维护和管理工作，这类管理更能保持工程管理的连续性、建设与维护责任的一体化，提高服务创新意识。例如，隧道建筑工程后期一旦发生坍塌、漏水等事故，将对人们的生命财产造成极大的威胁。因此对隧道的健康监测是确保隧道安全施工与运营的重要步骤。当下借助新型无线传感网的技术手段，可以通过在隧道健康监测工程现场埋设多个传感器节点，采用无线传输的方式组网。在工程运行阶段，这能够实现对隧道结构相关物理量的实时监测、上传和分析。这种手段避免了有线部署的范围限制和高额成本，可以代替施工人员实现二十四小时不间断监控，有效提升了隧道工程管理的效率。

更新阶段通常是指当一个工程已经超出其寿命年限，在使用过程中原有功能已经不符合要求，无法正常提供服务时，需要对工程采取改造、拆除或废弃的操作阶段。工程改造包括对工程部分功能进行更新、在结构主体框架基本不变的情况下局部翻新或在原有基础上扩建。不同于工程改造，工程拆除则是将工程原主体移除后重建，遗址的拆除和处理通常由下一个工程的投资者负责。

1.2　信息与信息管理

本节主要介绍什么是信息以及什么是信息管理。这里介绍的是信息与信息管理的通用概念，与1.3节将讲述的具体工程领域的信息和信息管理有所区别。

1.2.1 信息概述

按照信息论的奠基人香农(C.E.Shannon)在《通信的数学理论》一文中提到的概念，信息是用来消除随机不定性的量。它反映着客观世界中各种事物的特征和变化，可以借助某种载体加以传递。与信息经常混淆的概念有数据、消息、情报、知识等，信息与它们之间既有关联也有区别。

(1) 数据：数据是按照一定规律排列组合的物理符号，表现模态多种多样，可以是文字、数字、图像、声音、代码等。数据不一定有明确的含义，但信息是经过加工的数据，具有一定含义，且对决策有价值。

(2) 消息：消息是信息的一种反映形式，信息是消息的内容。

(3) 情报：情报是信息的一种类型，特指在特定情况下，有目的、有时效性且有价值的报道和资料，信息的范围要比情报更广。

(4) 知识：知识也是信息的一种类型，特指对信息提炼和推理得到的系统化、规律化的结论。

信息可以按照多种方式进行分类。例如，按照重要性划分，可分为战略信息、战术信息、作业信息；按应用领域划分，可分为管理信息、社会信息、科技信息、军事信息等；按加工顺序划分，可分为一次信息、二次信息、三次信息等；按模态划分可分为数字信息、图像信息、声音信息等。同时，信息也具有相当多的特性，以下列举几个特性。

(1) 事实性(客观性)：信息是普遍存在的，是对事物的状态、特征及其变化的客观反映，不随人的主观意志而改变。

(2) 时效性：信息的产生是动态、持续、变化的，但总是产生于事物运动之后。信息的生命周期是从产生到失去保留价值的时间间隔，而信息的使用价值也会随着时间的推移而衰减，直到退出其生命周期。例如，一笔业务信息从客户订单下达开始就诞生了，此时的信息拥有的价值较高，许多相关部门的人员都要对信息进行存取和处理。当一个订单完成以后，该笔信息的价值开始逐渐下降，此时将它转存到低成本的存储介质中可以节约成本。而当该笔业务发生后续服务问题(如质量问题、咨询需求和改进建议等)时，企业又需要重新激活该条信息，将它提取到高效设备中。随着质量保证期期满，这一信息的价值又重新下降，经过一定时间后，会退出它的生命周期。

(3) 相对性：对同一主体的不同认识会获得不同的信息。例如，不同信息接收者由于能力、目的、观察事物的角度和侧重点不同，会获得对同一事物的不同信息。

(4) 依附性：信息需要依附一定的物质载体，如声波、电磁波、化学材料等才能存储和传播，但信息内容与载体不同是相对独立的，不会因为不同的记录手段而发生改变。

(5) 共享性：信息可以通过多种渠道多种方式进行传递，同一份信息可以在不同主体之间共存且可以被无限复制和传递，并不因传递而减少，相反在某些情况下还可能因为共享导致信息量增加。

(6) 可转换性(可加工性)：信息可以从一种形态转换为另一种形态并保持一定的信息量，以拓宽信息的传递渠道和接收范围。

(7) 价值性：信息总是具有价值的，其价值可以体现在对人精神领域的支持或促进物质能量的生产和使用。

1.2.2　信息管理概述

信息管理是人类为了有效地开发和利用信息资源,以现代信息技术为手段,对信息资源进行计划、组织、领导和控制的社会活动。通常信息管理指代对信息的全过程进行管理,如图1-3所示,包括信息收集、信息加工、信息传输、信息存储、信息检索、信息利用、信息反馈等过程。

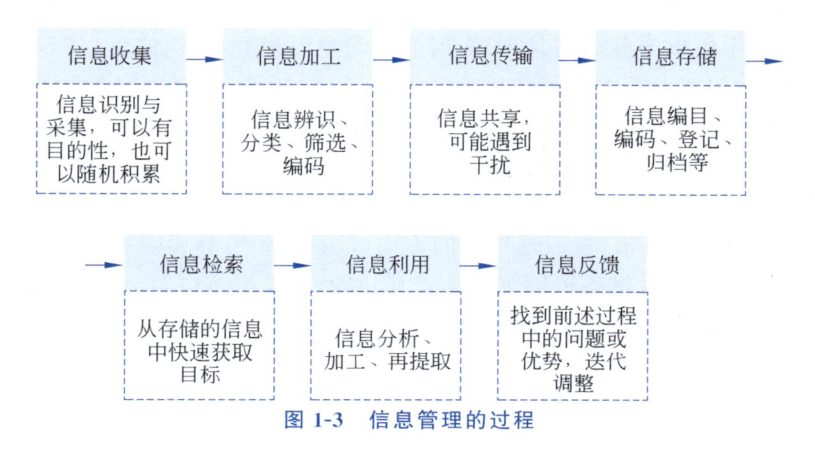

图1-3　信息管理的过程

信息收集过程包含信息识别与采集两个步骤。通过各类技术手段(既可以是人文类的调研、访谈、观察等,也可以是技术类的环境感知、勘察、测量等)收集海量相关信息,有时需要转换适当的载体形式做更好的表达和汇总。信息采集既可以按照一定目的进行专项采集,也可以不按照明确的目的进行随机积累。

信息加工过程是对收集来的信息进行辨识、分类、筛选、编码等操作,使信息更加条理化、规范化、准确化,提高信息质量,以便于后续的信息分析与使用。

信息传输过程是借助不同载体和渠道,在不同主体之间做信息共享,传输过程中可能会遭遇各类干扰,使得接收信息和发送信息不完全一致,带来畸变、缺失、失真等问题。

信息存储过程是对接收到或加工好的信息进行记录、存放、保管的过程,往往涉及编目、编码、登记、归档等步骤,也包含日常对信息存储数据库的维护与更新。

信息检索过程是按照一定规则从存储内容中快速获取目标信息的过程。

信息利用过程往往指代信息分析过程,可以是对同一份信息的再加工再提取,也可以是对不同源头、不同模态信息的综合分析,以提炼出更多更有价值的信息。提炼出的信息往往用于指导实际应用活动,提高活动效率。

信息反馈过程是使整个信息管理过程形成闭环的关键,该过程可以指出前述过程中存在的问题或优势,以便于信息管理过程自身扬长避短,对信息做到更有目的性、更有条理性的管理,更好地辅助和服务现实活动。

除了对信息本体进行管理外,有时候信息管理还涉及对信息活动各种要素的管理,如对人员、技术、设备、机构、资金、环境等要素进行合理的组织和控制。因此从管理内容上来看,信息管理也包括信息生产管理、组织管理、系统管理、产业管理、市场管理等。信息管理的应用范围也相对广泛,可应用于工业企业信息管理、商业企业信息管理、政府信息管理、公共事业信息管理等。本书主要讨论工程信息管理,即工程信息是信息管理的客体。

信息管理的目的可分为宏观和微观两个层面。宏观上,信息管理旨在保证社会信息的有序流动,使海量信息能够以更高的效率、更低的成本,有效推动社会进步和经济发展。而微观上,信息管理则有助于更好地产生管理活动的预期结果,例如对工程信息进行管理则有助于提高工程完成效率,促进工程成果的产出。

信息管理的手段也十分丰富,按照发展的时间顺序来看,早期的信息管理通常会采用手工管理的方式,如图书馆中常见的手工整理目录、贴标签、资料入库等过程。而随着信息量的增多和信息使用效率需求的提升,当代信息管理越来越多地采用信息技术手段。这主要涉及应用信息通信技术(information and communication technology,ICT)(包括传感技术、计算机与智能技术、通信技术和控制技术)来设计、开发、安装和实施信息系统及应用软件。如图 1-4 所示,按表现形态的不同,信息技术可分为硬技术(物化技术)与软技术(非物化技术)。前者指各种信息设备及其功能,如笔记本电脑、传感器、路由器、服务器等。后者指信息获取和处理的知识、方法与技能,如语言文字技术、数据统计分析技术、

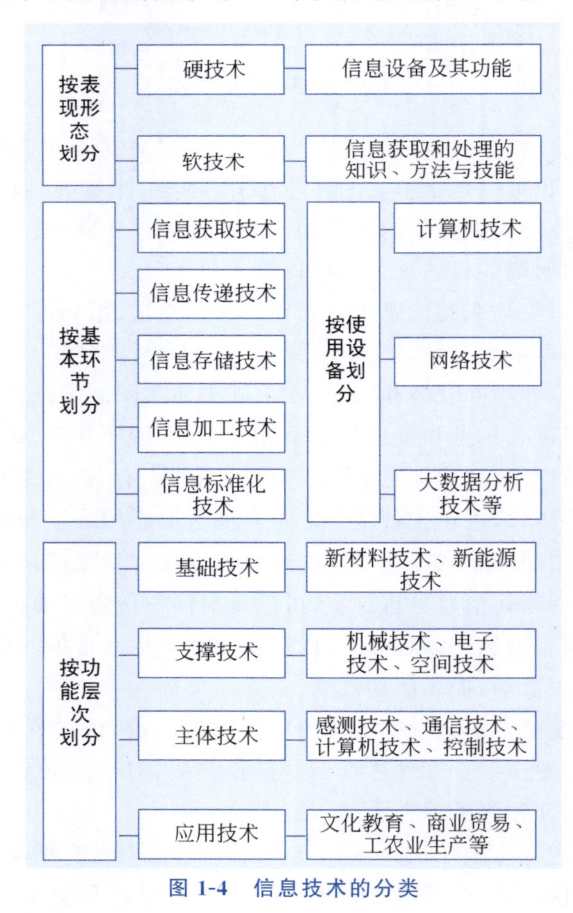

图 1-4　信息技术的分类

规划决策技术、计算机软件技术等。按基本环节的不同，信息技术可分为信息获取技术、信息传递技术、信息存储技术、信息加工技术及信息标准化技术。按使用设备的不同，信息技术可分为计算机技术、网络技术、大数据分析技术等。按功能层次的不同，信息技术可分为基础技术（如新材料技术、新能源技术）、支撑技术（如机械技术、电子技术、空间技术等）、主体技术（如感测技术、通信技术、计算机技术、控制技术）、应用技术（如文化教育、商业贸易、工农业生产等）。采用信息技术进行信息管理，是管理迈向信息化时代的重要推手。

1.3　工程信息管理

从名称上可以看出，不同于工程管理，工程信息管理的主体是工程中产生的各类信息，因此本节主要介绍什么是工程信息、什么是工程信息管理，以及如何进行工程管理信息化建设。

1.3.1　工程信息概述

工程信息具备数量庞大、类型复杂、来源广泛、高度动态性等特征，主要包括工程建设每个阶段中生成的各种文字、图像、声音等。不同工程阶段产生的信息如下。

（1）工程前期决策阶段：工程规模、建设性质、工程概算、工程建设依据性文件，如可行性分析报告、调研资料等。

（2）工程实施阶段：与工程建设、设备、材料、施工、生产准备等有关的招标文件、合同、规范、施工图、进度计划等资料。也包括工程建设实施过程中标志性、有重大影响或突发性的信息，如开工文件或报告的批复、里程碑事件、质量和安全环境监督检查、上级或政府有关领导的视察指导、重大质量或安全环境事故日志等。

（3）工程竣工阶段：施工单位提交的竣工图、运行维护手册等文件。

如图1-5所示，上述工程信息也可以按照信息内容分为组织类信息、管理类信息、经济类信息以及技术类信息。

大量的信息在工程全生命周期的不同阶段进行流通，主要包含以下几种流动过程。

（1）工作流，即项目的所有工作在一定时间和空间上实施和管理，形成项目工作流，信息在劳动者和管理者之间进行流动。

（2）物流，即项目的实施需要各种材料、设备和能源，它们由外界输入，经过处理转换成工程实体，最终得到项目产品。由工作流引起物流，表现出项目的物质生产过程。

（3）资金流，是项目实施过程中价值的运动。例如，施工中从资金变为工程所用的材料和设备，变为支出的工资和工程款；完工后再转换为工程实体，成为固定资产；项目运营后又取得收益。上述流动过程中产生的大量信息伴随着流动过程按一定的规律产生、转换、变化、被使用或被传送到相关部门，形成项目实施过程中的信息流。

以某市出租汽车服务管理信息系统为例，该系统构建过程中涉及的工程信息及其说明如表1-1所示。

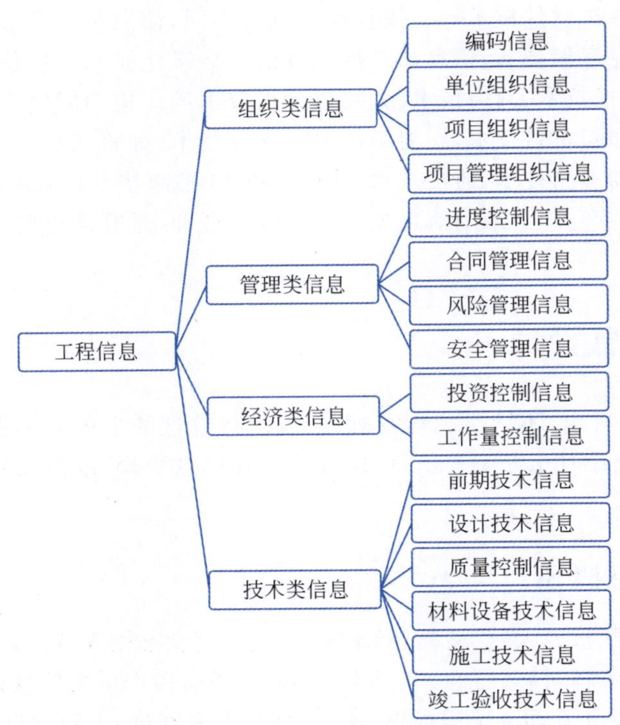

图 1-5　工程信息的分类

表 1-1　工程信息及其说明

序号	文档名称	编写者	审核者	文档内容说明
1	工程总体设计方案	项目经理	项目领导小组	项目的初步设计和实施规划
2	工程实施计划	项目经理	项目领导小组	项目目标、人员组织、进度安排及质量要求
3	系统需求分析报告	系统分析员	监理单位及开发单位项目负责人	功能、业务流程和数据字典等分析
4	系统设计报告	系统分析员	监理单位及开发单位项目负责人	界面、数据库、过程、接口等设计
5	模块开发卷宗	程序主管	监理单位及开发单位项目负责人	模块处理设计
6	用户手册	培训主管	监理单位及开发单位项目负责人	软件使用及系统维护
7	软件测试计划	质量管理员	监理单位及开发单位项目负责人	测试目标、内容及用例
8	软件测试分析报告	质量管理员	监理单位及开发单位项目负责人	测试结果及分析评估
9	工程验收报告	项目经理	项目领导小组	工程完成情况、评价及相关文档

1.3.2　工程信息管理概述

1.3.1节指出在工程的各个阶段都会生成海量的信息，不同阶段的信息管理由不同的组织负责。然而，信息在不同阶段之间会存在衰减问题，由于缺乏统一的信息沟通方式、表达方法、交流途径等，信息无法完全地在工程相关方之间共享，使得不同相关方获得的信息量不对等，无法按照相同的理解开展工程、利用或者存储信息，导致工程效率低下，由此出现了"信息孤岛"和"信息冗余"问题。同时，由于大量广泛的信息可以反映工程真实的情况，对信息的系统处理和分析有助于提高工程整体建设和发展的效率。因此，解决上述问题，提高信息利用率和工程效率，对工程信息进行统一管理是十分必要的。

工程信息管理是指在工程的各个阶段，为了正确开发和有效利用工程信息，对工程项目的信息收集、加工整理、存储、传递与应用等一系列工作的总称。其中，信息收集要求规范工程各方对不同来源、不同角度、不同处理方法得到的信息进行统一汇总。信息的加工、整理是把各方得到的数据和信息进行鉴别、选择、核对、合并、排序、更新、计算、存储，生成不同形式的数据和信息，提供给不同需求的各类管理人员使用。信息的分发和检索要根据需要建立分级管理制度，确定信息使用权限。信息的存储通常需要建立统一的数据库，各类信息以文件的形式规范化组织在一起。

工程信息管理需要遵循标准化、面向用户、整体性、时效性、动态适应性的原则，具体如下。

(1) 标准化原则：工程信息管理过程中应当遵循统一的格式和标准，同时对信息管理的流程进行规范化处理，以保证信息流通的效率。

(2) 面向用户原则：工程信息管理应当面向不同种类的用户，满足其管理需求或进行适当加工，以保证信息对不同用户决策的支持性。

(3) 整体性原则：工程信息管理应当考虑工程全生命周期和全利益相关方，在工程的不同阶段和不同利益相关方之间的信息流动关系应该得到足够的重视和保障。

(4) 时效性原则：工程信息具备一定的时效性，对工程信息的管理应当保证及时、高效，在时效内尽可能发挥工程信息的价值。

(5) 动态适应性原则：不同阶段的工程信息应当采用不同的管理手段，应当针对工程信息收集、加工、使用时所处的各类条件和需求动态调整管理手段。

一个完整的工程信息管理体系包含工程信息中心、基于互联网的在线协作平台、全生命周期集成化信息平台以及相关工程管理系统软件的集成。其中，工程信息中心面向工程全生命周期和利益相关方，建立各阶段各种形式信息的存储仓库。基于互联网的在线协作平台，例如项目信息门户(project information portal，PIP)、建筑信息模型(BIM)、云平台等，允许工程参与方在线协同作业，提高信息沟通效率。全生命周期集成化信息平台则为工程各阶段的技术和管理工作提供信息支持，存储、处理、转发各个阶段的相关信息。而其他相关工程管理系统软件的集成则可以包括很多借助现代技术手段开发的系统，如虚拟现实技术、图像处理技术、点云技术等用来可视化，邮件系统、即时通信系统等用来实时通信，物联网系统、区块链系统等用来扩展信息收集和安全保护等功能。接下来的章节将详细解释上述各类系统。

1.3.3 工程管理信息化建设概述

工程管理信息化指的是应用信息技术对工程管理信息资源进行开发和利用。我国实施国家信息化的总体思路是以信息技术应用为导向，以信息资源开发和利用为中心，以制度创新和技术创新为动力，加快经济结构的战略性调整，全面推动领域信息化、区域信息化、企业信息化和社会信息化进程。

通过信息技术在工程管理中的开发和应用能实现以下目标。

(1) 信息存储的数字化和相对集中化，通过加强信息文件版本的统一管理，提高管理效率。

(2) 信息处理和变换的程序化，从而提高信息处理的准确性和效率。

(3) 信息传输的数字化和电子化，从而提高抗干扰能力、保真度和保密性。

(4) 提高信息交流和协同工作能力，实现信息流扁平化，使得信息获取更加便捷，进一步提高信息透明度。

工程管理信息化有利于提高工程项目的经济效益和社会效益，以达到为项目建设增值的目的。例如图 1-6 所示的出租车电召系统信息管理示意图，展现了三个中心建设和七个应用系统建设的框架。其中，三个中心建设包括行业数据资源中心、行业监控指挥中心和电召服务中心。

1. 行业数据资源中心

行业数据资源中心利用主机存储、网络接入、数据交换、信息安全等系统运行环境，加强对信息资源的整合和基础数据的管理，建成统一的出租汽车行业基础信息数据库、面向业务应用的业务数据库以及综合运行分析和应用服务的主题数据库，初步建成出租汽车行业数据资源中心；实现出租汽车各项数据的自动化采集、存储、处理、分析、交换和发布，并实现与其他系统间的数据资源交换与共享。

2. 行业监控指挥中心

建设市出租汽车监控指挥中心大厅的大屏幕显示、值班坐席、视频会议等系统，以数据中心提供的数据资源为基础，实现对出租汽车实时定位跟踪、报警监控、轨迹回放、投诉受理、电子围栏、禁入管理、出城登记、应急指挥等功能，并能对出租汽车异动情况及时预警，便于行业管理部门及时发现问题，提高出租汽车行业应急处置能力。

3. 电召服务中心

建设电召服务中心，申请全市统一服务电话号码，通过获取出租汽车 GPS 定位数据、空重车动态数据等，为市民提供便捷的电话叫车、车辆预约、失物查找、投诉举报等服务；为司机提供路径规划、外语翻译、语音通话、车辆定位跟踪等服务。

七个应用系统包括运行监控与调度指挥系统、综合运行分析系统、电召服务管理系统、企业在线业务管理系统、动态监管稽查系统、服务质量监督考评系统、接口管理系统。通过系统应用，行业主管部门和企业可以清晰地了解出租汽车的收费、实载率、工作时间、运行线路以及是否存在多绕路等运营服务情况，并可以通过数据分析获得出租汽车运营的刚性成本和盈利情况，从而为制定出租汽车价格和燃油补贴提供数据支持和监管手段，进一步提升行业服务与监管水平，以及企业运行管理效率。

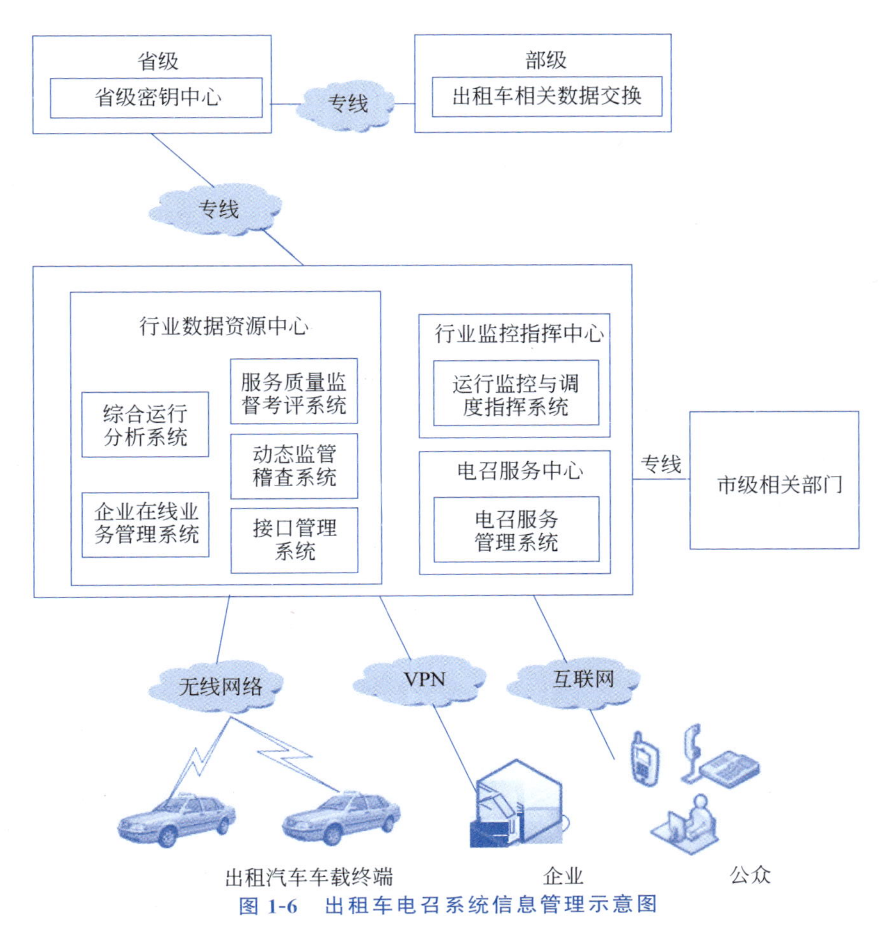

图 1-6　出租车电召系统信息管理示意图

工程信息管理系统的意义是实现项目信息的集中存储，有利于项目信息的检索和存储，提高项目信息处理的效率，确保项目信息处理的准确性，可方便地形成各种项目管理需要的报表，实现项目运行中的动态控制，有利于项目目标的实现。工程信息管理系统的作用是为各层次、各部门的项目管理人员收集、传递、处理、存储和开发各类数据，并提供信息服务。例如，为高层次的项目管理人员提供决策所需的信息、手段、模型和决策支持。为中层的项目管理人员提供必要的办公自动化手段，以摆脱烦琐的简单性事务作业。为项目计划编制人员提供人、财、物等诸要素的综合性数据，以为合理编制和修改计划、实现有效调控提供科学手段。

为实现上述目标，工程信息管理系统的设计应满足以下几项要求。

(1) 考虑项目组织和项目启动的需要，包括信息的准备、收集、标识、分类、分发、编目、更新、归档和检索等。

(2) 目录完整、层次清晰、结构严密，能够自动生成表格。

(3) 方便目录信息输入、整理与存储，并有利于用户随时提取信息。

(4) 系统内含信息种类与数量能满足项目管理的全部需要。

(5) 使设计信息、施工准备阶段的管理信息、施工过程项目管理各专业的信息、项目结算信息、项目统计信息等有良好的接口，各部门信息收集渠道畅通、信息资源共享。

（6）能在局域网上或基于互联网的信息平台上运行。

对满足上述要求的工程信息管理系统的开发可以借助已有的工程信息管理软件，国内典型管理软件包括 PingCode、Worktile 等，国外典型管理软件包括微软公司的 Microsoft Project、Trello、Asana、Wrike、monday.com、Redmine 等。本节分别对这几种软件的特性进行介绍，方便读者使用时进行合理选择。

Microsoft Project 是目前为止在全世界范围内应用最为广泛的、以进度计划为核心的工程信息管理软件。如图 1-7 所示，Microsoft Project 可以帮助工程管理人员编制进度计划、分配管理资源、生成费用预算，也可以绘制商务图表，形成图文并茂的报告，且操作界面简单。利用 Microsoft Project 可以对工程和工程组合实现一体化管理，帮助组织根据战略层面的优先级排序，协调资源和投资行为。

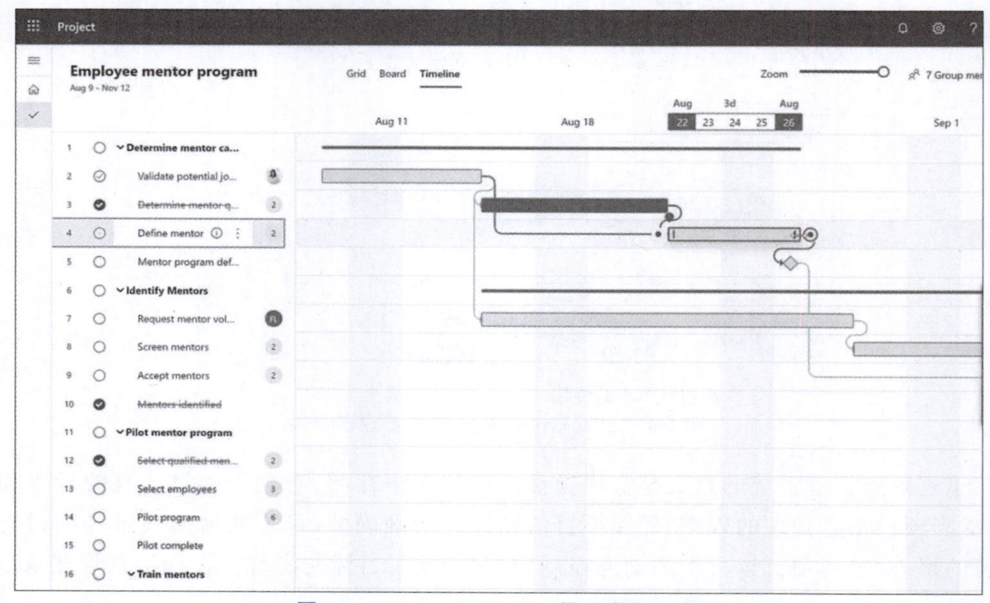

图 1-7　Microsoft Project 操作界面示例

上述其他软件则主打价格低、用户友好的特点。例如，PingCode 目前在国内工程管理软件中评价较高，它能够支持看板、敏捷开发等多种项目的管理。如图 1-8 所示，该软件可以管理团队目标，监控单/多项目的进度、管理计划分配资源、管理团队/个人的工作效率。PingCode 目前主要用于软件开发工程的管理，覆盖软件项目开发全流程信息，包括目标、项目、任务、需求、缺陷、迭代、版本规划、开发文档、测试等。它支持管理需求、缺陷、测试、团队知识库搭建、流程规划等，也支持以插件形式与外部工具集成，如 Gitlab、Jenkins、飞书、企业微信等。PingCode 提供的产品易于上手，且它在提供产品的同时，能够为团队管理提供一些专业咨询服务，帮助团队解决管理上的问题。

与 PingCode 相比，国内另一款项目管理软件 Worktile 则更易用，其最大的特色是项目模板丰富，具备自定义能力，可以很方便地搭建符合团队自身的项目模板和管理流程。如图 1-9 所示，除了是团队协作、项目管理工具，Worktile 还是团队目标与关键成果法

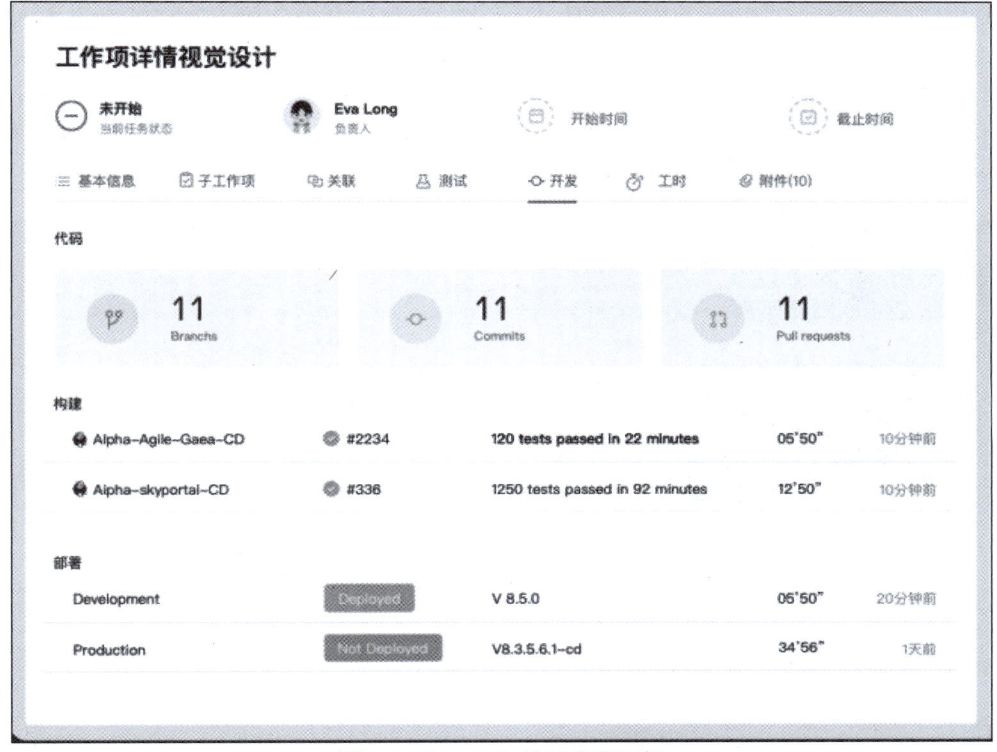

图 1-8　PingCode 操作界面示例

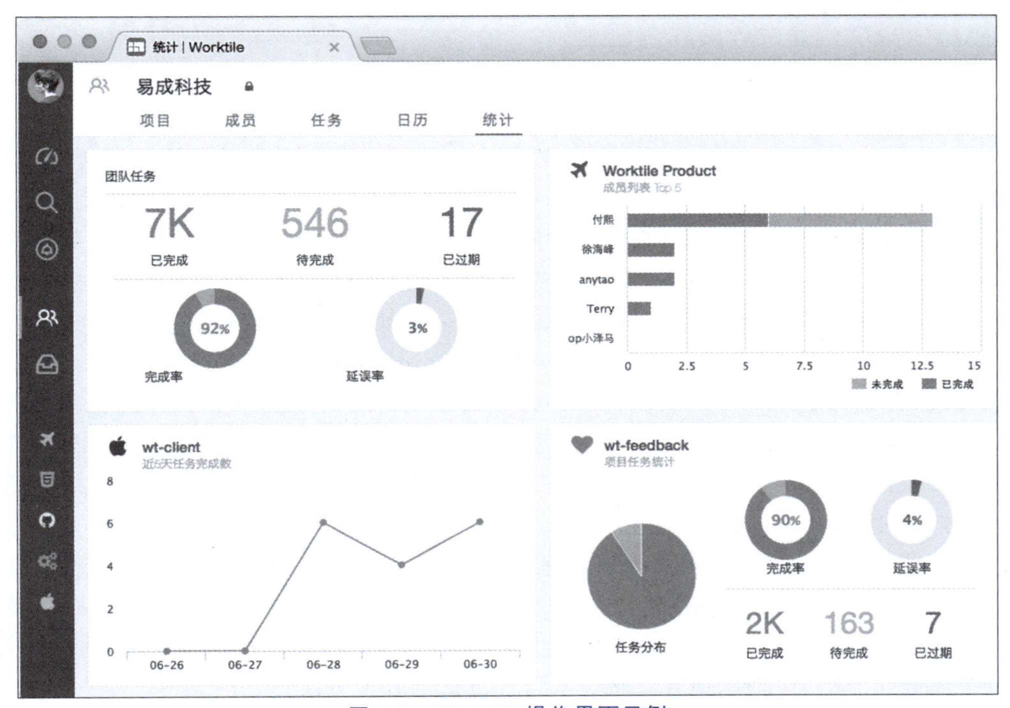

图 1-9　Worktile 操作界面示例

(objectives and key results,OKR)工具、轻量化的自动化办公(office automation,OA)工具、即时通信工具、企业知识库工具、日程管理工具等。该工具尤其适用于中小型团队。

Trello的基础版是免费的,其付费版按项目数付费,而非人数,因此可以无限地添加协作人数。该软件更适合自由职业者使用,不仅是因为价格低,更多是因为它支持多种移动设备,同时支持开发者API,其操作界面简洁明快,如图1-10所示。

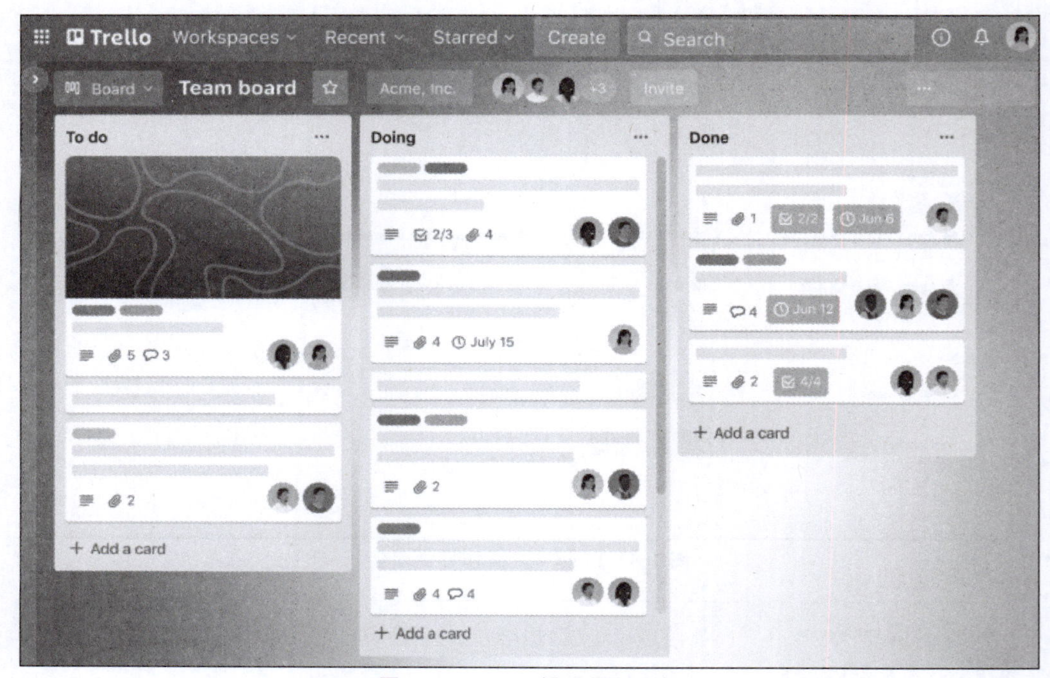

图 1-10 Trello 操作界面示例

Asana、Wrike和monday.com则在支持上述功能的同时考虑到了信息安全的问题,比如Asana允许设立私有项目,可以为一些敏感的项目单独建立空间和权限;而Wrike具备一套完整的安全管理方案,确保除了授权人员外,其他人无法自由访问在线数据库中的信息和其他文件;monday.com同样具备精确的权限管理功能,能够授予用户权限以保护某些数据的隐私。在保证信息高效共享和沟通的同时,它还能保障信息安全与隐私。

对于工程信息管理系统的开发人员来说,Redmine作为一款开源项目管理软件,支持二次开发,将成为定制化开发的优选。如图1-11所示,该软件已经基本集成了多项目和子项目支持、里程碑版本跟踪、可配置的用户角色控制、可配置的问题追踪系统、自动日历和甘特图绘制、Blog形式的新闻发布支持、Wiki形式的文档撰写和文件管理、简单的任务时间跟踪机制、多语言支持等功能。

国内很多公司目前还会选择请一些软件开发公司定制符合其公司特色的工程信息管理系统,这类系统一般是以人为主导和核心,利用计算机硬件、软件、网络通信设备以及其他办公设备进行工程信息的收集、传输、加工、存储、更新、拓展和维护的系统。这类系统的开发本身也是一项工程,第8章将详细讲述具体的开发方法。

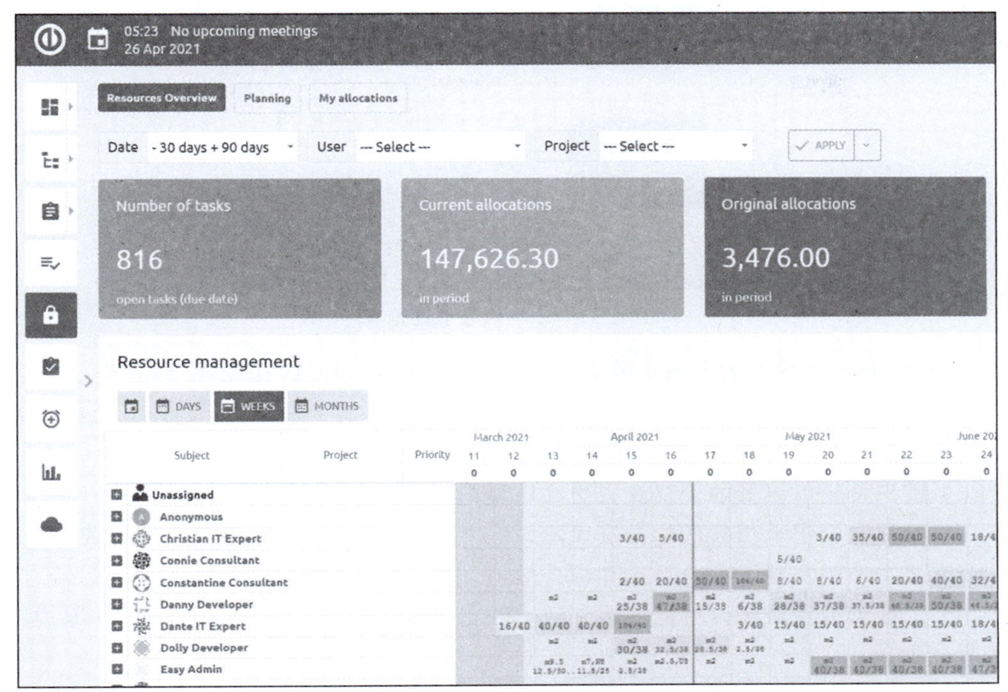

图 1-11　Redmine 操作界面示例

1.4　工程信息管理伦理

工程的价值性是其一个显著特征，也是工程各相关方共同努力的主要驱动力，然而在工程实施的各个阶段存在着一些相互矛盾和制约的冲突，如工程质量要求和工期之间的冲突、成本之间的冲突、成本和投资之间的冲突、设计创新和成本之间的冲突等。相对应地，工程各相关方之间也存在冲突，业主总是希望花最少的钱(投资)获得最好的工程成果，而实施方在降低成本的情况下很难保证更高质量的实施效果。因此在进行工程信息管理的过程中，应当遵循一定的伦理规范，让各方行为受到一定的约束，确保工程的顺利开展。

如图 1-12 所示，工程信息管理伦理与工程伦理和工程师伦理密切相关，主要研究工程技术人员在工程设计、建设以及工程运转和维护等工程活动中的道德准则和行为规范。工程技术人员一般需要遵循关爱自然、以人为本、公平正义三个主要准则。

首先，任何工程活动都要遵循自然规律和法则，讲求生态平衡、环境友好，在保证工程目标和质量的前提下，尽可能节约自然资源，并提高资源可持续使用效率，注意环境保护。我国可持续发展战略的核心指导思想是，在资源可持续利用和良好的生态环境基础上，保持经济增长的速度和质量，强调在土地和自然资源等方面给后代留有再发展的余地。因此当前的工程建设不能只着眼眼前的经济利益，也要考虑对环境的长期影响。

其次，工程是为人服务的，人也是工程的主要参与和推动主体。以人为本的工程准则具体体现在人性化的设计和管理模式上，旨在使产品更能满足人的需求，同时要求在工程推进和操作过程中保证人的安全，并在管理过程中尽可能为人带来便捷。

图 1-12　工程信息管理伦理

最后，工程要考虑各参与方的利益和要求，以赢得各方的信任和支持，保证工程的顺利推进和质量。具体来说，工程可能涉及多个参与方，正如上面所提到的，不同参与方的要求可能会发生冲突。例如：

(1) 用户希望以更低的价格获得更高质量的工程产品或服务。

(2) 投资者希望承担较低的投资风险，在一定的预算范围内取得更高的投资回报率。

(3) 业主希望实现工程总目标和综合效益。

(4) 工程承担者希望以更低的施工成本获得更高的利润，按时完成任务，并维护好企业信誉和形象。

(5) 政府则更关注工程的社会和环境效益，以促进地区经济繁荣和社会可持续发展。

(6) 工程周边组织希望能够在使用工程的同时，降低其对周边环境的负面影响，减少公众的负面反馈。

因此在工程中要尽可能做到公平公正、公开透明，以保障和平衡各方利益和需求。

工程师伦理规定了工程师职业活动的方向，并着重培养工程师在面临义务冲突、利益冲突时作出判断和解决问题的能力，以及前瞻性地思考问题、预测自己行为的可能后果并作出判断的能力，如坚持质量、安全至上，以及诚信、正直和公正等工程观。工程师需要坚持科学而理性的工程观，尊重工程本身的客观规律，有逻辑地作出合理的评价和决策，考虑工程长远的利益和价值。

具体来说，不同的工程阶段会涉及不同的伦理问题。例如，工程实践涉及的伦理问题：在概念设计时，要考虑产品是否有用、是否合法；在确定规格时，要考虑物理上是否可行，是否符合已经颁布的标准；在设计方案时，要考虑方案是否最合理、经济，是否安全，是否环保；在采购时，要考虑部件和材料是否通过了质量检验；在组装、制造时，要考虑工作场所是否安全，由谁来监督，是否有充分的时间保证高质量的工艺；在产品检验时，要考虑产品检验方是否独立于制造方或建造方；在销售时，要考虑广告是否真实，是否有销售空间，是否给客户提供了好的建议；在产品使用和维护阶段，要考虑是否告诉了客户风险，备件是否充分；在产品回收阶段，要考虑是否监督了使用过程，是否承诺了必须回收产品。工程设计阶段涉及的伦理责任在于，必须注重工程各项技术参数设计的合理性，即能够在技术设计中体现合理利用资源、能源，在促进人与自然和社会的可持续协调发展的同时，确保工程安全可靠等。工程运行阶段涉及的伦理责任在于，必须时刻注重工程的安全运行；对于突发性事故须有预警系统及相关措施，防患于未然；一旦发生故障须有应急系统及相关措施，将损失与人员伤亡降低到最低限度等。工程检测阶段涉及的伦理责任在于，按照工程检测的相关规范，对工程需检测的诸环节进行一丝不苟、实事求是的检测；必须彻查影响工程安全的隐患，确保工程的各个环节对人、对自然（环境）以及对社会都是安全的。工程评估阶段涉及的伦理责任在于，必须依据相关指标体系，坚持客观、公正地评估工程，尤其对工程中存在的影响人、自然（环境）以及社会安全的问题，必须严厉指出并责令解决。

除了上述所提到的工程伦理问题，在进行工程信息管理时，还需要融入“人本管理”的理念。由于管理的参与方和受益方都是人，因此需要充分考虑人作为个体的需求。具体涉及的伦理问题如下：

（1）管理上的权力分配：在工程项目内部，不同管理方需要进行合理的授权和分权，明确规定各部门工作范围内的决策权和义务，才能避免信息或资源垄断带来的工作积极性或工程效率的降低。

（2）信息管理的程序化和规范化：由于工程由多家单位合作进行，因此一套行之有效的信息管理标准和规范才能确保工程顺利有效地实施，该标准和规范既要保证各方严格遵守，还要具有一定的灵活性，以便根据实际工程进展进行适当的调整。

（3）信息隐私与透明之间的权衡：透明化运作是提高工程整体效率的手段之一，但涉及用户个人隐私的信息则需要高度保密，用专业手段确保隐私不被中心机构或不法分子窃取挪为他用。因此，要做到隐私保护与工程信息透明之间的权衡，要根据标准和规范对信息进行有效分类以及不同等级的加密和赋权，保证只有相关部门才能获得信息读取和使用的权限。

应对上述工程伦理问题的基本原则和思路是培养工程实践主体的伦理意识，也就是告诉人该怎么做。可以利用上面所提到的一系列伦理准则，并与相关具体情境相结合，来解决工程实践中的伦理问题。例如，可以通过工程目标的优化、有效的设计、技术的革新、环境检测与保护等工程手段，提高资源利用率，尽量降低工程给环境或者社会带来的负面影响。遇到难以抉择的伦理问题时，应多听取意见，并根据工程实践中遇到的伦理问题及时修正相关伦理准则和规范，逐步建立遵守工程伦理准则的相关保障制度。第7章将具体介绍工程信息管理伦理与规范。

1.5　课后思考

1. 根据本章对工程的讲解，判断以下几个项目是否属于工程，如果不属于，请解释原因。

a. 开发一套工程信息管理软件系统。

b. 手写记录一段工程日志。

c. 组织一次工程前期可行性分析讨论会。

d. 申请、实施并完成一项智慧城市物联网数据分析课题。

【参考答案】

其中，a 和 d 均属于工程；b、c 不属于工程，因为工作较为简单，不满足工程的复杂性和系统性要求。

2.一家小型软件开发公司承接了某企业的出勤打卡系统开发工程，请列举该工程需要管理的信息，并说明该公司在管理信息的过程中可能采用的手段和系统。

【参考答案】

对于该出勤打卡系统开发工程，可能需要管理的信息包括以下几大类：

(1) 工程前期决策阶段的信息包括系统规模、投资概算、可行性分析报告、调研资料等。

(2) 工程实施阶段的信息包括软件开发计划文件、审批文件、开发日志、漏洞修复日志、测试报告等。

(3) 工程竣工阶段的信息包括验收报告、运行维护手册等文件。

管理上述信息时可以采用自行开发的信息管理软件，也可以采用 PingCode、Worktile 等面向小型公司的项目管理软件。

3. 请分析以下案例中涉及的工程伦理问题以及应对方法：学生小刘毕业后经过层层选拔终于被国内知名的某上市公司聘用。在熟悉工作之后，他发现该公司的项目不仅对生态有严重破坏，并且若干年后会存在严重的质量问题。经过反复的思想斗争，小刘面临着四个选择。第一，辞职。辞职以后，小刘将不会涉足这项违背工程伦理的工程。然而当下严峻的就业形势使得小刘在短期内不会再找到一份类似的高薪工作。第二，劝说。小刘设法劝说公司老板改变工程设计，考虑工程与生态之间的关系。其实，在小刘入职之前，一些工程师均因提出建议或劝说而遭到老板解雇。第三，举报。小刘通过向政府部门反映情况，使公司得到政府部门的行政制裁从而停止该项工程的实施。其最终结果或许是政府处罚公司，公司倒闭，最终小刘失业。第四，沉默。小刘选择沉默，顺从公司的安排进行工作。当该项工程出现问题时，公司面临问责甚至被追究责任直至公司倒闭，而小刘千辛万苦取得的工作以及工作成果也会灰飞烟灭。

【参考答案】

该公司不符合关爱自然、以人为本、公平正义的伦理准则，其中，公司项目对生态有严重破坏，违背了关爱自然的准则，工程项目存在质量问题，未来会对相应的使用方造成生命安全威胁，不符合以人为本的准则，在小刘入职前，一些工程师因提出建议或劝说而遭老板解雇，不符合公平正义的准则。而面对难以抉择的困境，从伦理修正的角度上来讲，小刘应当明确指出项目存在的问题，或者邀请相关部门进行监管，而作为有技术、有知识的个体，小刘可以选择其他发展健康的公司另谋出路。

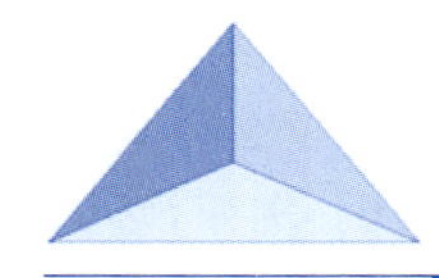

第 2 章 工程信息管理体系

本章要点

本章以全局视角介绍工程信息管理体系，从工程信息管理的目标、需求和任务展开，首先介绍了工程信息管理的组织结构，包括信息参与方和信息管理系统软件组成；然后介绍了工程信息管理的制度，以规范信息管理过程的接收、发布、传递和保护过程的各项活动；最后介绍了工程信息管理体系框架，包括投资控制、成本控制、进度控制、质量控制和合同控制子系统的功能和具体实现，以及工程信息管理系统的典型示例——建筑信息模型的构成和实现，总结了工程信息管理体系主要提供的数据处理、预测、计划控制和决策优化功能。

2.1 工程信息管理概述

工程信息管理的目标是通过实现项目管理信息化，高动态、高效率、高质量地处理大量工程相关信息，进行有组织的信息流通，为作出最优决策、取得良好经济效果和预测未来提供一定的科学依据。为了实现这个目标，工程信息管理包括如下几项具体任务：

(1) 建立工程信息编码体系。

(2) 建立工程信息管理制度。

(3) 根据建立的体系和制度，进行有组织、有结构的工程信息收集、分类、存档与整理。

(4) 通过信息分析，输出工程管理报表(包括投资控制、进度控制、质量控制、合同管理报表)。

(5) 建立会议制度，整理各类会议记录。

(6) 督促设计单位、施工单位、供货单位及时上报汇总工程的技术经济档案和资料。

当前我国企业之间竞争激烈，使得企业过于注重生产的成本和质量，忽略了信息化在工程管理中的应用和发展。即使企业或国家有非常完善的制度和条例，如果缺少了信息化制度的建立和发展，一些工作和命令也不能高效地实施和完成。当出现问题时，由于没有建立科学合理有效的信息化管理机制，一些问题会变得更加复杂和难以处理，这将严重影响工程项目的实施和完成，导致工程项目的质量和成品保护都失去保障，给工程进展带来不同程度的影响。

首先，应当逐渐增强各行各业信息化管理意识，使信息化工作在工程管理中正常稳定地开展和实施。在工程管理中增强信息化意识首先要从企业领导做起，当企业领导有了这方面的意识，并引领企业朝着这个方向发展时，整个企业的信息化管理工作就会得到重视。领导重视信息化管理，必定带动企业管理人员的信息化管理意识的建立。例如，施工现场管理人员应当职责分明，各负其责，并实现相互之间的监督和协调。现场的管理人员应当参与图纸会审，编写施工方案，完成技术交底等工作，同时根据编制的施工组织设计或者技术方案合理安排进度，保证工程质量，并尽量节约成本。另外，在施工过程中要加强检验分批、分项工程、分部工程的验收和单位工程的竣工验收。在以上所列举的施工活动中，从施工班组到项目部再到施工企业，通过全面的管理组织和小组活动，并利用信息化手段，实现了对现场情况了如指掌。全员参与，信息共享，不仅提高了工作效率，也逐渐增强了人们在工程管理中进行信息化管理的意识。

其次，应优化工程管理信息化体系，当企业拥有完善的、优化了的信息化管理体系时，各级人员将会快速且正确地完成上级发布的各项指令，这将大大提高工程实施的效率。在此基础之上，企业要构建既适应社会、行业，又符合自身现状的信息化管理体系，获得市场对企业的信任和支持，使工程的实施更加有保障。

最后，应拥有专业的信息化人才，这是信息化管理工作的基础。因此，一定要以信息化管理人才的培养为重点，广泛吸收专业人才，积极开展工程管理信息化人才的培训工作，让我国工程管理中与信息化有关的人员都能够学习国外先进的信息化管理技术和理念，提升专业水平。还应建立信息化管理专业小组，定期分析和研讨在信息化管理工作中存在的问题，通过相互讨论提出有效的解决方案，以提高整个企业信息化管理的专业水平。

为了合理推进上述几项具体工作，实现工程信息的高效管理，确保在人员、资金、硬件、软件四方面都得到充分的支持，如图 2-1 所示。具体来说，在人员方面，需要得到领导的重视与业务部门的支持，相关部门需要具有一定的科学管理工作基础，并通过人员培训建立一支信息管理的专业队伍。在资金的加持下，可以搭建信息管理硬件设备和高性能网络硬件平台。同时可以引进成熟的商品化软件，或者根据工程承担方自身的需求开发对应的信息管理系统，并借助现代工程管理理论的支持，最终提升信息管理的效率、可靠性、安全性等。

对应地，工程信息管理的参与方包括信息源、信息处理器、信息用户和信息管理者。其中，信息源是信息的产生地，即管理信息系统的数据来源；信息处理器主要负责信息的接收、传输、加工、存储、输出等任务；信息用户是信息的使用者，包括企业内部同一管理层次的管理者，他们通过使用信息来进行分析和决策；信息管理者依据信息用户的要求负责信息系统设计开发、运行与维护的管理。这些参与方之间通过信息流动紧密相连，其中，信息处理器承接信息源和信息用户，它接收来自信息源的信息并进行加工处理，然后输出给信息用户进行后续信息的使用；而信息管理者则需要统筹全局，通过管理信息系统对其余三个参与方的信息流转过程进行实时监控和修正。

下面将重点介绍信息管理制度和工程信息报告的具体内容。

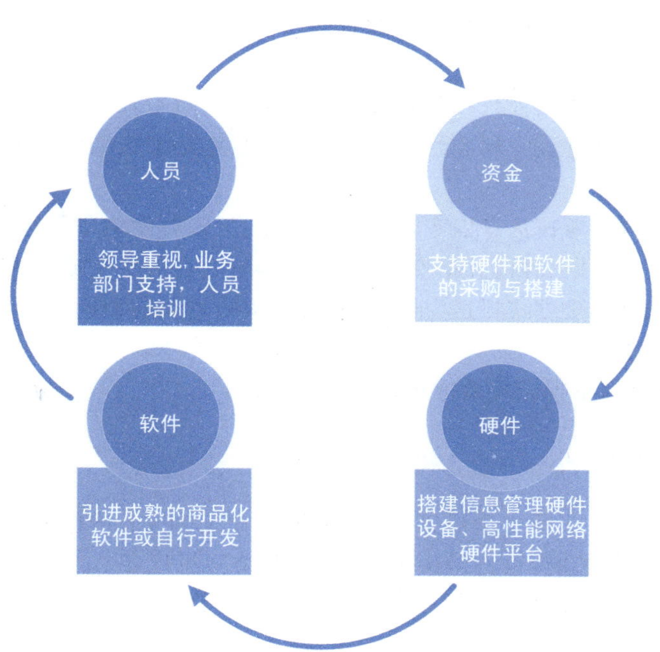

图 2-1　工程信息管理系统开发的关键因素

2.1.1　工程信息管理制度

工程信息管理制度是规范工程信息收集、汇总和分析过程的行为准则，通常要求在工程信息管理过程中保证负责、高效、及时、规范、真实和保密。以某投资有限公司的工程信息管理制度为例，该公司针对工程信息的接收、发布、传递和保护过程都制定了明确的标准。

对于工程信息的接收过程，该公司明确了责任制度、层级制度和效率制度。

（1）责任制度：工程部外部信息的接收原则上以工程部经理为接收入口，防止信息的过滤效应和信息的不必要扩散。工程部内部所有工作人员接收外部信息后，必须及时向主管领导汇报，以便主管领导作出决策和汇报。由于接收信息人员推诿和延误造成的损失，由接收信息人负全责。

（2）层级制度：工程部接收公司外部信息后要汇报给工程部总监，由工程部总监进行分析后汇报给公司主管领导或相关部门。

（3）效率制度：工程部接收公司或其他部门的信息指令后回复要及时。

对于工程信息的发布过程，该公司明确了周期制度和考核制度。

（1）周期制度：工程部根据工程开展情况向有关部门及时传递信息，执行每周、每月、每季度、每年工作汇报制度，并形成记录。

（2）考核制度：工程部各级主管必须及时了解信息，将工作信息掌握的及时性纳入绩效考核。

对于工程信息的传递过程，该公司明确了形式制度和时间制度。

(1) 工程建设前期信息以工程概况调查表形式汇总,并在取得开工报告批复后统一报送。

(2) 工程实施过程以工程月报及附表形式于每月最后一日报送。

(3) 工程建设实施过程中标志性、有重大影响或突发性的信息以工程快报和工程大事记形式实时报送。

(4) 工程进度节点考核信息以考核表形式报送,报送时间为每月最后一日。

(5) 工程评价信息以表格、总结形式报送,报送时间在规定完成时间后一个月内。

(6) 其余信息以台账方式报送,报送时间与月报报送时间相同。

对于工程信息的保护过程,该公司明确指出,要加强对工程信息的保密工作,未经主管部门及领导的批准,不得向外界泄露任何工程信息。

2.1.2 工程信息报告

工程管理过程中生成的大量信息会以不同的形式存在,上述投资公司的管理实例中就提到了项目管理报表和会议记录两类信息,这两类信息以各类统计数字、图标、文字分析等形式存在。图 2-2 给出了数据汇总表和报表统计表的示例。

数据名称	发生频率	月发生量/MB	年发生量/MB	保存年限/年
施工计划	1次/日	0.2	2.4	2
财务账目	10次/日	0.8	9.6	10
设备调度计划	1次/周	0.1	1.2	1
材料采购计划	1次/月	0.3	3.6	2

(a) 数据汇总表

报表名称	制表单位	上报单位	下达单位	频率
计划报表	计划部门	总经理、主管副总	项目分包单位	1次/月
进度年报	工程部	总经理、主管副总	项目分包单位	1次/年

(b) 报表统计表

图 2-2　数据汇总表和报表统计表的示例

这些信息的收集和反馈往往都通过报告的方式,这也对应了上述任务中提到的各部门上报汇总资料的步骤。按时间划分,各类报告可分为日报、周报、月报、年报;按项目结构划分,报告可分为工作包报告、单位工程报告、单项工程报告或项目整体报告;按专门内容划分,报告可分为质量报告、成本报告、工期报告等;按特殊情况划分,报告可分为风险分析报告、总结报告、特别事件报告、状态报告、比较报告等。工程报告作为一种主要的工程资料,是工程进度的证据,其作为决策的依据,可以用来评价项目的进展,展示阶段成果,也可以用来总结经验,分析项目中的问题。管理者通常通过报告去激励各参与方,让大家了解项目成就;也通过分析报告提出问题,解决问题,预测将来的情况,提供预警信息,从而合理安排后期的计划。每份工程报告都要求与工程项目目标一致,需要符合特定的侧重点要求,做到规范化、系统化、处理简单化,内容清楚,使各种人都能理解,从而避免

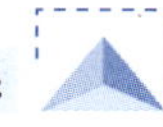

造成理解和传输过程中的错误。

工程报告系统用来系统化罗列项目过程中应有的各种报告，并标准化各种报告的形式、结构、内容、数据和处理方式。报告系统需要在保证相同的信息和来源的前提下，一次性收集工程活动的各类原始资料，包括工程活动的完成程度、工期、质量、人力、材料消耗、费用等情况的记录，以及试验验收检查记录。报告系统的设计牵扯到工程项目中利益各方的需求，上层可以对下层职能部门汇报的各类报告进行总结归纳，按照项目结构和组织结构层层浓缩后，作出分析和比较。报告内容自上而下的浓缩过程如图 2-3 所示。

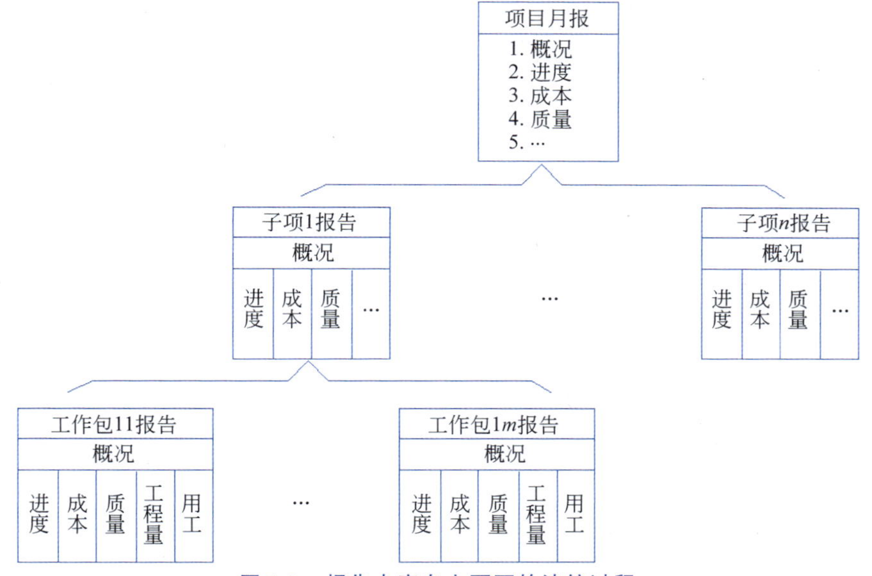

图 2-3　报告内容自上而下的浓缩过程

作为工程总体信息的归纳与总结，总体工程报告可以按照以下几个模块来描述：

（1）工程开展依据：项目可行性研究报告批复结果、计划任务书核准单位及批准文号、批准的投资和工程概算、规定的项目规模及生产能力、项目包干协议的主要内容。

（2）工程概况：工程招投标情况、前期工作及实施情况、工程包含的组织单位情况、各单项工程的开工及完工日期、完成工作量及形成的生产能力，这里需要详细说明工期提前或延迟原因和生产能力与原计划有出入的原因，以及建设中为保证原计划实施所采取的对策。

（3）初验与试运行情况：初验时间（一般为 3～6 个月）、主要结论以及试运行情况。

（4）竣工决算概况：概算及修正、预算执行情况与初步决算情况以及投资分析。

（5）工程技术档案的整理情况：工程施工中的大事记载，各单项工程竣工资料、隐蔽工程随工验收资料、设计文件和图纸、监理文件、主要器材技术资料以及工程建设中的来往文件等整理归档的情况。

（6）经济技术分析：主要技术指标测试值及结论、工程质量的分析，对施工中发生的质量事故处理后的情况说明、建设成本分析、主要经济指标，以及采用新技术、新设备新材料、新工艺所获得的投资效益、投资效益的分析，形成固定资产占投资的比例，企业直接收益，投资回报年限的分析，盈亏平衡的分析等。

(7) 投产准备工作情况：生产人员配备情况、培训情况及建立的运行规章制度的情况。

(8) 收尾工程的处理意见。

(9) 对工程投产的初步意见。

(10) 工程建设的经验、教训及对今后工作的建议。

下面以某市交通运输公共信息管理系统的招标公告为例，展示工程概况中招投标情况的信息模板。

某市某建设项目管理有限公司受某市交通运输局的委托，对其所需某市交通运输公共信息服务中心项目(××××年)及其相关服务以公开招标方式组织政府采购，欢迎符合条件的投标人参加投标。

1. 项目编号：×××××××

2. 项目名称：某市交通运输公共信息服务中心项目(××××年)

3. 项目内容：某市交通运输公共信息服务中心项目××××年建设内容主要包括：基础平台、交通运输专用信息网络设备、交通运输信息化基础支撑软件系统、终端设备、××××年政府采购项目的系统总集成等工作。

项目工期：××××年11月—××××年12月。

质保期：自交工验收合格之日起两年。

4. 招标控制价

本项目招标控制价为××××万元。

5. 投标人资格要求

5.1 投标人在中华人民共和国境内注册，具有合法经营独立法人资格。

5.2 投标人须具备计算机信息系统集成一级资质。

5.3 投标人须具备公路交通工程专业承包通信、监控、收费综合系统工程资质。

5.4 近三年内在政府采购活动中无任何不良及行贿犯罪记录。

5.5 本项目不接受联合体投标。

6. 公告媒介

本次招标公告在某市政府采购网(http://××××，下同)上发布。

7. 招标文件的获取

根据某市政府采购有关规定，凡有意参加本次政府采购的投标人必须在该市政府采购网进行注册并报名。注册并报名成功后，按照以下方式获取招标文件：

时间：自××××年×月×日起至××××年×月×日，每天上午9:00—11:30，下午13:30—16:30(节假日除外)。报名时需携带投标人的组织机构代码证号、法定代表人姓名和身份证号、项目经理姓名和身份证号相关材料(具体详见该市政府采购网关于行贿犯罪档案查询的补充通知)。

地点：××××。

售价：每套×××元，售后不退(如需邮购，邮费自负，采购代理机构对邮寄过程中的遗失或者延误不负责任)。

8. 招标文件的询问

获得招标文件的投标人凡对本招标文件提出询问的，请以加盖投标人单位公章的书面文件提出，在××××年×月×日17:00前，采用信函、传真或者直接送达的形式(包括电子版文件)按照以下联系方式通知采购代理机构。

9. 投标文件递交、截止时间以及地点

时间：××××年×月×日8时30分起至9时30分止。

地点：某市××××第×开标室。

逾期递交或者未送达指定地点的投标文件不予接受。

10. 联系方式
10.1 招 标 人：某市交通运输局
地　　址：××××
邮政编码：××××
电　　话：××××
联 系 人：××
10.2 采购代理机构：某市某建设项目管理有限公司
地　　址：××××
e-mail：　××××
邮政编码：××××
电　　话：××××
传　　真：××××
开户银行：××××
银行账户：××××
银行账号：××××
联 系 人：××

××××年×月×日

2.2 工程信息管理体系框架

工程信息管理是以投资、成本、进度、质量四大控制为目标，以合同管理为核心的动态控制系统。因而，项目管理信息系统至少应具有处理四大控制目标及合同管理任务的功能。

图 2-4 展示了某销售公司的信息管理软件系统结构，其中每个方块是一段程序或者一个文件，每个纵行是支持某一个管理领域的软件系统。根据上述提到的投资、成本、进度、质量、合同管理几大模块，该系统具体展开后包括市场销售、生产管理、物资供应、人力资源、财务会计、信息处理和高层管理几个领域的软件系统。在战略管理方面，这些软件

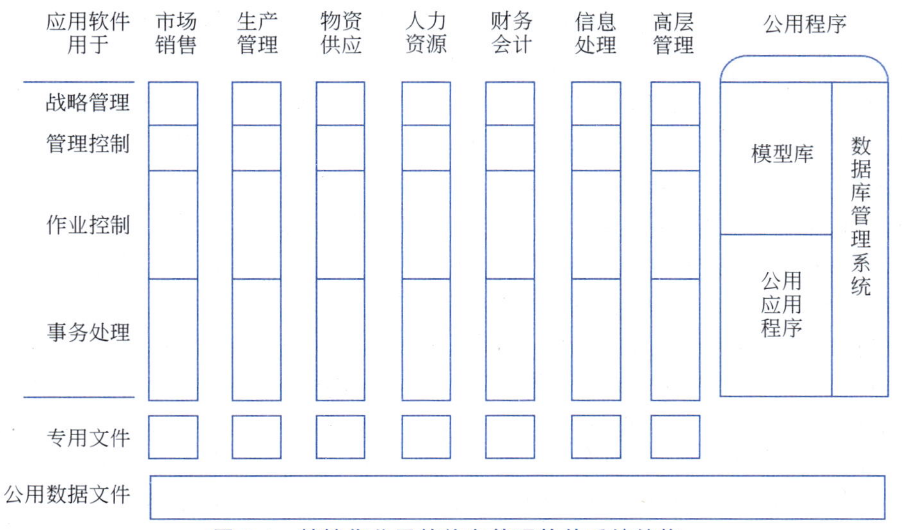

图 2-4　某销售公司的信息管理软件系统结构

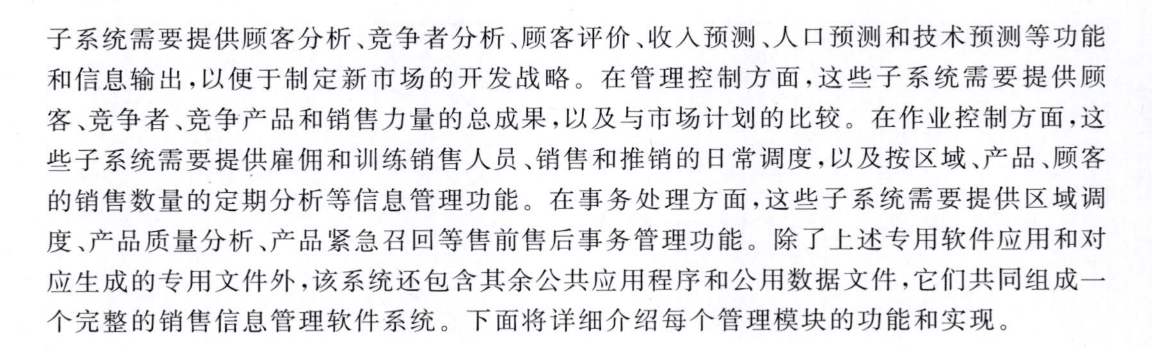
子系统需要提供顾客分析、竞争者分析、顾客评价、收入预测、人口预测和技术预测等功能和信息输出，以便于制定新市场的开发战略。在管理控制方面，这些子系统需要提供顾客、竞争者、竞争产品和销售力量的总成果，以及与市场计划的比较。在作业控制方面，这些子系统需要提供雇佣和训练销售人员、销售和推销的日常调度，以及按区域、产品、顾客的销售数量的定期分析等信息管理功能。在事务处理方面，这些子系统需要提供区域调度、产品质量分析、产品紧急召回等售前售后事务管理功能。除了上述专用软件应用和对应生成的专用文件外，该系统还包含其余公共应用程序和公用数据文件，它们共同组成一个完整的销售信息管理软件系统。下面将详细介绍每个管理模块的功能和实现。

2.2.1 投资控制子系统

工程信息管理的投资控制子系统主要对资金投入、资金使用和资金预测三个阶段进行管理。其具体实现计划资金投入和实际资金投入的比较分析；项目的估算、概算、预算、标底、投资使用计划和实际投资的数据计算和动态比较分析，并形成各种比较报表及根据工程的进展进行投资预测。

而工程信息管理中涉及的投资主要包含建设投资和流动资产投资两大部分。其中，建设投资是指工程建设花费的全部费用，主要包含工程费用即建筑安装工程费用和设备、工器具购置费用和其他工程建设费用，如土地使用费、财务费、预备费、建设相关费用和生产经营相关费用等。而流动资产投资是指生产过程中占用的周转资金部分。以建筑安装工程费用为例，根据《建筑安装工程费用项目组成》(建标〔2013〕44 号)，按费用构成要素划分，建筑安装工程费用包括人工费、材料费、施工机具使用费、企业管理费、利润、规费和税金几大部分。而如果按照造价形成来划分，该费用则包含分部分项工程费、措施项目费、其他项目费，以及规费和税金。需要指出的是，单位工程是一个工程项目中，具有独立的设计文件，竣工后可以独立发挥生产能力或效益的一组配套齐全的工程项目。分部工程是单位工程的组成部分，由专业和建筑部位确定。而分项工程划分更细，它是分部工程的组成部分，一般按主要工程、材料、施工艺、设备类别等进行划分。例如，土建工程、安装工程都属于单位工程，而地基与基础工程、主体结构工程、装饰装修工程、屋面工程、给排水及采暖工程、电气工程、智能建筑工程、通风与空调工程、电梯工程等都属于分部工程，但钢筋工程、模板工程、混凝土工程、砖砌体工程、木门窗制作与安装工程则属于更细划分的分项工程了。可以看出，分项工程是工程项目施工生产活动的基础，也是计量工程用工、用料和机械台班消耗的基本单元，同时又是工程质量形成的直接过程。另外，上述建筑安装工程费用中的措施项目费是指为完成建设工程施工，发生于该工程施工前和施工过程中的技术、生活、安全、环境保护等方面的费用。

投资控制子系统的核心在于对投资的合理规划和控制。其中，对投资的规划是一种理论轨道，包含计算工程估价和投资费用、制定控制实施方案等，而对投资的控制则是保证实际投资使用轨迹基本按照理论轨道运行，在方案实施的过程中，通过目标跟踪，进行全过程实时调整。其中，投资费用文件包含投资估算、设计概算、施工图预算、标底价格、合同价格和资金使用计划等内容。而全过程投资控制体现在项目可行性分析时的投资估算、项目初步设计时的投资概算、施工图设计时的投资预算、工程招标时的合同定价、项目施工时的投资结算及项目竣工期的投资决算。

投资控制应当遵循动态控制的原理。首先,控制的目标是保证资金使用实际值小于或等于目标计划值。而目标计划值需要经常以定期或不定期的频率进行更新。如图2-5(a)所示,通过目标计划值的论证和分析、规划方案实施、实际数据收集、目标计划值与实际值的比较,以及目标计划值纠偏几个过程的反复循环迭代,实现投资管理过程中的动态管理控制。

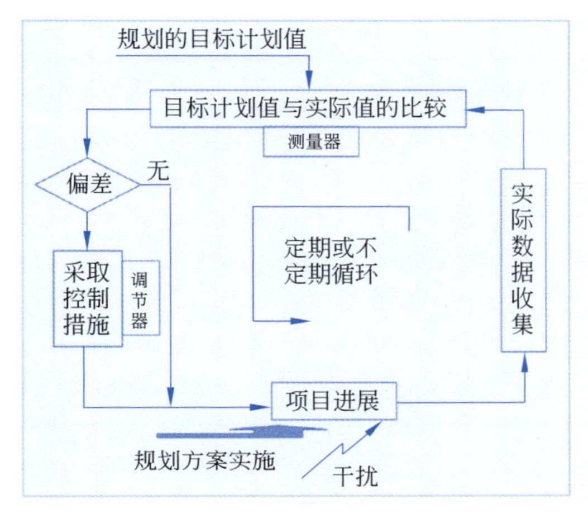

(a) 投资目标动态更新循环流程

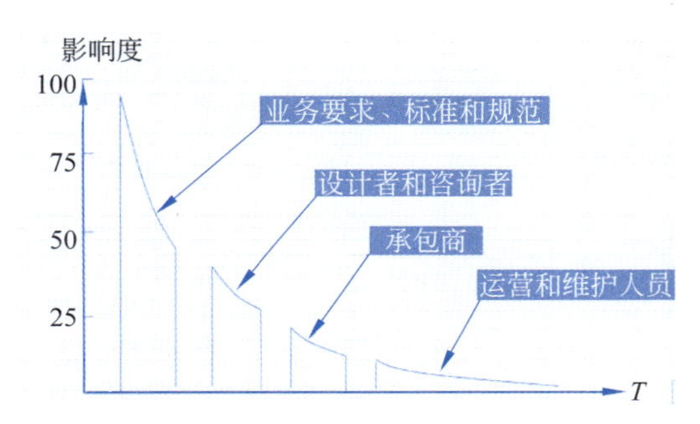

(b) 不同项目参与方对成本影响度时间曲线

图2-5　项目费用管理逻辑

而对于投资的经济分析,最主要的是对收益的评估。对收益的评估可以有四种评估指标:净收益,指工程项目生命周期内总的收入与总的成本的差,这类收益的计算是不会考虑时间因素的;回收期限,即将初始投资收回的期限;投资回报,也称为回报率(accounting rate of return,ARR),其计算方法是用平均年收益除以总投资;净现值(net present value,NPV),这个评估指标考虑了时间因素和货币的贬值,假定年折扣率为10%,那么明年的100元等于现在的91元,后年的100元等于现在的83元。表2-1给出了4个项目在5年内的收益分析示例,根据该表可以计算,4个项目的净收益分别是50 000、100 000、50 000、75 000;回收期限分别是5、5、4、4,即到了第五年或者第四年可以挣回本;4个项目的ARR分别是10%、2%、10%、12.5%。如果按照10%的年折扣率,第一年折扣率为0.9091,第二年折扣率为0.8264,第三年折扣率为0.7513,第四年折扣率为0.6830,第五年折扣率为0.6209,那么这4个项目的NPV计算结果分别是618、−179、770、13 721、21 662。这里我们以第一个项目为例展示NPV的计算方式:第一年按照0.9091的折扣率,折扣后资金流会从10 000变成9091,第二年变成8264,第三年变成7513,第四年变成13 660,第五年变成62 090,最后NPV为

$$-100\ 000+9091+8264+7513+13\ 660+62\ 090=618$$

实践证明,对投资进行合理的理论规划,并借助科学手段进行决策优化可以大幅度提高经济效益。例如,《浦东国际机场扩建工程信息系统总体规划研究》通过对扩建工程航站区站坪的数字模拟研究,为规划节约用地约85 500m²,由此增加了7个近机位和11个

远机位，每年为机场带来约2000万元的经济效益。《上海浦东国际机场二期工程的规划设计管理》成果在浦东国际机场第二跑道工程中得到成功应用，取得了5.63亿元的经济效益。《浦东国际机场三跑道地基处理试验研究》课题成果推动工程设计施工优化，共节约造价近6000万元，并节省工期六个月。《浦东国际机场二期工程节能研究》通过建模计算，与《上海市公共建筑节能标准》规定的各能耗指标相比，年节电2400万千瓦·时，年节约用水250万吨，年总节能8300万兆焦，节约运行费2500万元。

表2-1　收益分析示例

年份	项目1	项目2	项目3	项目4
0	−100 000	−1 000 000	−100 000	−120 000
1	10 000	200 000	30 000	30 000
2	10 000	200 000	30 000	30 000
3	10 000	200 000	30 000	30 000
4	20 000	200 000	30 000	30 000
5	100 000	300 000	30 000	75 000

2.2.2　成本控制子系统

工程信息管理的成本控制子系统主要对计划成本、实际成本和预测成本进行管理。该子系统实现的功能主要包括投资估算的数据计算和分析、施工成本计划、实际成本计算、计划成本与实际成本的比较分析以及根据工程的进展进行施工成本预测等。看起来，投资和成本都与资金有关，但二者还是有一定区别的，通常认为，投资主要面向未来收益，而成本主要指实际发生费用。因此，通常认为对某项工程的经济分析是指开发所需要的成本和系统运行所需要的成本与得到的收益的比较。

对得到收益的估计可以分为自底向上估计和自顶向下估计两种方法。前者将任务分解成部件，通过估计每个模块的收益后求和可以得到总工程收益；后者则从管理者对成本额度的期望开始，确定在成本约束下能够交付的产品。前者在对收益的估计中需要注意的是，对某个工程模块收益的评估必须反映的是新模块本身带来的成本和收益，例如，全部的销售额并不能代表订单处理系统的收益，而是增加该模块后对销售额的增长贡献才能作为该模块的收益。而后者考虑到的成本往往包括开发成本、安装成本和运行成本三部分。

以某信息技术工程项目为例，该工程可能包括以下几个成本。

（1）采购成本：咨询成本、设备购买或租用成本、设备安装成本、场所准备和修改成本、资金成本、管理成本。

（2）启动成本：操作系统软件成本、安装通信设备成本、启动人员成本、招聘员工成本、对其他部门的影响以及启动活动本身的管理成本。

（3）与项目有关的成本：应用软件成本、为了适应本地系统需求而进行的软件修改

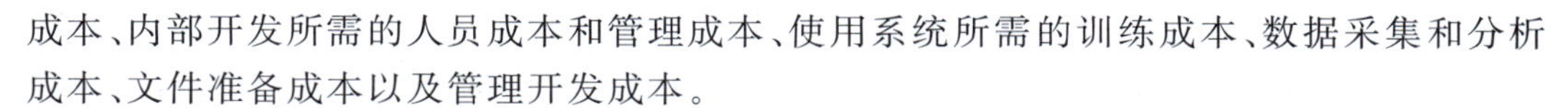

成本、内部开发所需的人员成本和管理成本、使用系统所需的训练成本、数据采集和分析成本、文件准备成本以及管理开发成本。

(4) 运行成本：系统维护成本、场地和设备的租用成本、资产贬值损失、职员的管理成本。

(5) 一次性成本：系统启动、系统开发、新的硬件和软件、用户培训、场所准备、数据、系统转换等成本。

(6) 重复成本：应用软件的维护、数据存储费用的递增、通信成本的递增、新的软件和硬件租用、供应商及其他成本。

另外，不同项目参与方对项目成本的影响随着项目推进的不同阶段占比不同。如图 2-5(b)所示，在建筑施工项目中，业主要求、标准和规范在项目初期对成本的影响占比最大，随着时间的推移，设计者和咨询者、承包商以及运营和维护人员对成本会造成递减的影响。

2.2.3　进度控制子系统

在了解进度控制子系统之前，需要明确几个常用名词的含义。

(1) 进度：一项活动的起止时间。

(2) 进度表：一批进度项的列表。

(3) 进度表对象：进度表上的活动名称或代码。

(4) 进度表范围：一类进度表上所有对象所归属的上层最小概念。

(5) 进度计划：一项活动的预期起止时间。

(6) 周期：进度对象起止时间内所跨越的时间。

(7) 里程碑：一种活动进展中的标志性状态，此状态可以用客观的标准加以检验。

工程信息管理的进度控制子系统主要对进度计划、进度执行和进度预测三个阶段进行管理。在进度计划阶段，需要编制项目设计、采购和施工各级各类进度计划，计算工程网络计划的时间参数，确定关键工作和关键线路。可以借助网络计划图和横道图进行进度可视化，同时需要编制资源需求量计划。在进度执行阶段，需要对进度计划执行情况做比较分析。在进度预测阶段，需要根据实时工程进展进行工程进度预测和调整。因此进度控制子系统需要包括项目进度计划的编制、实际进度的统计分析、动态比较分析、预测以及动态报表和信息发布几大功能。工程进度管理不仅是简单的时间管理，还涉及资源的均衡、进度的协调和控制。因此，项目进度控制需要考虑的信息既包含了工程基本信息，如工程代码名称、时间限制、所需资源和子项目逻辑关系等，也包含了工程有关管理属性，如工程分类码、工程分解结构、组织分解结构、资源角色分类、"赢得值"设置等。

工程项目总进度计划应包含以下内容。

(1) 表示各单项工程的周期，以及最早开始时间、最早完成时间、最迟开始时间和最迟完成时间，并表示各单项工程之间的衔接。

(2) 表示主要单项工程设计进度的最早开始时间和最早完成时间，以及初步设计完成时间。

(3) 表示关键设备和设备材料的采购进度计划，以及关键设备和设备材料运抵现场时间。

(4) 表示各单项工程施工的最早开始时间和最早完成时间,以及主要单项施工分包工程的计划招标时间。

(5) 表示各单项工程试运行时间,以及供电、供水、供汽、供气时间。

按照不同的分类方法,工程项目进度计划包含不同的实例。如图 2-6 所示,工程项目进度计划可以按照项目建设参与方、使用者、项目范围、时间、目的、项目个数或阶段进行分类。而这些项目进度计划可以通过项目结构图、工作表、横道图和网络计划图的方法进行可视化。图 2-7 是某项目结构图示例,其清晰地反映出了项目概要。表 2-2 是某工作表示例,其包含任务包的全部工作,反映出任务包顺利进行的一系列步骤。图 2-8 是某横道图(或甘特图)示例,其表头为工作及简要说明,项目进展对应表示在时间表格上。图 2-9 是某网络计划图示例。网络计划技术是 20 世纪 50 年代后期发展起来的一种科学的计划管理和系统分析方法,目前已经成为我国工程建设领域推行现代化管理必不可少的方法。网络计划图包含节点和箭线两个基本元素。按照基本元素的组成不同,网络计划图分双代号网络计划图和单代号网络计划图。其中双代号网络计划图是以箭线及其两端节点的编号表示工作的网络图,单代号网络计划图是以节点及其编号表示工作的网络图。在建筑工程中,以双代号网络计划图为主。常用的进度管理信息系统软件包括 Primavera 公司的 P6 软件和微软公司的 Project 软件。

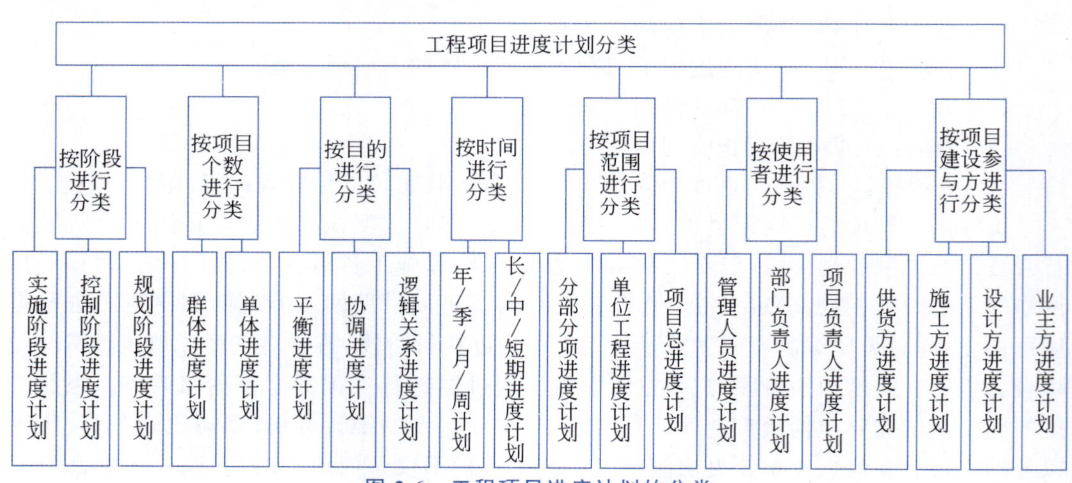

图 2-6 工程项目进度计划的分类

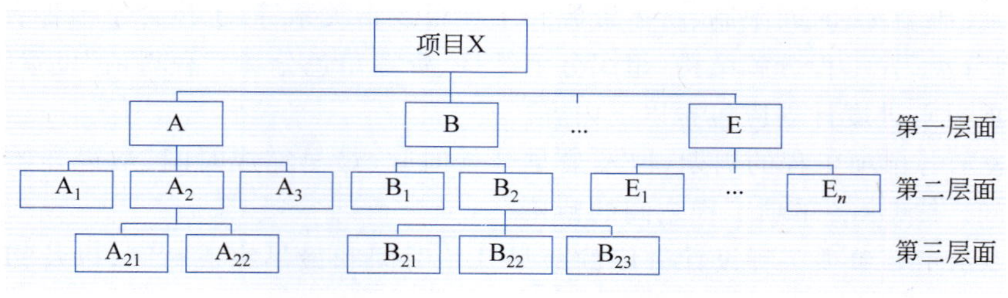

图 2-7 项目结构图示例

表 2-2　工作表示例

项目名称：　　　　　　　　　　　　　　　日期：　　　　　　　　　　页号：

任务包编号	任务包说明	工作编号	工作说明	工作范围（数量）	资源（工具、人）	责任部门	持续时间	备注（其他工作说明，如成本）

图 2-8　横道图示例

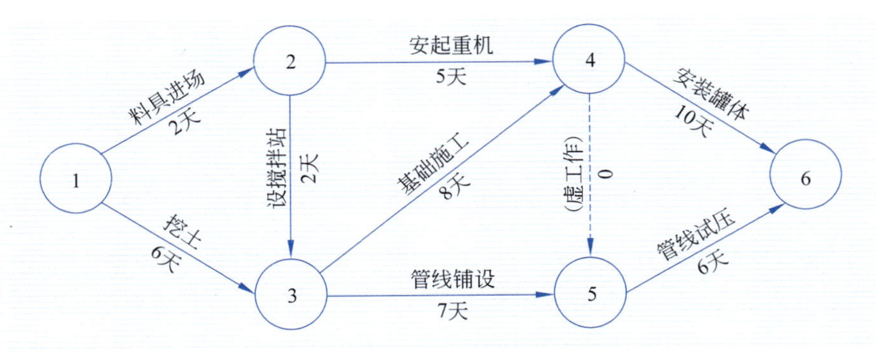

图 2-9　网络计划图示例

这里具体讲解一种工程进度管理常用的表示方法，即横道图进度表。横道图进度表的上方设计有恰当精度的时标，这种时标对应具体日期（年、月、日），用来在每项工作上标明起止日期。根据不同的项目阶段和视角，横道图进度表有不同的分级。图 2-10 展示了几种不同等级的横道图进度表，包括项目总进度计划横道图、装置主进度计划横道图、设计采购施工开车进度计划横道图、装置专业进度计划横道图和作业详细进度计划横道图。各进度表对象的起止日期，要反映各有关对象之间的制约关系和资源约束，满足与上层的约束关系。

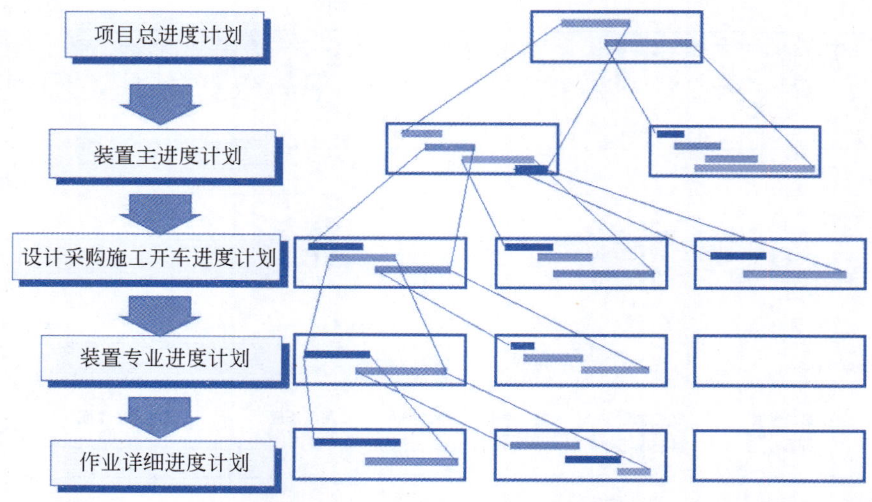

图 2-10　不同等级的横道图进度表

上述这些横道图是怎么制作的？

图 2-11 展示了利用 Excel 根据起止时间制订进度计划的一个横道图可视化操作界面的示例。通过指定每项任务对应的起止日期，可以按照时间顺序生成堆积条形图，然后通过格式美化可以将堆积条形图调整成规范的横道图，该图可以直观地显示各种任务的先后顺序和持续时间等信息。

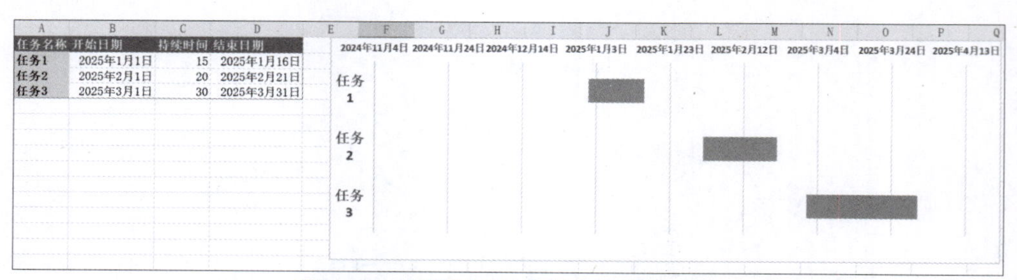

任务名称	开始日期	持续时间	结束日期
任务1	2025年1月1日	15	2025年1月16日
任务2	2025年2月1日	20	2025年2月21日
任务3	2025年3月1日	30	2025年3月31日

图 2-11　横道图可视化操作界面的示例

进度控制阶段的步骤分为定义项目、编制计划、跟踪与调整计划及辅助管理。常采用关键路径法(critical path method，CPM)进行进度控制。下面将具体介绍 CPM。

CPM 于 1957 年由美国杜邦公司和蓝德公司提出。1958 年 3 月，该方法首先用于建造化工厂，使该工程提前两个月完成。CPM 适用于已有实际经验且各活动所需作业时间确定的项目。从项目开始到项目完成有许多条路径，其中在整个网络图中最长的路径就叫作关键路径，这也是整个方法的研究目标。确定关键路径的目的在于找出项目的总工期，根据项目具体情况确定每个活动的最早开始时间(earliest start time，ES)、最早结束时间(earliest finish time，EF)、最迟开始时间(latest start time，LS)、最迟结束时间(latest finish time，LF)。这些时间满足如下关系：

(1) EF＝ES＋工期估计。

（2）LS＝LF－工期估计。

（3）某项活动的最早开始时间与直接指向该活动的所有最早结束时间中最晚的时刻相同。

（4）某项活动的最迟结束时间与该活动直接指向的所有活动最迟开始时间中最早的时刻相同。

根据上述时间关系，在进行 CPM 网络分析前必须进行下列两步准备工作。第一，对项目内的各工作进行分析，确定网络逻辑，即确定各工作间的依赖关系。第二，对项目内的各工作，逐一确定其工作周期，并确定项目的开工时间。对应地，CPM 需要的输入数据包括各项工作的编码和名称、每一工作的周期、每一工作的所有紧前工序代码以及网络的开工日期。某施工一级网络的 CPM 输入数据示例如图 2-12 所示。

	A	B	C	D	E
1	编码	活动	周期	参照活动	最早开始时间
2	SSS	开工	0	ST	0
3	A-1	平整场地	14	SSS	0
4	A-2	打桩	14	A-1	14
5	A-3	建筑物基础施工	42	A-2	28
6	A-4	设备基础施工	42	A-3	70
7	A-6	安装钢结构	14	A-3	70
8	A-7	安装管架	7	A-3	70
9	A-8	安装塔	7	A-4	112
10	A-9	安装容器、换热器、机泵	7	A-6	84

图 2-12　某施工一级网络的 CPM 输入数据示例

下面用一个示例来讲解 CPM 的操作过程。已知某项工作的作业顺序及时间如表 2-3 所示，要求根据该表：

（1）绘制网络图。

（2）确定关键路径。

（3）确定工程周期，包括 ES、EF、LS 和 LF。

（4）估算活动时差。

表 2-3　CPM 示例题条件

活动名称	紧前工序	活动时间	活动名称	紧前工序	活动时间
A	—	4	F	C/D	9
B	—	6	G	C/D	7
C	A	6	H	E/F	4
D	B	7	I	G	8
E	B	5			

首先，根据活动名称和紧前工序两列信息，可以绘制出如图 2-13 所示的有向网络图，表明任务之间的相邻关系。

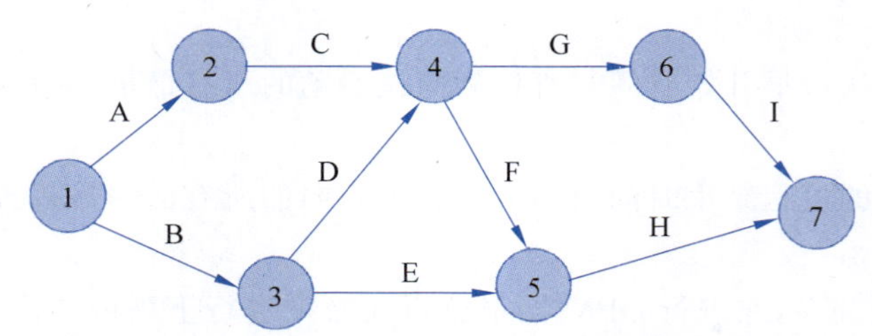

图 2-13　CPM 示例题有向网络图结果

其次，根据每项任务的活动时间，找到从 1 号起点到 7 号终点最长的路径为 B-D-G-I，对应 6＋7＋7＋8＝28 天，该最长路径为整个网络的关键路径。

对工程周期的确定分为对最早时间即 ES 和 EF 的确定和对最晚时间即 LS 和 LF 的确定。对最早时间的确定按照正向计算的方式，从有向网络图始端向终端计算，以第一个任务的开始为项目开始时间，任务完成时间为开始时间加持续时间，后续任务开始时间根据前置任务的时间和搭接时间而定。当多个前置任务存在时，根据最迟的任务时间而定。因此，从 1 号起点开始计算，任务 A 的 ES 为 0，对应的 EF＝ES＋活动时间，即 EF＝0＋4＝4。同样地，可以计算出任务 B 的 ES 为 0，EF 为 6。任务 C 只有任务 A 一个紧前工序，因此任务 C 的 ES 为 4，EF 为 4＋6＝10。任务 D 只有任务 B 一个紧前工序，因此任务 D 的 ES 为 6，EF 为 6＋7＝13。任务 E 只有任务 B 一个紧前工序，因此任务 E 的 ES 为 6，EF 为 6＋5＝11。任务 G 有任务 C 和 D 两个紧前工序，因此任务 G 的 ES 为 C 和 D 最迟的任务完成时间即 13，对应的 EF 为 13＋7＝20。同样地，可以计算出任务 F 的 ES 为 13，EF 为 13＋9＝22。任务 H 的 ES 为任务 E 和 F 的最迟任务完成时间即 22，则 EF 为 26。最后任务 I 的 ES 为 G 的 EF 即 20，它对应的 EF 为 20＋8＝28。

上面说的是最早时间的确定过程，最晚时间的确定按照反向计算的方式，即从有向网络图终端向始端计算，最后一个任务的完成时间为项目完成时间，任务开始时间为完成时间减持续时间，前置任务完成时间根据后续任务的时间和搭接时间而定。当有多个后续任务存在时，根据最早的任务时间而定。因此，从 7 号终点开始向前计算，任务 I 的 LF 为 28，对应的 LS 为 28－8＝20，同样地，任务 H 的 LF 也为 28，对应的 LS 为 28－4＝24。于是，任务 G 作为 I 的紧前工序，其 LF 为 20，LS＝20－7＝13，任务 F 作为 H 的紧前工序，其 LF 为 H 的 LS 即 24，对应它自己的 LS＝24－9＝15，以此类推。时差的计算可以通过 LS-ES 或者 LF-EF 计算得到，最终得到如图 2-14 所示的计算结果。显然，关键路径上的节点 B-D-G-I 的时差也为 0，因此在部分计算中，确定关键路径的方法除了可以根据最长路径判断外，还可以寻找时差等于 0 和小于 0 的任务以组成关键路径。

2.2.4　质量控制子系统

工程信息管理的质量控制子系统主要涉及施工、材料、设备的质量控制、跟踪和管理，同时包括质量活动档案记录、质量法规标准制定和工程质量事故处理方案。

工程项目质量是指工程建设各阶段或工程项目各分项的产品质量和工作质量，其具有影响因素多、质量波动大、质量变异大、质量隐蔽性和最终检验局限大的特点，容易受到

活动	工时	ES	LS	EF	LF	时差
A	4	0	3	4	7	3
B	6	0	0	6	6	0
C	6	4	7	10	13	3
D	7	6	6	13	13	0
E	5	6	19	11	24	13
F	9	13	15	22	24	2
G	7	13	13	20	20	0
H	4	22	24	26	28	2
I	8	20	20	28	28	0

图 2-14　CPM 示例题时差计算结果

工程实施过程中的人、材料、方法、机械设备和环境的影响。以软件开发工程质量为例，当代信息社会对软件的需求逐渐增加，软件质量评估的重要性不言而喻，由于软件本身的不可见性，很难得知在项目中软件的特定任务是否完全满足要求，且在开发过程中容易累计错误，因此软件质量评估也具有其复杂性。软件质量包括运行质量、修改质量和转换质量，其中，运行质量包括软件运行时的正确性、可靠性、集成性和可用性，修改质量包括软件的可维护性、可测试性和灵活性，而转换质量包括软件的可移植性、可重用性和互操作性。

工程项目质量管理是为保证和提高工程项目质量而进行的一系列管理工作，其目的是以尽可能低的成本，按既定的工期完成一定数量的达到质量标准的工程项目。工程项目质量管理遵循质量第一、预防为主、为用户服务且一切用数据说话的原则。工程项目质量控制是保证项目顺利开展的关键，需要贯穿工程项目全生命周期的各个阶段，包括前期决策、勘察设计、施工准备、施工、竣工验收交付和回访保修阶段。在管理过程中，核心在于应该如何正确度量质量。质量的度量需要明确指出以下几方面的内容，以形成质量描述文档：

（1）度量的单元。

（2）测试的范围。

（3）最差的可接受的值。

（4）计划达到的值。

（5）当前可达到的最佳值。

（6）当前值。

以一个字处理系统的质量描述文档为例，对应上述几方面的内容，该文档给出了下面几项具体内容：

（1）字处理系统的质量：易学习性。

（2）该质量的定义：新手学会使用该字处理系统软件并生成一份标准文档的时间。

（3）度量的单元：小时。

（4）质量测试的方式：首先对新手进行调查以确定他们的字处理软件的过去使用经

验，然后给他们一台机器、一套软件、训练手册和安装文档。然后测试他们从最开始到学会生成一份文档所花费的时间。

(5) 最差的可接受的值：4 小时。

(6) 计划达到的值：2 小时。

(7) 当前可达到的最佳值：1 小时。

(8) 当前值：4 小时。

这样一份描述文档就可以很清晰地表明标准和当前表现，用来做进一步的质量分析和工程调整。

质量管理体系运转的基本形式是 PDCA 循环。该循环由美国质量管理专家沃特·阿曼德·休哈特(Walter A. Shewhart)首先提出，由威廉·爱德华兹·戴明(W. Edwards Deming)采纳、宣传，故又称戴明环。PDCA 循环将质量管理分为四个阶段，即 plan(计划)、do(执行)、check(检查)和 act(处理)。具体来说，每次质量管理都要求把各项工作按照以下步骤执行：做出计划、执行计划、检查执行效果，然后将成功的执行动作纳入标准，不成功的执行动作留待下一循环去解决。若要设计某项产品，质量管理的计划阶段要通过市场调查、用户访问等前期调研的方式，分析用户对产品质量的要求，从而确定质量政策、质量目标和质量计划等。执行阶段是实施上一阶段所规定的内容。根据质量标准进行产品设计、试制、试验及计划执行前的人员培训。检查阶段主要是在计划执行过程之中或执行之后，检查执行情况，看是否符合计划的预期效果。最后的处理阶段则是根据检查结果，采取相应的措施，将符合预期效果的执行动作纳入标准，不符合预期效果的执行动作转入下一个 PDCA 循环去解决。

还是以软件工程质量管理为例，在一个软件开发阶段结束之后，可以从三方面去度量该软件的质量，包括软件的可靠性、可维护性和可扩展性。具体来说，软件的可靠性包括软件的可用性(availability)(可以用一段时间内软件可用的时间比例描述)、平均故障间隔时间(mean time between failures，MTBF)(两次失效间隔的平均时间)、某项事务失败的概率(需要用到该软件但无法正常提供工作的概率)以及错误报告的次数。软件的可维护性指系统修改的难易程度和诊断一个错误需要的平均时间。软件的可扩展性指将新的特征加入现有系统中的效率与从头开发一个新系统的效率的比。举个例子，某公司开发一个包含 5000 源代码行(source lines of code，SLOC)的系统花费了 400 人日。为系统增加一个新功能增加了 100SLOC，花费了 20 人日。因为增加一个新功能的效率为每人日 5SLOC，从头开发一个新系统的效率为每人日 12.5SLOC，所以可扩展性为 $5/12.5\times100\%=40\%$。上述质量度量主要放在项目执行之后，还有一些度量可以放在计划执行过程之中，如软件开发中常用的软件模块测试，则是避免将软件开发过程中的错误传递到后续的阶段。具体来说，在进行软件模块测试之前，准备好测试数据和期待的结果，在测试中发现任何错误都要及时修正，并重新进行所有的测试，直到该模块不会出现任何错误之后才能转入下一个模块的测试。

2.2.5 合同控制子系统

工程信息管理的合同控制子系统主要实现了合同基本数据查询、合同执行情况的查

询和统计分析、标准合同文件查询及合同辅助起草等功能。其具体解决的业务一方面是依据项目的总体进度安排、项目管理组织结构以及项目投资概预算建立项目投资编码系统；另一方面则是根据项目合同，全面登记管理合同履行过程中与费用相关的各种信息，跟踪分析各种事件对项目投资以及合同费用的影响。如国外的 Quicken、国内的 SeaTable 和 MeFlow 等都属于合同管理相关的软件。合同管理界面示例如图 2-15 所示。

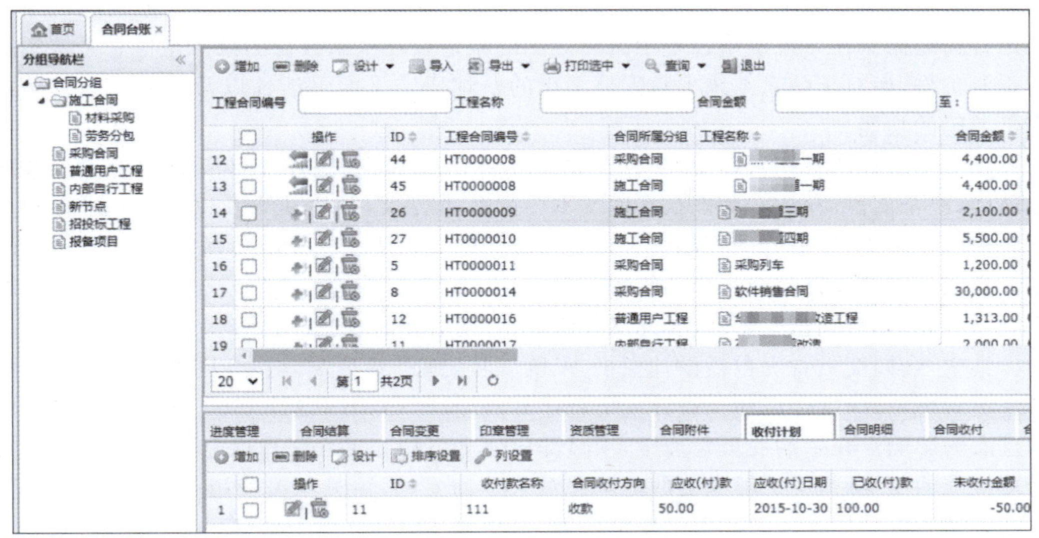

图 2-15　合同管理界面示例

工程项目签订的合同主要有三种类型，分别是固定价格合同、时间-物资型合同和每交付单元固定价格合同。在固定价格合同中，价格是固定的，因而，在签订合同前，根据需求事先确定好价格，需求的变化意味着价格的重新协商。这类合同的优势在于已知客户的花费，提供商也愿意对应降低成本，但缺点也很明显，就是需求修改比较困难，供应商为了赢得订单可能会报很低的价格，但签订合同后一旦客户提出修改需求，价格会变得很高，对质量也有一定的威胁。在时间-物资型合同中，客户根据实际消耗的工作量和固定的费率来付费，也就是说，供应商将首先估计出工作量，给出一个价格，但是这个价格并不是最后的价格。和固定价格合同相反，这类合同的价格容易修改，且在没有价格压力时，质量可以得到保障，但同时也存在缺点，如客户承担了所有需求变更的风险，供应商也缺乏控制成本的动力。每交付单元固定价格合同中的每交付单元也被称为功能点(function point)，系统越复杂，每功能点的价格越高，即阶梯式定价，如某 IT 工程项目的功能点阶梯式定价分为 5 挡：当功能点少于 2000 个时，每功能点 967 元；当功能点为 2001～2500 个时，每功能点 1019 元；当功能点为 2501～3000 个时，每功能点 1058 元；当功能点为 3001～3500 个时，每功能点 1094 元；当功能点为 3501～4000 个时，每功能点 1134 元。这样，假如工程包含 2600 个功能点，则总价可以计算为 $2000\times967+500\times1019+100\times1058=2\ 549\ 300$ 元。可以看出，这类合同的优点在于客户能够理解成本的构成，且允许客户增加功能，在成本上具有可比性，供应商也有降低成本的动力。但缺点在于功能点计算比较复杂，而且缺少统一方法，某些需求的更改并不一定带来功能点的增加，因而需要确定修改的影响。除了这三大类合同外，其他还包括固定价格（如人员成本）加上设备的浮动价格（如硬件）合同、按劳付费合同（在前期支付20%的预付款，并在没达到重要里程碑时不付任何款项）、成本补偿合同（在固定价格的基础上再加按期交付奖励）。

合同控制子系统特有编码包括合同编码、工程量清单编码、物资编码及各种记录编码。一般工程量清单编码和物资编码通常采用树形编码，合同编码及各种记录编码通常采用普通编码。在系统实施过程中编码规则的制定以及基础数据的录入是信息系统实施的重要工作，而对于信息系统本身需要考虑的是编码定义的灵活性以及如何实现辅助自定义编码的功能。

在一个合理的合同管理中，项目经理必须了解、掌握合同的内容和要求。在设计开展之前，需要全面澄清、理解和确认合同文本中的业主要求，并将其纳入设计产品过程和其他管理过程之中，保证合同管理全过程不遗漏任何业主要求。还需要确定合同控制目标，制订实施计划和保证措施。合同管理模块包括合同变更管理、合同争议管理、合同违约责任划分和处理、合同索赔管理、合同文件管理、合同收尾管理几项内容。

其中，合同变更管理包括设计变更、采购变更、施工变更及分包合同变更管理。在设计变更管理中，项目部应建立设计变更程序和规定，严格控制设计变更，并评价其对费用和进度的影响。在采购变更管理中，项目部应建立采购变更程序和规定，采购组接到项目经理批准的变更后，应了解变更的范围和对采购的要求，预测相关费用和时间，制订变更实施计划并按计划实施。在施工变更管理中，项目部应建立施工变更程序和规定，对施工变更进行管理，按合同约定，对费用和工期影响进行评估，按规定的程序实施变更。在分包合同变更管理中，项目部及合同管理人员，应严格按合同变更程序对分包合同变更进行控制。应对变更范围、内容及影响程度进行评审和确认并形成书面文件。变更经批准后才能实施。

2.2.6 工程信息管理系统实例：建筑信息模型

工程信息管理系统以合同管理为核心，根据投资、成本、进度、质量四大目标实现动态控制。由上述介绍可以看出，该系统主要围绕工程信息数据实现了以下四大功能。

（1）数据处理功能：进行数据的收集和输入、数据传输、数据存储、数据加工处理以供查询；完成各种统计和综合处理工作，并及时提供各种信息，如对合同基本数据和执行情况的查询和统计分析、质量活动档案记录、进度记录、成本计算、投资分析等。

（2）预测功能：运用现代数学方法、统计方法或模拟方法，根据过去的数据预测未来的情况，如对投资、成本和工程进度的预测。

（3）计划控制功能：根据各职能部门提供的数据，对计划的执行情况进行监控、检查、比较执行与计划的差异，对差异情况进行分析，辅助管理人员及时进行控制，如对实际投资/成本和计划投资/成本的对比分析，质量跟踪管理及对进度/合同执行情况的控制。

（4）决策优化功能：采用各种经济数学模型和存储在计算机中的大量数据，辅助各级管理人员进行决策，以期合理利用人、财、物和信息资源，取得最大经济效益，如对资金投入的合理规划、对工程进度的实时调整等。

本节给出工程信息管理系统的实例,即建筑工程领域常用的建筑信息模型。建筑信息模型(BIM)是以建筑工程项目的各项相关信息数据作为模型的基础,进行建筑模型的建立,通过数字信息仿真模拟建筑物所具有的真实信息。BIM 技术是近十年来在 CAD 技术基础上发展起来的一种多维(三维、四维、五维、n 维)模型信息集成技术,可以使项目建设的所有参与方都能够在数字虚拟的真实建筑物模型中操作信息和在信息中操作模型(见图 2-16),从而实现在建筑全生命周期内提高工作效率和质量,以及减少错误和降低风险的目标。BIM 具有可视化、协调性、模拟性、优化性、可出图性等特点。BIM 技术应用贯穿项目决策、设计、施工、运营全过程,为在建筑项目建设的全生命周期中的协调管理提供了技术支持和新的管理工具,它能有效地支持决策制定,改善项目管理工作情况,对提高建筑质量、节约成本和缩短工期非常重要。基于 BIM 技术的信息管理模式打破现有工程项目管理中的屏障,实现工程项目各阶段、各关键指标、各组织、各专业、各项目的信息融合,形成更加广泛的集成系统,协调工程项目系统目标、外部资源、内部资源的信息流网络。

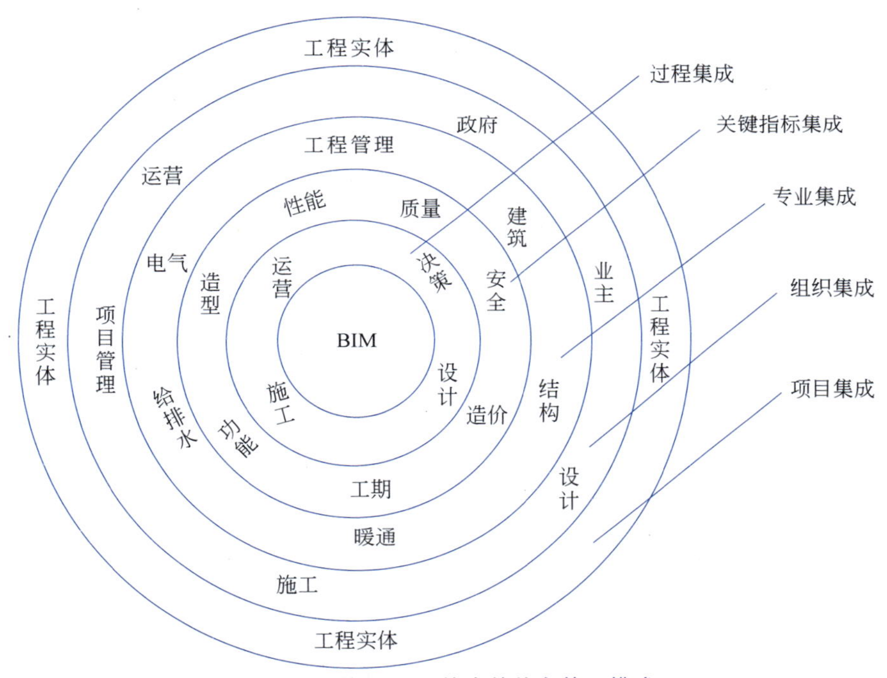

图 2-16　基于 BIM 技术的信息管理模式

在项目决策阶段,BIM 应用可分为可视化、环境分析(包括景观分析、日照分析、风环境分析、噪声分析)、温度分析、声学计算等;在项目设计阶段,BIM 应用可分为能耗模拟、系统协调、规范验证、设计成果一致性检验即碰撞检查、结构有限元分析等;在施工阶段,BIM 应用可分为视频模拟、成本预算、进度控制、质量管理、安全管理及预制件可加工性;在项目运营阶段,BIM 应用可分为设施维护管理、物业租赁管理、设备应急管理和运营评估等。基于 BIM 的可视化模型和信息技术进行碰撞检查以减少返工;进行虚拟施工以实现有效协同;进行三维渲染以实现宣传展示;满足不规则的项目要求和施工工艺;调用海量信息数据库数据，以支持决策等。

基于 BIM 技术的信息管理策略包含以下几部分。

第一部分是 BIM 技术人才培养。BIM 技术涉及土木工程、工程管理、建筑学、计算机、控制工程等多学科知识，基于 BIM 技术的建设工程信息管理是一项复杂的系统工程，BIM 专门人才培养非常关键。美国 BIM 标准把与 BIM 技术有关的人员分成三类：BIM 用户、BIM 标准提供者、BIM 工具制造商。其中 BIM 用户（BIM 专业应用人才）数量最大，覆盖面最广，最终实现 BIM 业务价值的贡献也最大。高等院校本科教育、硕士教育可增设 BIM 技术的专业方向，大力培养 BIM 技术专门人才，积极开展 BIM 应用研究，为 BIM 技术提供理论支持和标准研究；BIM 软件商从实践研发中加强 BIM 产品设计人才和软件开发人才培养，并大力开展 BIM 应用专业培训；建设企业应加大 BIM 技术应用人才的培养和引进力度，构建企业级、项目级、专业级 BIM 人才结构的合理梯队；政府应为 BIM 人才培养提供积极引导和环境支持等，从多方面推动 BIM 专门人才队伍建设，为 BIM 技术的研究、应用和创新提供强力支撑。

第二部分是各参与建设主体积极推动 BIM 技术应用。政府建设行政主管部门，即基于 BIM 技术的信息管理的监管者，具有直接带动建筑市场变化的优势，所以建议政府在公共项目中率先规定使用 BIM 技术；项目业主，即基于 BIM 技术的信息管理的组织与管理者，是最大受益者，建议对房地产开发项目、设计—施工总承包建设项目等在建设过程中业主与承包商合同较少，便于协调的项目优先推广 BIM 技术。对政府和项目的业主也可采取奖励性政策，以扩大 BIM 使用者的范围。如在招投标阶段选择承包商时，采用加分制，鼓励投标商使用 BIM 技术。设计、施工和项目管理企业，即基于 BIM 技术的信息管理的执行者，应把 BIM 看成能和其他公司建立差异化战略的机会，积极创新，构建企业级与项目级、后台与前端的信息流网络，使信息工作流程标准化、子流程优化、内外部流程集成化，同时加强企业级大后台信息建设，对项目形成强大的支撑和监控体系，实现项目群的集成信息管理。

第三部分是基于 BIM 技术的共享信息边界。信息协同是开放、及时和可靠地共享信息，但需要清晰地定义信息以及信息的边界。当涉及建设企业的知识产权、商业秘密，或者管理需求时，都会有一部分是受控的信息，因此信息的安全问题是必须考虑的重要问题。在基于 BIM 技术的工程项目信息集成模型中，BIM 中央数据库信息分为专有信息和共享信息。需要明确信息合理、适度的共享空间，为各组织、各专业、各项目分配不同的信息模块，并赋予不同的权限。整个项目团队可以有控制地访问一个共享的精确项目信息库，保证在信息提交过程中加强安全政策。

第四部分是基于 BIM 技术的信息产权归属。基于 BIM 技术的信息网络和动态优化加强了业主、设计单位、施工单位、项目管理单位、运营单位的协同工作，必将带来不同参与方不同的利益结果。在信息流通中，数据的知识产权可能会被误用、套用以及盗用，这些将会导致 BIM 模型信息的所有权与责任不够明晰，从而容易引发扯皮与纠纷。因此，应积极推行 BIM 标准合同示范文本，明确 BIM 数据模型的条款、项目交付时的信息责任、项目整个过程中的信息管理、信息安全、信息质量保证、第三方信息收集方式、信息模型的所有权及责任方认定等内容。政府通过设立 BIM 技术部门来制定判断标准、接受投诉、解决争端、对违例者实施经济上和行政上的处罚。企业和个人保持积极、开放的态度，在信息交流和分享的同时，注意保护自身的权益，在 BIM 项目中互相监督，防止知识产权的侵犯行为。

第五部分是工程项目信息的专业模块化发展。基于 BIM 技术的工程项目信息是一个海量的信息数据库，随着 BIM 技术的应用发展，工程项目信息集成模型的功能应细分、强化和扩充，形成办公系统、资源管理系统、过程控制系统和项目管理系统等专业系统，这些专业系统应以专业模块化结构面向市场，实现不同领域、不同专业、不同类型的 BIM 人员在同一个 BIM 平台上使用支持项目所有阶段和所有参建方的软件工具。这些软件工具分工不同而又协同工作，满足工程项目不同单位和部门在不同层次和要求上的信息使用需要。

某医院 BIM 系统示例如图 2-17 所示，该系统可视化地展示了医院科研楼不同区域建筑的设计方案，为该建筑工程的质量、进度、成本、安全管理提供了参考依据。

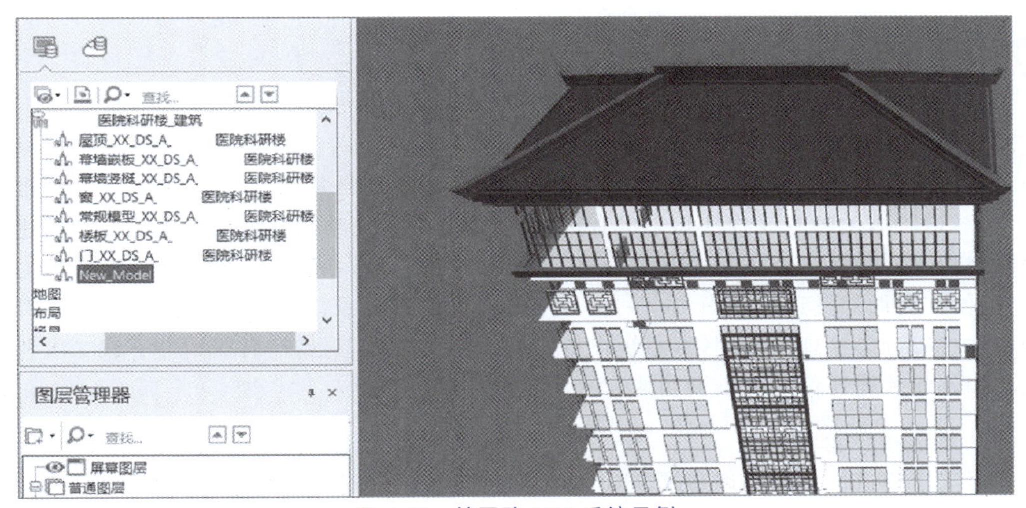

图 2-17　某医院 BIM 系统示例

对于质量管理，通过清晰的表达，以及 BIM 模型与工程实体的不断对比与纠偏，每一部分的施工质量都得到了最大限度的保证。BIM 模型的可视化，统一了项目各参与方对同一项目的图纸和设计方案的认识，同时在相同的施工条件下，高度协作避免了人为因素的干扰，减少了工程质量差异。通过对实际施工过程进行模拟，可以对用到建筑材料的信息和产品质量进行实时查询，实现标准操作流程的可视化。

对于进度管理，BIM 4D 虚拟模型结合进度计划能模拟出工程项目进度情况，为工程进度控制提供依据。利用 BIM 模型可以快捷地生成高精度的工程量清单且该清单可以实时调整。结合相关的规范、规定可以编制出较准确的施工进度规划，提高管理效率。

对于成本管理，BIM 模型导出的工程量数据可以直接应用到工程概算、预算、决算中，为造价控制提供可靠的依据。

对于安全管理，利用 BIM 及相应灾害分析模拟软件，可以提前对灾害发生过程进行模拟，分析灾害发生的原因，制定相应措施，避免灾害的再次发生，并编制人员疏散、救援的灾害应急预案。

某隧道工程信息管理平台如图 2-18 所示，该平台分为八大模块系统，分别为隧道构件库管理系统、隧道模型管理系统、隧道地形管理系统、隧道施工进度管理系统、隧道成本管理系统、隧道质量管理系统、隧道能耗管理系统、隧道安全管理系统。

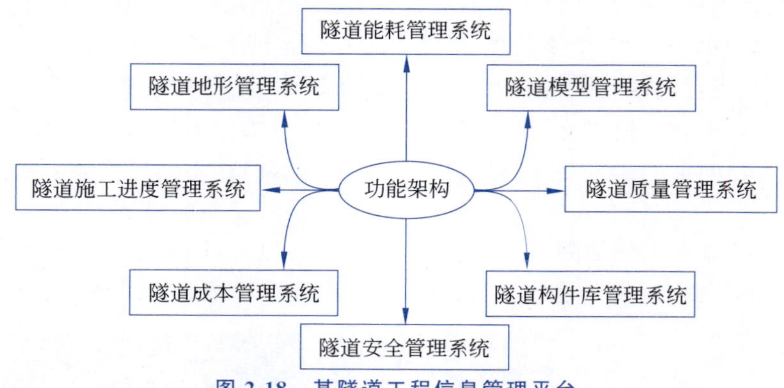

图 2-18　某隧道工程信息管理平台

1. 隧道构件库管理系统

现有的建模软件如 Revit 是基于房建领域的，其本身自带的一些构件都属于房建领域，而隧道领域内的专属构件几乎没有，所以要建立一个完整的隧道模型首先应该构建隧道领域的一些专属构件，如初支、二衬、仰拱、钢架、钢筋等，并逐渐形成隧道领域专属构件库，以便在后面的隧道建模中二次利用。隧道构件库管理系统的作用就在于对构件库中的构件进行分类梳理并管理，本系统支持构件库的实时动态更新、后期构件下载二次利用以及构件相关属性信息的查询功能。

2. 隧道模型管理系统

不同于隧道构件库管理系统，隧道模型管理系统是针对完整的隧道模型的，系统可自动保存上传到平台上的隧道模型，渐渐形成一个模型库，供用户随时调用和实时浏览；在设计、施工阶段，若发现问题，用户可及时对模型进行变更并实时上传，确保工程的各参与方都能在第一时间知道变更信息，并及时采取下一步相关措施；此外，系统不仅支持三维模型浏览，还允许在平台上查看、下载基于三维模型的相关二维图纸。

3. 隧道地形管理系统

对于一项隧道工程而言，由于线性分布的特征，其空间跨度较大，通常要穿越地质情况复杂多变的地域，隧道穿越区域是否有褶皱、断层等存在，是土层还是岩层，围岩属于几级围岩，水文地质情况如何等，所有这些问题直接关系到整个隧道工程的方案规划设计，所以地形、地质情况的熟悉和掌握对隧道工程十分重要。隧道地形管理系统就是针对这个问题所提出的一项功能模块，里面存储有基于 GIS 技术形成的数字化地面模型、基于地质三维重构技术形成的三维地质模型以及一些卫星、航拍影像资料，这些相关资料集中于一个平台，使各参与方对隧道地形地质情况有一个全面的了解与掌握；此外，通过对隧道开挖过程中实时记录的地质参数进行地质分析，以及对围岩进行标定和比对，可以得到

地质数据，逐步搭建从区域到整个国家的地质电子数据库。这一数据库借助 BIM 隧道协同管理平台进行管理，为隧道工程前期勘察设计提供大数据支持。

4. 隧道施工进度管理系统

隧道施工进度管理系统通过对施工组织计划进度以及工程实际施工进度信息进行实时录入，并基于模型三维可视化，使用户可以一目了然地把握施工动态，确保整项工程如期完成；此外，系统内置隧道施工工法库，用户若对隧道施工工艺，如台阶法、三台阶法、六步 CD 法、中隔壁法等有疑问，可以在平台上进行查询。每种施工工艺除了有相关文字描述外，还有对应的施工模拟视频，使用户更容易理解，从而更好地指导实际施工。数字化设备全程采集施工参数以形成施工日志，这些电子施工日志以及由专业软件数据分析生成的报表和图例被上传至平台共享，使工程各参与方可第一时间对实地施工情况有一个比较全面的掌握。

5. 隧道成本管理系统

隧道成本管理系统可分为两部分：一部分为算量，即整项隧道工程的工程量统计与清单管理；另一部分则为造价，即针对某一方案进行工程造价。对于一项工程而言，一个最好的方案就是造价最低但效益最好的方案，本系统模块的提出以及后期开发有助于降低工程造价，优化方案设计。

6. 隧道质量管理系统

隧道质量管理系统包括隧道施工质量以及所用材料质量、预制构件质量管理，用户通过系统可查询到施工工艺标准、材料标准指标、预制构件设计规格，以及实地施工工艺、所用材料、预制构件相关实际信息。通过对比这些信息，用户可确定施工质量是否合格，因此，该系统对质量的把控起到了关键性作用。

7. 隧道能耗管理系统

近年来，可持续发展的理念渐渐走进了人们的视线，本系统遵循可持续发展的理念，并将该理念应用于 BIM 在隧道工程中的管理中，对隧道运维过程中的能耗情况进行监控与管理，如隧道照明系统、通风系统等能耗情况等。

8. 隧道安全管理系统

工程管理中的“三控”是指进度控制、质量控制和安全控制，其中进度、质量各对应一个管理模块系统，同样地，安全也应对应一个模块系统——隧道安全管理系统，以便更好地进行安全管理与控制：通过对隧道动态施工监测数据的实时掌握，严格控制拱顶沉降与围岩收敛变形，做到施工安全；通过对隧道运维过程中的裂缝监测、边墙渗水监测、隧道火灾监控及预警，做到运维安全。

2.3　课后思考

1. 根据图 2-19 所示的网络图，计算每个任务的 ES、EF、LS、LF 及时差，找出关键路径并判断该项目能否在 30 周内完成。

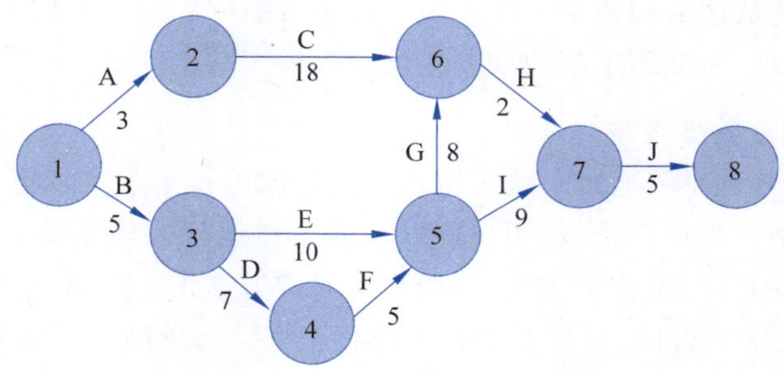

图 2-19　课后思考题 1 网络图

【参考答案】

根据计算，可以得到如图 2-20 所示的时间图。

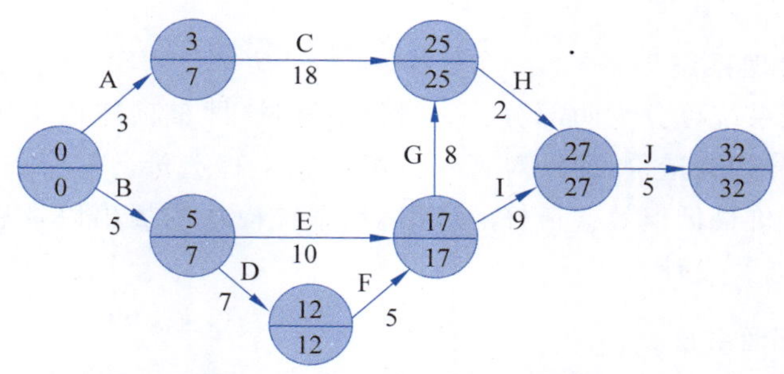

图 2-20　课后思考题 1 时间图

所有完成路径包括：

a. ACHJ＝3＋18＋2＋5＝28 周

b. BEGHJ＝5＋10＋8＋2＋5＝30 周

c. BEIJ＝5＋10＋9＋5＝29 周

d. BDFGHJ＝5＋7＋5＋8＋2＋5＝32 周

e. BDFIJ＝5＋7＋5＋9＋5＝31 周

其中，BDFGHJ 为关键路径，最短时间为 28 周，因此该项目能在 30 周内完成，但需要加紧工期。

2. 根据表 2-4 中的逻辑关系，绘制网络图，并计算各工作的时间参数。

表 2-4　课后思考题 2 逻辑关系

工作	A	B	C	D	E	F	G	H	I
紧前工序	—	A	A	B	B、C	C	D、E	E、F	H、G
工作时间	3	3	3	8	5	4	4	2	2

【参考答案】

网络图和对应时间参数如图 2-21 所示。

3. 上海某建筑设计公司由几位海归建筑设计师创立，凭借着他们在业内的口碑，并伴随着中国城镇化建设的浪潮，从开始的三十几人的小型设计事务所，在十年后发展成近

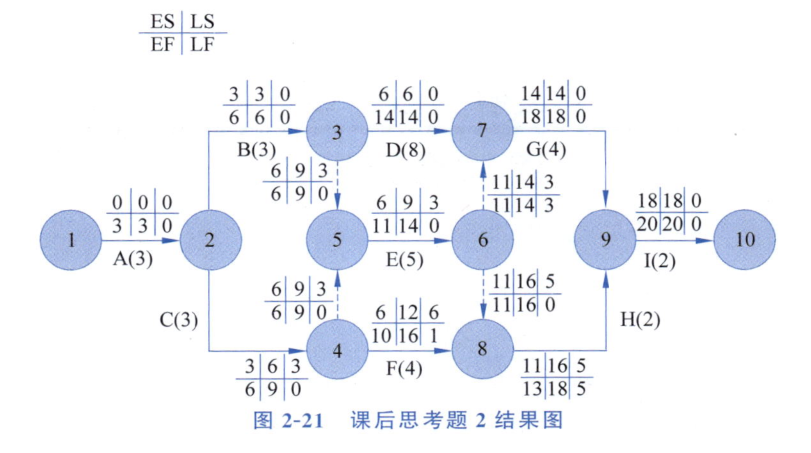

图 2-21　课后思考题 2 结果图

800 人的中型设计集团，成为中国华东地区颇具影响力的甲级建筑设计公司。然而，随着公司业务和人员规模的快速发展，公司高层很快感受到传统项目管理模式的弊端和束缚。一方面，各专业部门的窝工率非常高，这既与项目统筹规划有关，也与人员激励机制有关。另一方面，随着项目种类和数量的增多，项目的精细化核算越来越困难。思考：如果你是这家公司的高层，你将如何改进和优化该传统项目管理模式？请结合本章所学内容给出你的设计。

【参考答案】

公司高层意识到，这些管理难题是公司持续发展的巨大障碍，经过多次讨论，他们很快明确了管理信息化的核心目标，包括项目投标管理、项目立项管理、项目计划和进度管理、项目产值管理、项目资源管理、项目财务核算等，他们希望通过这些管理功能的自动化提高设计人员的利用率，实现项目核算精细化。他们利用丰厚的薪资待遇迅速招募到 10 位程序开发人员，这些开发人员在进行短暂的业务培训之后，就开始了软件系统的开发，包括系统设计、代码编制、系统测试、用户反馈等。由于功能需求清楚，开发过程相对科学合理，这个定制的项目管理系统在 6 个月后顺利上线，并在随后一年根据用户反馈不断改进和优化。

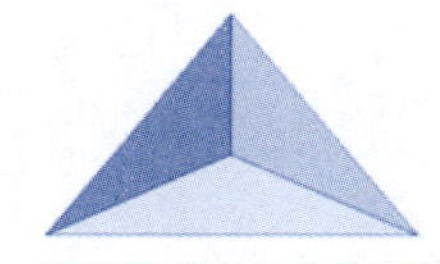

第 3 章 工程信息过程管理

本章要点

工程信息管理从项目合同生效开始，贯穿项目设计、实施、验收等全过程。本章将工程信息管理的过程分成了三部分，分别是工程信息收集与加工、工程信息存储与检索及工程信息分析与输出。工程信息收集部分主要介绍了各类工程信息收集的方式，以及基于无线传感网和移动群智感知新技术进行的工程信息收集。工程信息加工部分则介绍了信息编码和工程信息质量管理的内容，这也为下一步工程信息存储与检索打下了基础。工程信息存储与检索部分重点介绍了数据库系统存储与索引的知识。工程信息分析与输出部分重点介绍了在当下工程信息大数据量的情况下，基于机器学习、深度学习等新兴技术的数据挖掘技术，基于云计算、边缘计算的新兴数据计算模式，以及各种输出形式。

3.1 工程信息收集与加工

3.1.1 工程信息收集

工程信息收集的第一个问题是信息的识别，即确定需求的信息。确定信息需求要从系统目标出发，可以由决策者进行识别（因为他最清楚组织的目标），也可以由系统分析员（信息收集者）借助其专业知识技能亲自识别。决策者本人对信息的具体需求优先级最高。收集过程既可以自上而下进行，也可以自下而上进行；既可以是随机积累，也可以是有目的地专项收集。

信息收集往往需要专人负责，并且收集策略需要动态调整。按信息资料来源，传统工程信息收集方法可分为实地调查法和文案调查法。实地调查法也就是对相关资料进行查询和搜集，要求参与人员具有一定的创造性和持久性，具体包括观察法、访问法和实验法。与实地调查法相比，文案调查法往往收集的是已经加工过的信息，而不是原始资料。该方法以收集各种文献资料为主，尤其偏重于从动态角度按照时间顺序收集各种反映调查目标变化现状及其未来展望的相关资料。因此，进行文案调查的时候需要具备以下几方面的要求。

（1）广泛性：需要通过各种信息渠道，利用各种机会，采用各种方式大量收集有价值的资料。

（2）针对性：面虽然铺得足够广，但主题一定是明确的，因此往往需要对一般性资料进行摘录、整理、筛选等以获得有价值的信息。

(3) 时效性：需要考虑所收集资料的适用时间是否能满足调查的需要，一般情况下，能够反映最新情况的资料才是价值最高的资料，但在对某些历史发展进程进行分析时，则需要依赖时间更久的历史资料进行佐证。

(4) 连续性：连续性的资料在时间上具备动态比较的能力，能够反映事物发展变化的特点和规律。

实地调查法中的观察法是指信息收集人员亲自到工程现场，借助一定的设备对对象进行观察并如实记录的收集方法。观察法具备以下几个优势。

(1) 客观性：观察法通常是在观察对象处于自然状态时进行信息收集，它是对客观情况的真实反映，因此也可以作为文案调查法等渠道的补充，获得那些渠道获取不到的信息。

(2) 直观性：观察法得到的信息一般可以直接利用，从而避免了因为文意不达导致的信息失真。

但是观察法得到的一般是定性信息，很难去定量刻画，且信息收集的范围也与收集人员所处的状态密切相关，容易受限。有时也需要为此支付一定的费用。

实地调查法中的访问法则是通过与信息收集对象进行直接交流来获取信息，一般可分为访谈法和问卷调查法，这两种方法分别倾向口头交流和文字交流。访谈法的优势是可以确定被调查者的真实身份，通过双方的互动来拓宽访问思路，且反馈比较及时。问卷调查法的优势则是成本相对低，从而可以扩大调查的范围，并且可以在一定程度上保护用户的隐私。实地调查法中的实验法一般是指将收集信息的目标引入一个被控制的环境中，通过对变量的控制和施加不同程度的刺激来确定不同因素对调查对象的影响情况。这种方法得到的结果更具导向性，收集到的信息也更加稳定。

除了上述方法外，当前基于互联网的信息采集，速度更快，信息体量更大，信息范围也更广。伴随着微机电系统和智能传感器的进步，如图 3-1 所示，无线传感网近几年已经获得了广泛的发展。与传统传感器相比，传感器因其小型化以及有限的计算资源和处理能力，价格更为低廉。这些传感器节点一般由电池或者太阳能驱动，可以感知、测量并从环境中收集信息。基于一些本地决策过程，它们可以将感知到的数据通过无线电波的载体传输给用户。这里的用户可以是一台计算机、一个个人手持设备或者一个作为基站的固

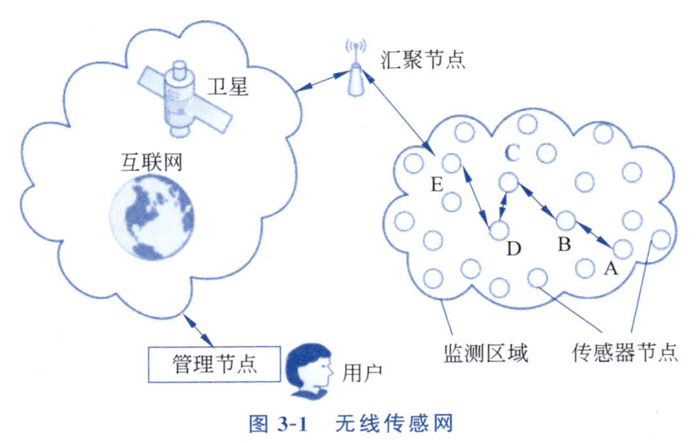

图 3-1　无线传感网

定基础设施。无线传感网则包含着成百上千个这样的传感器节点，且在部署后，网络可以以一种无人看管的形式24小时实时、持续地执行监控和信息收集功能，非常适合工程实地信息的检测与收集，从而大大节省人力。无线传感网可以分为非结构化和结构化两种类型。在非结构化无线传感网中，大量节点自组织形成网络，网络结构自由，但检测故障很困难。相反地，在结构化无线传感网中，所有或部分传感器节点都以预先计划的方式部署，因此可以按规划部署更少的节点，从而降低网络维护和管理成本，且可以通过放置临时特殊节点来满足特殊区域覆盖要求。

根据覆盖区域的不同，无线传感网可以分为地面、地下、水下几种常见的应用区域。地面无线传感网通常在给定的区域，以临时的或预先计划的方式部署数百个到数千个廉价的无线传感器节点。在地面无线传感网中，密集且可靠的通信对环境信息的收集和传输非常重要。地面传感器节点虽然电池电量有限且可能无法充电，但却可以配备备用电源，如太阳能。然而在进行传感器的信息收集和传输设计时仍要注意能源的节约，例如，可以通过多跳最优路由选择节点之间传输路径来节省能量，或者可以通过消除信息冗余度，采集少量代表性信息的方式来节省收集能量的消耗。

地下无线传感网由埋在地下、洞穴或矿井中的许多传感器节点组成，用于监测地下状况。同时通过部署少量地面上的节点，可以收集地下传来的数据并汇总到基站。地下无线传感网的节点较为昂贵，因为需要设计合适的设备部件，保证即使在土壤、岩石、水和其他矿物质等介质对信号造成损失和干扰的情况下，仍能实现可靠通信。同时，由于无法配备太阳能等备用能源，需要考虑其他备用能源，或者使用更大容量的电池以提供较长时间的环境监测，因此在进行地下传感器收集和传输策略的设计时，需要提高对能耗指标的要求。

水下无线传感网由许多部署在水下的传感器节点组成，通过自主水下航行器从传感器节点收集数据。相比地面无线传感网的密集部署，水下传感器部署相对稀疏，通过声波进行信息传输。水下工程传感网络的设计需要考虑解决有限带宽、长传播延迟和信号衰落问题，以及应对恶劣的海洋环境条件导致的传感器节点故障。水下传感器节点同样需要能够自主调节且具备节能的设计，以适应在水下环境中无法及时充电和更换电池的情况。

值得一提的是，移动无线传感网不同于固定部署的网络，这类网络由一组可以自行移动并与物理环境互动的传感器节点组成。移动节点和静态节点一样，都具有感知、计算、通信的能力，而一个关键的区别是移动节点有能力重新定位和组织自己的网络，即当从原来的网络范围移动到另一个网络区域后，节点可以重新建立和新网络区域内节点的关联，采集信息并互相交流。移动无线传感网的提出，进一步扩大了工程信息收集的范围，实现更高程度的覆盖和连通性。而且在应对环境的动态变化方面，移动无线传感网比静态传感网更加灵活，可以通过自适应地改变自己网络的组织形式避开可能存在的遮挡或干扰。

类似移动无线传感网的架构，移动群智感知(mobile crowd sensing，MCS)则代替了传感网中特定设计的传感器，利用每人手中普及的轻量级移动智能终端，如智能手机、手表、平板电脑等，实现“人走到哪，信息就收集到哪”的信息收集技术。如图3-2所示，MCS使得普通居民也可以利用他们的移动设备贡献感知或生成的信息，并通过无线传输的方

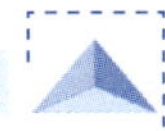

式将这些信息聚合到云端。依托这些收集到的信息,可以进行群体智慧信息的提取,进而辅助一些以人为本的服务应用。

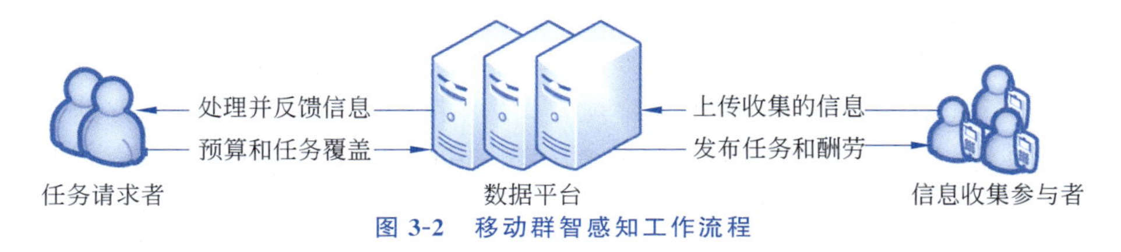

图 3-2　移动群智感知工作流程

移动群智感知技术主要包含三部分。

(1)"移动":参与者和信息收集设备始终处于主动移动的状态中,所以这类感知活动参与者的覆盖范围和收集到的信息的质量需要得到合理的控制。

(2)"群智":拥有移动设备的大量人群均可以参与到信息收集的过程中来,但由此也会带来不同的运动轨迹和不同人信息收集的偏好,在没有合理控制的情况下,会导致数据的异质性,例如收集到的信息分布不均匀,在一些人们常去光临的地方信息收集较多,而无人问津的地方信息收集较少。

(3)"感知":参与者大多需要执行一些没有大量计算的简单信息收集任务。

以建筑工程工地噪声监测为例,在建筑单位符合规定开展工程建设的过程中,噪声监测是比较重要的一个环节。传统的做法一般需要依赖专门噪声监测设施的建设和部署,但同时这样做也会伴随着监测系统部署、施工、使用和维护过程中大量的金钱和时间的消耗。借助移动群智感知的技术和思想,可以使得每个工人手机上安装噪声监测的应用软件,该应用软件在工人工作的过程中于后台运行,通过手机麦克风实时收集周边环境的噪声水平,并将这些数据连同手机的位置信息(如 GPS 信息)一起上传到云端进行总体的数据分析。这样就可以准确得到不同区域,甚至不同位置的噪声水平。可以看出,这种方式避免了专用噪声监测设备部署的额外开销,在工人施工的过程中完成了噪声的监测,且不需要过多的人工干预,将是未来工程信息收集颇具前景的可选技术之一。

需要注意的是,根据参与人群的不同,一般的移动群智感知系统都需要对普通参与者支付一定的奖励金,以激励更多的人参与到信息收集过程中来,以保证信息量和收集范围的充足。因此,典型的移动群智感知系统一般由三个主要部分组成,即参与者、平台和任务发布者,虽然在某些情况下参与者和任务发布者是同一实体(例如,任务发布者也可以去收集数据)。三者存在紧密的交互关系,其中任务发布者将从任一设备发布信息收集的请求给平台,指明信息收集的范围、目标以及对应的奖励金预算。平台则作为中转,进行信息上传和任务下达的工作,包括分配信息收集任务给合适的参与者、发布具体的奖励金、收集参与者上传来的信息并汇总给任务发布者等。相对应地,参与者则通过接受信息收集的任务并上传符合要求的信息给平台,获得对应奖励金。这种合作方式可以促进政府、组织或个人之间的合作与交流,这种融合的模式有助于实现经济、社会和环境的可持续发展战略目标。

3.1.2　工程信息加工

信息收集之后下一步则是对工程信息的加工。为了实现对信息的高效提取和准确分析，需要进行工程信息编码和工程信息质量管理。

首先，为了保证有效的信息检索和利用，工程信息的交换与管理同样遵循着一些标准，包括：项目信息表示标准，如各种报告和报表的格式与周期等；项目信息分类与编码标准；项目信息传输标准，主要包括传输内容、格式、计划、周期、方式与媒介等；信息管理安全保密制度；项目电子文件交付规定，主要包括交付内容、格式、方式、质量要求、验收标准等，以及项目文档和档案管理制度。因此，对工程信息进行统一编码和标准化加工是工程信息加工的重要步骤之一，这也为下一步工程信息的有序存储和检索打下了基础。

工程信息编码体系是通过一套由符号和数字组成的标准，指定不同位置的符号和数字代表的特定含义，对信息进行分类标注。这类编码短小、等长，可以较好地适应项目、环境的变化，对于长期项目推进无须实时修正。代码比名字更准确，每个代码与所代表的实体具有唯一对应关系。使用代码可以将管理对象按属性分类，方便信息的查询、检索、汇总和使用。因此，在设计代码的时候，需要注意以下几个问题。

（1）避免代码过长：在代码中应表示有限的对象属性，企图在代码中表达对象过多的属性甚至全部属性，会使得代码太长而无法使用。

（2）变动值属性不用于组成代码：代码所表示的对象中有部分属性可能存在时刻变动的值，如员工健康情况、家庭住址、电话号码等，这类属性不可用来组成代码。

（3）代码规则不可变性：代码规则在制定前需要充分考虑所有对象的情况，一经确定，在使用它来标识对象时不可出现例外。同时，在用字符构成代码时通常遵守以下一些规则。

- 构成代码的字符尽量只用 10 个数字和英文大写字母，尽量不用小写字母。
- 代码中不使用汉字和罗马数字（Ⅰ、Ⅱ、Ⅲ等）。因为这些字符在标准键盘上没有直接的键，这会造成输入效率降低。
- 代码中不可使用上下标形式，应保持在一条直线上。
- 尽量避免使用字母 o、I，因为它们易与数字 0、1 混淆。

项目信息编码包括项目的结构编码、项目管理组织结构编码、项目的政府主管部门和各参与单位编码、项目实施的工作项编码、项目投资项编码或成本项编码、项目进度项编码、项目进展报告和各类报表编码、合同编码、函件编码等。对应地，每一项工程信息编码内容的对应要求如下。

（1）项目的结构编码应依据项目结构图，对每一层的每个组成部分进行编码。

（2）项目管理组织结构编码应依据项目管理组织结构图，对每个工作部门进行编码。

（3）项目的政府主管部门和各参与单位编码应包括政府主管部门、业主上级部门、金融机构、工程咨询单位、设计单位、施工单位、物资供应单位、物业管理单位等的编码。

（4）项目实施的工作项编码应覆盖项目实施的工作任务目录中的全部内容。

（5）项目投资项编码应综合考虑概算、预算、标底、合同价和工程款支付等因素，进行统一编码，服务于投资目标的动态控制。

（6）项目成本项编码应综合考虑预算、投标价估算、合同价、施工成本分析和工程款支付等因素，进行统一编码，服务项目成本目标的动态控制。

(7) 项目进度项编码应综合考虑不同层次、不同深度和不同用途的进度计划的需要，进行统一编码，服务于项目进度目标的动态控制。

(8) 项目进展报告和各类报表编码应包括项目管理形成的各种报告和报表的编码。

(9) 合同编码应考虑项目合同结构和合同分类，反映合同类型、相应的项目结构和合同签订的时间特征等。

(10) 函件编码应反映发函者、收函者、函件内容所涉及的分类和时间等，以便于函件的查询和整理。

常用的编码方法主要有顺序编码、成批编码、多面码、十进制码、文字数字码等。以建设工程为例，即编码对象是工程建设领域的工程项目，目前我国建设工程项目管理信息采用的项目编码由项目审批单位在项目立项时负责赋码，项目编码在使用过程中保持唯一性和不变性。这类项目编码是采用组合编码方式生成的特征组合码，由 19 位前段码和不定长序列码组成。排列顺序从左至右依次为 6 位行政区划代码、9 位项目建设单位组织机构代码、4 位年度和不定长序列码。我国项目代码编码构成如图 3-3 所示。其中：行政区划代码为 6 位数字，按《中华人民共和国行政区划代码》(GB/T 2260—2007)的规定执行，中央的行政区划代码为“000000”；项目建设单位组织机构代码为 9 位数字；年度为 4 位数字，表示项目立项的年度；序列码为不定长字符的序列号，在同一前段码下应具有唯一性。

图 3-3　我国项目代码编码构成

其他常用的工程信息编码包括项目分解结构(project breakdown structure，PBS)编码、工作分解结构(work breakdown structure，WBS)编码、组织分解结构(organization breakdown structure，OBS)编码(包括业主管理组织、政府管理部门和所有项目干系人的编码)、资源分解结构(resource breakdown structure，RBS)编码和费用分解结构(cost breakdown structure，CBS)编码、设备与材料编码、项目实施的工作项编码、项目成本项编码、“工厂单体”编码(工艺设备、管道、仪表和电气设备与设施、建构筑物等的编码)，以及项目文件编码(包括对组织类、管理类(如各种计划、报告、报表、合同、函件等)、经济类、技术类和法规类等所有文件的编码)。文件编码通常由项目编码、项目 WBS 编码、组织代码、文件类型代码、序列号、版本等几部分构成。

一段完整的 WBS 编码要包含七个实际含义段和两个备用段，其中实际含义段按照从前往后分别表示工程总代码、工程代码、机组代码、系统代码、单位工程代码、分部工程代码和分项工程代码。如图 3-4 所示，一般 WBS 结构会被划分为上下两部分。上部分为项目大型工作分解结构(project structure WBS，PSWBS)，有时也被称为项目分解结构

(PBS)。下部分为工程公司标准工作分解结构或承包商标准工作分解结构(contractor's standard WBS,CSWBS),有时又被定义为合同工作分解结构(contract work breakdown structure,CWBS)。

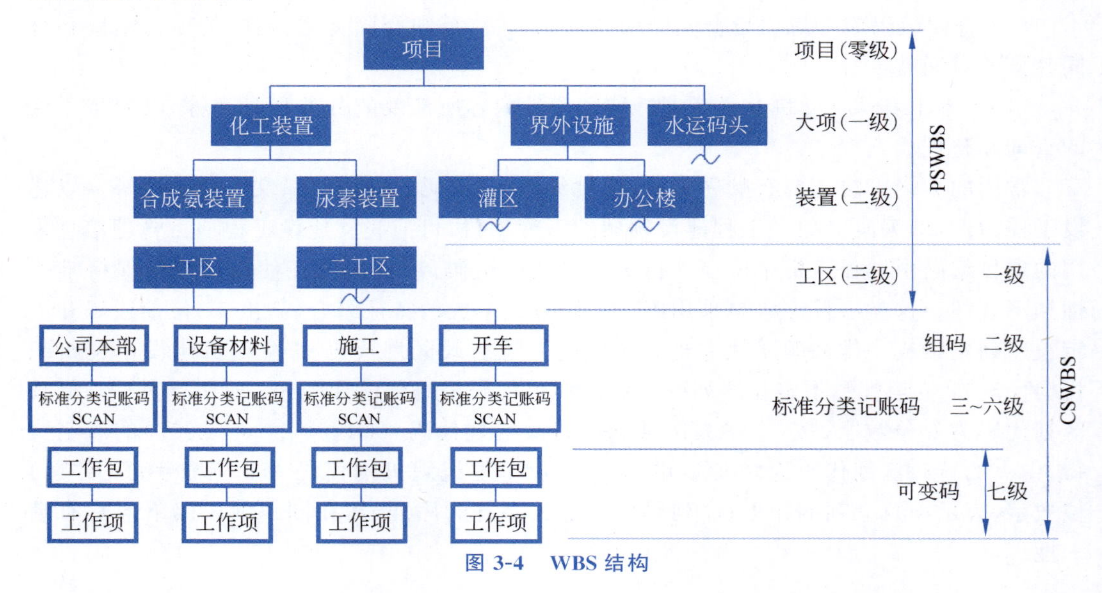

图 3-4 WBS 结构

以图 3-5 为例,WBS-OBS 责任分配矩阵有以下几个特点。

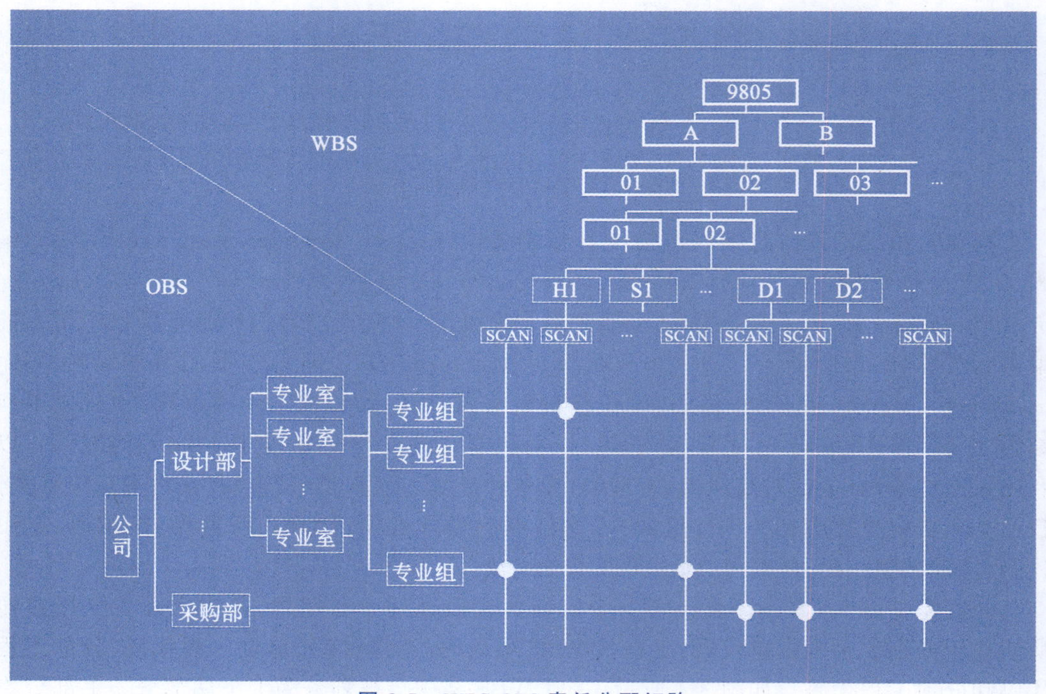

图 3-5 WBS-OBS 责任分配矩阵

(1) 所有从记账码下的垂直线与 OBS 引出的水平线相交处有圆点者，是按实际分工需要联结起来的项目管理与公司部室专业统一的责任点。

(2) 在责任分配矩阵中，所有的垂直线上都有且仅有一个责任点，说明与此记账码有关的责任唯一地由一个机构部门负责。

(3) 设备采购(D1)和散材采购(D2)下的记账码所对应的责任部门不是采购部下的科室或专业组(如采买、催交、检验或运输等)，而是采购部。

而如图 3-6 所示的 PSWBS 树，为了方便地管理控制分项目，对每个分层都给予一个代码，可以看出，PSWBS 编码具有以下几个特点。

(1) 多参与方共享：一个项目的 PSWBS 树并不专属于某一家工程承包公司，它可被其他工程承包商或业主共同使用。

(2) 多代码根共享：尽管不同子项目编码层级不同，但这些编码共享同一个大项目根编码，如图 3-6 中的 0001 编码。

(3) 分工独立：PSWBS 编码与人员分工无关，它只规定工程项目的内容组成，而不涉及如何实施。

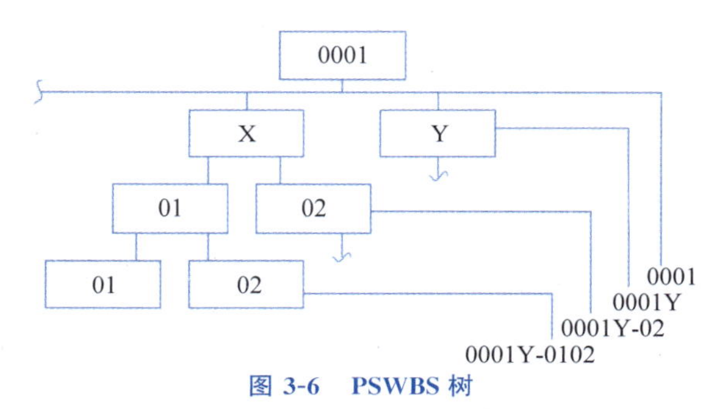

图 3-6　PSWBS 树

3.1.3　工程信息质量管理

除了编码过程外，随着信息收集量的增多，信息质量参差不齐也是信息加工需要克服的重要挑战，例如，信息传输过程中传输介质的干扰带来的信息失真、丢失问题。因此，需要对收集来的海量信息进行鉴别和筛选，包括查看信息本身是否真实，内容是否正确，表述是否准确，数据是否正确无误，有无信息遗漏、失真、冗余等。工程信息质量管理主要关注的是信息的质量和完整性的标准和技术。这类技术应该能够尽快识别"好"的数据。

这一挑战在生成大量数据的智能城市应用(如智能电网工程和智能交通管理工程)中更为明显。例如，在智能电网工程中，电网运营商从不同的客户那里收集大量数据，然后使用这些数据来优化其性能，快速修复电力故障并降低城市的整体电力消耗。但是，如果不能确保数据质量和完整性，则收集的数据可能会受到损害，导致电网运营商作出错误的决定。在智能交通管理工程中，确保数据质量和完整性有助于优化城市内的交通流量(例如，何时在十字路口将红灯变为绿灯，在绕道时建议替代路线)，为市民提供更好的出行体验，并在交通流量低时安排道路维护。含有大量噪声或者缺失的低质量信息会造成错误的交通规划，影响居民的正常出行。

工程信息质量一般受到两个因素的影响：

（1）信息收集环节的相关设备故障、传输错误或环境干扰。

（2）信息收集者的恶意上报和篡改。

为了保证工程信息的高质量，可以考虑从信息上报行为和信息质量弥补两个角度进行工程信息质量的管理。

从信息上报行为的角度来说，可以首先通过设立合理的监督机制严防恶意行为的实施。事实上在每项工程中，工程监理单位就主要负责对工程承包商的工程实施行为进行监督和管理，直接审定整个系统建设规划、实施开发过程是否符合规划要求。工程监理单位由实施单位根据工程需要和相关规定通过招标产生。同时，应制订信息质量保障计划，确定质量保障目标，以及在工程全生命周期为达到总目标所应达到的要求。此外，应对每个阶段的信息质量管理做出安排，并确定所需的人力、资源和成本等。具体来说，质量保证内容通常应包含质量保证承诺、阶段性审查、全面或抽样比对、质量验收过程和问题汇总反馈过程等，以保证工程信息质量得到保障。

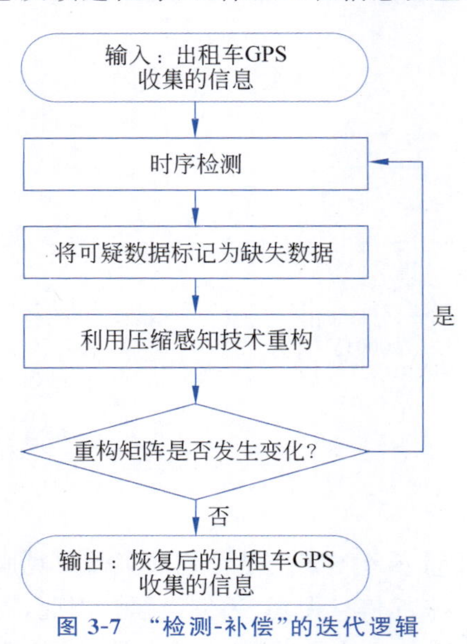

图 3-7 “检测-补偿”的迭代逻辑

从信息质量弥补的角度来说，可以结合数据挖掘中异常值检测和重构等数学手段，从信息的本身进行质量的提高。以出租车 GPS 定位上报信息的质量管理为例，可以采用一种“检测-补偿”的迭代逻辑保障数据质量。如图 3-7 所示，在检测阶段，可以应用基于时间序列的异常值检测算法来检测可疑数据。在补偿阶段，将所有检测到的可疑数据标记为缺失数据，并利用压缩感知技术重构整个数据集。通过迭代评估此重构矩阵与原始数据矩阵之间的差异，以重新检查第一阶段的检测结果。如果差异低于阈值，则认为检测正确；反之，则认为检测错误。当所有重构值不再被检测出异常时，它们就被视为最终校正结果。两个阶段的迭代一方面可以有效重构缺失值，另一方面可以检测错误信息并进行恢复。

3.2 工程信息存储与检索

工程信息存储与检索是对加工后的信息进行记录、存放、保管，并按照一定规则高效提取并使用的过程。针对大量工程信息的高效存储与检索，当前主要依赖的技术手段是数据库系统，其可实现数据的集中管理，提高数据的利用率和一致性，从而能更好地为决策服务。

和普通的文件系统相比，数据库与文件系统均将数据存储在硬盘上，采用多级存储结构，同时包含对缓冲区的管理。但在文件系统中，数据存取基本是以记录为单位，记录内部有结构，而文件中数据是没有结构的，不能表示复杂的数据结构，而且存取效率不高。数据通过应用程序在磁盘中存取，而数据具体的存储由文件系统完成，这造成了数据的独

立性差、冗余度大、一致性差等问题。数据库系统中数据是整体结构化的，共享度高，冗余度小。应用程序和数据是分离开来的，所以数据有较高的独立性。应用程序对数据的存取必须通过数据库管理系统来进行操作，而数据的具体存储是通过内模式完成的，数据通过两层映像保证了数据的逻辑独立性与物理独立性。建立一个良好的数据组织结构和数据库，可以迅速、方便、准确地存储、调用和管理工程信息。其中数据组织可以用以下几种规范化形式来表示。

（1）一组相互关联的数据称为一个关系（relation）。

（2）这个关系下每个数据指标项被称为数据元素（data element）。

（3）这种关系落实到具体数据库上是基本表（table），而数据元素就是基本表中的字段（field）。

（4）每一个基本表中必须定义一个数据元素为关键字（key），它可以唯一地标识出该表中其他相关的数据元素。某项目数据库关系如图 3-8 所示。

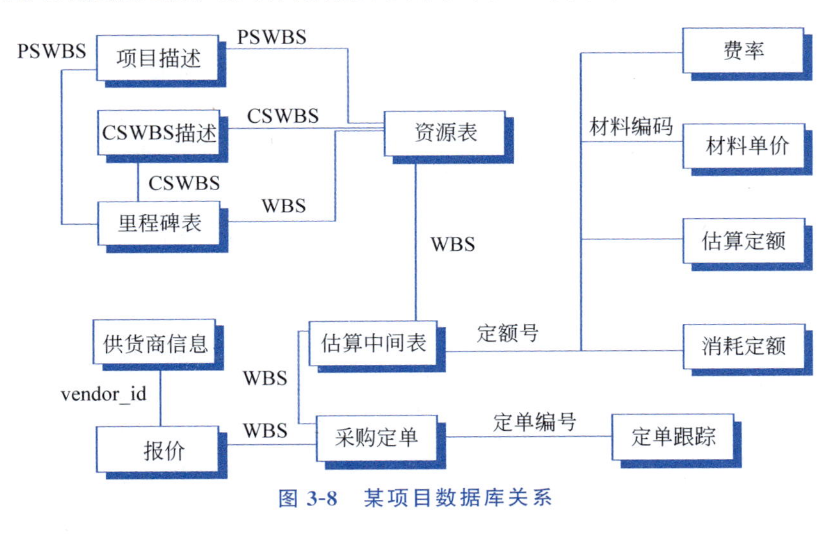

图 3-8　某项目数据库关系

数据库设计的步骤如下：

（1）需求分析：综合各个用户的功能需求。

（2）概念结构设计：形成独立于 DBMS 的概念模型，用 E-R 图描述。

（3）逻辑结构设计：将 E-R 图转换成具体关系模式，建立逻辑模型和用户视图。

（4）物理结构设计：安排物理存储，设计索引。

（5）数据库实施：将数据入库，编制应用程序。

（6）数据库运行与维护。

由于工程信息不同于商用和管理信息，其既包含静态数据（如一些标准、设计规范、材料数据等），也包含一些动态数据（如随设计过程变动而变化的设计对象和中间设计结果数据）。信息类型是多样化的，既有可能是文字、数字，也有可能是结构化图形、视频等多媒体信息，且数据之间往往存在复杂的网状结构关系，例如，一个产品一般由许多零件组成。因此，工程信息数据库也具有更特殊的设计要求。

（1）支持多个工程应用程序和动态模式的修改和扩充：数据库的结构确定物体在数

据库中建模的关系，而各类关系依托应用存在，都处于不断变化的过程中。在整个工程进展的过程中，一个工程必须经过计划分析、设计、施工、调试、生产等阶段，相应的工程数据也通过各阶段逐步明确，逐步详细，最后得到满意的结果。因此，必须记载整个过程的全部图形和数据，并将其作为文档保存，以便在工程中修改，以及在工程建成后进行扩充和改建。同时，一个工程数据库必须适应多个工程应用程序，以支持不断发展的新的应用环境。例如，产品的计算机辅助设计（CAD）是一个变化频繁的动态过程，也就对应要求工程数据库具有动态修改和易于改变数据结构的能力。修改结构的功能应当避免结构的再编辑或者数据库的再装配。仅依赖最初的概念设计一种固定不变的数据库，它将无法随时间推移或者利益方的要求增减进行调整，这会给后续信息的管理带来极大的不便。

（2）支持反复的试探性设计：在工程中解决一个问题往往是一个多次重复、反复修改的过程，这与处理一般事务数据不同。在修改的过程中，数据库必须保持数据的一致性，只有在特殊情况下，工程数据库才应临时存放某些不一致数据，但这些数据后续应当得到管理。

（3）支持在数据库中嵌入语义信息：语义信息是用来描述存储有关物体和关系的信息在数据库中是怎样表示的，以及怎样获得和使用这些信息。可以依托一个集成的数据词典/字典系统来记录这些语义信息，该系统可用于人机交互及数据库的修改，同时也方便之后资料程序员进行信息检索。

（4）支持存储和管理各种设计结果版本：在人工设计中，存在几种设计版本的情况是经常发生的，每个设计版本尽管不同，但均满足设计所要求的全部功能，它们可供选择，因此在数据库的设计中应当允许存储多种版本，以应对在不同的条件下选择合适的存储方案。

（5）支持复杂的抽象层次表示：在工程信息数据库设计的过程中，通常采用一种自顶向下的工作方式，即将复杂的问题不断分解到子问题层中，这些子问题概念简单，可以组合起来解决原问题。这样，设计单元之间的许多复杂关系可以在抽象层次中模型化。例如，工程所涉及的工程图通常采用分层表示法，即上层工程图中的一个符号表示下层某一张子工程图，而这些子工程图中的一个符号又能表示更下一层的某一张子工程图，逐层类推，直到最底层工程图为止。

（6）支持多 CPU/分布式处理环境：通常支持大量工程信息存储或者计算，这些任务是由异种机组成的计算机网络系统来完成的。因此，要求工程数据库管理系统是一个分布式的数据库管理系统，并为所有基本单元系统存取全局数据提供统一的接口标准。

（7）支持多用户并行工作设计：为提高工程设计质量，加快进度，现代工程需要多人交互协作完成，开展并行作业，使若干名设计人员既能同时工作，又可共享资源。因此工程信息数据库应当能随时提供和存储数据，并设计成支持多用户并行使用。

（8）支持多种表示处理：在设计和制造过程中，应用程序往往要利用同一物体的不同表示形式来实现不同的目的和要求。例如，在几何造型中，可以使用 CSC 树、边界表示、八叉树法等多种表示形式来表示同一形体。因此，工程信息数据库要有存储和管理同一形体的多种表示形式的功能，而且要保持这些表示形式之间的一致性。

（9）支持数据库与应用程序的接口：为了支持工程数据库的应用过程，数据库必须

与多种程序语言交互。数据库与应用程序的接口有两类：子语句方式和 CALL 方式。子语句方式将数据库的 DML 语句看成特殊的应用程序语句。CALL 方式将数据库的 DML 语句设计成宿主语言的一个过程或函数，应用程序通过 CALL 语句调用它们。

（10）支持工程事务处理：在工程应用中，解决一个工程问题需要花费很长时间，涉及的数据量也很多，这种解决工程问题的过程称为工程事务。由于这类问题的处理时间很长，期间出现意外错误或人为中断的可能性较大，因此商业数据库系统中处理事务的方法在此已不适用。工程数据库系统应具备处理工程事务的能力。

索引是一种对数据库表中一列或多列的值进行排序的结构，使用索引可快速访问数据库表中的特定信息。例如，在没有索引的情况下，想要搜索到工程相关人员的信息，往往需要对数据库中存储的信息进行逐条扫描匹配，但建立索引后可以更快地获取信息。也可以认为数据库索引是排好序的数据结构，用于提高数据库表的数据访问速度。常用的数据库索引可以分为聚簇索引和非聚簇索引两类。聚簇索引以数据存放的物理位置为顺序，因此能提高多行检索的速度；而非聚簇索引不限制于物理存放位置，因此对单行的检索很快。具体来说，在聚簇索引中，表中行的物理顺序与键值的逻辑（索引）顺序相同。一个表只能包含一个聚簇索引。如字典默认按字母顺序排序，读者如果知道某个字的读音，则可根据字母顺序快速定位，因此聚簇索引和表的内容是在一起的。读者如果需查询某个生僻字，则需按字典前面的索引，如按偏旁进行定位，找到该字对应的页数，再打开对应页找到该字。这种通过两个步骤查到某个字的方式就是非聚簇索引。因此，通过聚簇索引可以查到需要查找的数据，而通过非聚簇索引可以查到记录对应的主键值，再使用主键值通过聚簇索引查到需要的数据。

以某出租汽车服务管理信息系统为例，该系统进行信息管理的时候需要搭建出租汽车行业数据中心的基础框架，为信息化建设提供数据基础条件。该数据中心体系总体上可分为数据架构域、数据资源域及数据治理域三大领域，如图 3-9 所示。

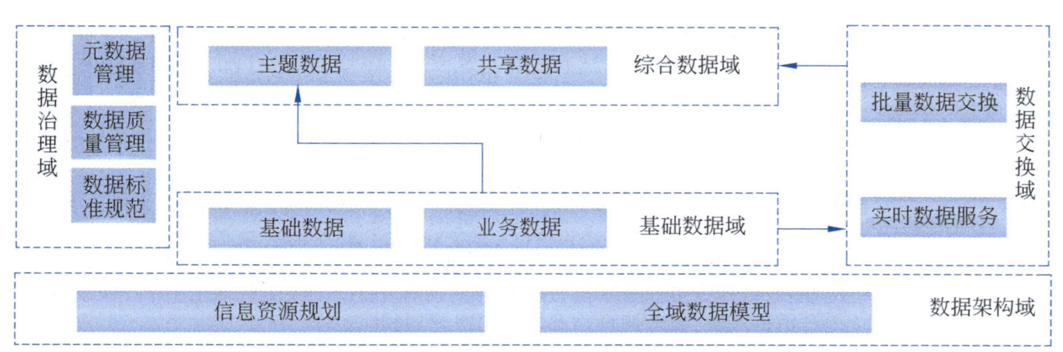

图 3-9 数据中心体系

（1）数据架构域主要采用顶层设计的方法，根据建立的业务框架，识别由业务产生、控制和使用的数据实体，按照数据实体的关系，对信息资源进行筛选、分析、聚类、合并等，其内容包括信息资源规划和全域数据模型。

（2）数据资源域实现对数据资源内容的获取及建立，可分为基础数据域、数据交换域、综合数据域三大领域内容。其中基础数据域用来支撑业务系统管理，包括基础数据和业务数据。基础数据是行业管理部门在业务处理过程中均需使用的公用信息资源。业务数据是相关部门根据自身业务应用实际需要自行建设的,是以基础数据为基准,在此基础上叠加扩展形成的。而图 3-9 中的主题数据以基础信息为基准,面向业务主题,通过加工、整合相关业务信息,形成多维数据集,支撑综合业务应用。共享数据是通过数据交换域中的实时数据服务或批量数据交换这两种交换方式形成支撑共享需求的相关数据。

(3) 数据治理域主要是对数据的获取、处理、使用进行监管,包括元数据管理、数据质量管理、数据标准规范等内容。

其中,数据架构域基于国家、部级、省级和市级相关数据元标准规范,定义业务对象与属性,结合市级行业管理部门层面和各现有业务系统的应用实践,对工程的信息资源进行自上而下的统一规划,将行业数据按照业务特点重新组织,实现更加科学合理的数据环境和系统集成。结合数据中心数据应用的全局性,设计出租汽车行业全域数据模型的总体架构。

遵循国标、部标、市级行业相关数据标准搭建的出租汽车行业全域数据模型,可以完成各个数据库的概念与逻辑建模工作。概念模型是一个高阶层的数据模型,它定义了主题域、层面、主要实体及实体间的业务关系。逻辑模型是在概念模型的基础上,完成符合第三范式的 E-R 数据模型设计(特殊情况除外)。其中:基础数据模型包含出租汽车行业基础应用数据,是其他业务应用的基础数据源,一般情况下具有较低的更新频率,称为“静态”数据。业务数据模型包含基于数据源且与生产运营实践活动密切相关的数据,具有较高的更新频率,称为“动态”数据。主题数据模型来源于基础数据和业务数据,采用面向主题的方法,对原始数据进行分析、加工、处理,形成针对某一主题的综合数据库。共享数据模型则是在数据中心建设过程中需要与外部应用系统进行共享的数据资源等。

通过对行业服务对象和出租车运营特征进行需求分析,确定本工程所需的基础数据:出租汽车企业基本信息、出租汽车基本信息、出租汽车驾驶员基本信息、出租汽车运价基本信息等,如表 3-1～表 3-4 所示。

表 3-1　出租汽车企业基本信息

数据集	说明
出租汽车企业基础数据	企业名称、组织机构代码证号、通信地址、行政区划、经济类型、经营范围、经营许可证号、经营许可证有效期、注册资金、拥有车辆数、法定代表人姓名、联系电话、质量信誉等级、服务质量信誉考核等级、经营状态等

表 3-2　出租汽车基本信息

数据集	说明
出租汽车基础数据	车牌号、车牌颜色、厂牌型号、车身颜色、发动机号、识别 VIN 码、燃料类型、核定载客位、出厂日期、道路运输证号、道路运输证有效期、经营范围、车辆照片、二级维护状态、年度审验状态、经营权类型、经营权有效期、营运状态、发动机排量、排放标准、运价类型等

表 3-3　出租汽车驾驶员基本信息

数　据　集	说　　明
出租汽车驾驶员基础数据	姓名、性别、出生日期、身份证号码、所属企业经营许可证号、照片、民族、联系电话、联系地址、文化程度、从业资格类别、从业资格证号、从业资格证初领时间、从业资格证发证日期、从业资格证有效期、从业资格证状态、诚信考核等级、考核日期、驾驶证号、准驾车型、驾驶证初领时间等

表 3-4　出租汽车运价基本信息

数　据　集	说　　明
出租汽车运价基础数据	运价执行行政区划代码、运价类型、运价有效期、昼间起步价、夜间起步价、起程、昼间单价、昼间单程加价单价、夜间单价、夜间单程加价单价、单程加价公里、运价夜间时间起、是否低速等候、运价切换速度、运价备注说明、运价状态等

业务数据是行业管理部门基于出租汽车行业管理的综合应用需求和基础数据自行建设的，本次业务数据如表 3-5～表 3-11 所示。

表 3-5　出租汽车运行状态监控信息

序号	数　据　集	说　　明
1	出租汽车运行动态数据	车牌号牌、车牌颜色、运营专用设备编号、报警标志、设备运行状态、营运状态、位置、速度、行驶方向、卫星定位时间等
2	出租汽车驾驶员上班签到数据	从业资格证号、签到车牌号牌、签到车牌颜色、签到地点、签到时间等
3	出租汽车驾驶员下班签退数据	从业资格证号、签退车牌号牌、签退车牌颜色、签退地点、签退时间等

表 3-6　出租汽车日常调度管理信息

序号	数　据　集	说　　明
1	出租汽车调度任务数据	调度类型、调度内容、调度任务发布时间、调度任务下发范围、调度人员姓名等
2	出租汽车调度任务反馈数据	车牌号、调度反馈内容、调度反馈时间、调度反馈驾驶员从业资格证号等
3	出租汽车运营专用设备远程升级管理数据	运营专用设备远程升级任务说明、运营专用设备远程升级开始时间、运营专用设备远程升级结束时间、运营专用设备远程升级车辆列表等
4	出租汽车远程控制数据	远程控制任务说明、远程控制类别、远程控制开始时间、远程控制结束时间、远程控制车辆列表、操作人员姓名等

表 3-7　出租汽车应急指挥管理信息

序号	数　据　集	说　　明
1	出租汽车报警数据	报警信息来源、报警车牌号、报警车牌颜色、报警人姓名、报警人电话、报警信息接收时间等

续表

序号	数　据　集	说　　明
2	出租汽车警情处理数据	报警确认类型、预警确认时间、警情处理结果、警情处理开始时间、警情处理结束时间、警情处理人姓名等
3	应急运力调度数据	应急运力调度任务来源、应急调度任务内容、应急调度任务下发范围、应急调度开始时间、应急调度结束时间、应急调度结果描述、应急运力调度人员姓名等

表 3-8　出租汽车电召调度管理信息

序号	数　据　集	说　　明
1	电召订单受理数据	订单类型、订单来源、乘客姓名、乘客性别、乘客电话、叫车数量、乘车地点、经纬度、来电时间、乘车时间、业务描述等
2	电召任务调度数据	订单下发时间、订单下发车辆列表、抢单车辆列表、成功抢单车辆号牌、成功抢单时间、任务分配确认时间、订单执行状态、任务完成确认时间、取消订单原因、任务完成评价内容等
3	客户电召档案数据	乘客类型、等级、性别、联系电话、常用乘车地点 1、常用乘车地点 2、其他常用乘车地点、最近一次乘车地点、电召总次数、电召成功次数、电召取消次数、电召爽约次数、最近一次爽约时间等
4	失物查找服务数据	乘客姓名、联系电话、来电时间、失物查找需求描述、查找结果类型、查找结果描述、失物查找服务结束时间等
5	路线路况服务数据	路线路况服务需求上报途径、驾驶员姓名、驾驶员电话、路线路况服务上报时间、路线路况服务需求说明、服务内容反馈方式等

表 3-9　出租汽车服务质量信誉档案信息

序号	数　据　集	说　　明
1	乘客服务评价数据	乘客服务评价车辆号牌、乘客服务评价车辆号牌颜色、乘客服务评价驾驶员从业资格证号、乘客服务评价意见等
2	乘客投诉管理数据	投诉来源、投诉受理时间、投诉处理状态、乘客姓名、联系方式、投诉车牌号码、投诉车牌颜色、投诉驾驶员从业资格证号、投诉处理结束时间、投诉处理结果等
3	驾驶员电召服务诚信档案数据	驾驶员从业资格证号、电召服务总次数、抢单成功后未服务次数、服务完成后未报告次数、驾驶员电召服务诚信评价等级等

表 3-10　出租汽车稽查管理信息

序号	数　据　集	说　　明
1	出租汽车违章数据	违章车辆号牌、违章车辆车牌颜色、违章车辆驾驶员姓名、违章车辆驾驶员从业资格证号、出租汽车违章发生时间、出租汽车违章发生地点、出租汽车违章情况描述等
2	出租汽车违章处罚数据	违章处罚编号、违章处罚依据、违章处罚类型、违章处罚决定日期、违章处罚金额、证件暂扣凭证号、执法人员姓名、执法人员证件号码、违章处罚执行部门、处罚执行状态等

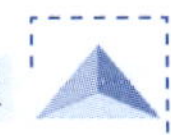

表 3-11　出租汽车营运收入信息

数　据　集	说　　明
出租汽车载客营运收入数据	车牌号、车牌颜色、驾驶员从业资格证号、乘客上车时间、乘客上车地点、乘客下车时间、乘客下车地点、营运时间、等候时间、营运里程、空驶里程、营运收入、乘客刷卡类型、乘客刷卡交易金额、刷卡消费金额到驾驶员账户时间等

主题数据来源于行业管理部门业务数据和基础数据的专题抽取和综合应用，用于支撑对出租汽车行业的专题分析需求。本次主题数据如表 3-12 所示。

表 3-12　主题数据

序号	数　据　集	说　　明
1	运营效率专题分析数据	按时间、企业等条件对日均工作车辆数、营运里程、营运次数等指标进行挖掘分析，具体包括日均工作车辆数分析、营运里程分析、营运次数分析、企业出车率分析、运距分布分析、低速候时分析、营运间隔时间分析、平均运行速度分析等
2	营收专题分析数据	按照时间、白晚班、高峰期等条件对营运次数、营收金额、车均月收入、人均月收入、单车日最高收入等指标进行挖掘分析，具体包括总体情况分析、白晚班营收分析、高峰期营收分析、燃油附加费分析、营运收入排名、营运成本分析等
3	电召服务专题分析数据	按时间、白晚班、高峰期等条件对电召业务量、响应率、成功率、取消率、取消原因等指标进行挖掘分析，具体包括电召服务情况分析、白晚班电召服务分析、高峰期电召服务分析、电召服务取消原因分析、电召与营运关联分析等
4	服务质量专题分析数据	包括服务质量总体分析、服务评价与企业关联分析、服务评价与驾驶员关联分析、服务评价排名等
5	驾驶员劳动强度专题分析数据	包括工作时长等总体情况分析、小时产值分析等
6	燃油补贴专题分析数据	针对燃油补贴分析车辆类型、营运里程、营运成本、营运收入、燃油消耗、燃油价格等

共享数据来源于对各基础数据、业务数据的专题抽取和综合应用，用于支撑跨行业、跨部门的专项分析需求。根据本工程的目标，需要的共享数据如表 3-13 和表 3-14 所示。

表 3-13　与部级主管部门共享的数据

序号	数　据　集	说　　明
1	出租汽车企业数据	企业名称、组织机构代码证号、通信地址、行政区划、经济类型、经营范围、经营许可证号、经营许可证有效期、注册资金、拥有车辆数、法定代表人姓名、联系电话、质量信誉等级、服务质量信誉考核等级、经营状态等
2	出租汽车车辆数据	车牌号、车牌颜色、厂牌型号、车身颜色、发动机号、识别 VIN 码、燃料类型、核定载客位、出厂日期、道路运输证号、道路运输证有效期、经营范围、车辆照片、二级维护状态、年度审验状态、经营权类型、经营权有效期、营运状态、发动机排量、排放标准、运价类型等

续表

序号	数据集	说明
3	出租汽车驾驶员数据	姓名、性别、出生日期、身份证号码、所属企业经营许可证号、照片、民族、联系电话、联系地址、文化程度、从业资格类别、从业资格证号、从业资格证初领时间、从业资格证发证日期、从业资格证有效期、从业资格证状态、诚信考核等级、考核日期、驾驶证号、准驾车型、驾驶证初领时间
4	出租汽车运价数据	运价执行行政区划代码、运价类型、运价有效期、昼间起步价、夜间起步价、起程、昼间单价、昼间单程加价单价、夜间单价、夜间单程加价单价、单程加价公里、运价夜间时间起、是否低速等候、运价切换速度、运价备注说明、运价状态等
5	出租汽车日均营运数据(日报)	统计日期、行政区划代码、该地区总车辆数、当日在线车辆数、当日营运车辆数、日均营运时间、日均营运时间(白班)、日均营运时间(夜班)、日均营运次数、日均载客里程、日均空驶里程、里程利用率(全天)、里程利用率1、里程利用率2、日均低速等候时间、日均单车收入、当日服务评价次数、当日非常满意评价次数、当日满意评价次数、当日不满意评价次数、当日电召总次数、当日电召成功次数、当日有抢答的电召次数等
6	出租汽车单车营运数据(月报)	行政区划代码、统计期间、车牌颜色、车牌号码、在线时间、营运时间、白班营运时间、夜班营运时间、营运次数、载客里程、空驶里程、低速等候时间、营运收入、刷卡消费总额、服务评价次数、非常满意评价次数、满意评价次数、不满意评价次数、电召应答次数、电召成功次数等

表 3-14　与运政系统共享的数据

序号	数据集	说明
1	出租汽车企业数据	企业名称、组织机构代码证号、通信地址、行政区划、经济类型、经营范围、经营许可证号、经营许可证有效期、注册资金、拥有车辆数、法定代表人姓名、联系电话、质量信誉等级、服务质量信誉考核等级、经营状态等
2	出租汽车车辆数据	车牌号、车牌颜色、厂牌型号、车身颜色、发动机号、识别 VIN 码、燃料类型、核定载客位、出厂日期、道路运输证号、道路运输证有效期、经营范围、车辆照片、二级维护状态、年度审验状态、经营权类型、经营权有效期、营运状态、发动机排量、排放标准、运价类型等
3	出租汽车驾驶员数据	姓名、性别、出生日期、身份证号码、所属企业经营许可证号、照片、民族、联系电话、联系地址、文化程度、从业资格类别、从业资格证号、从业资格证初领时间、从业资格证发证日期、从业资格证有效期、从业资格证状态、诚信考核等级、考核日期、驾驶证号、准驾车型、驾驶证初领时间
4	出租汽车运价数据	运价执行行政区划代码、运价类型、运价有效期、昼间起步价、夜间起步价、起程、昼间单价、昼间单程加价单价、夜间单价、夜间单程加价单价、单程加价公里、运价夜间时间起、是否低速等候、运价切换速度、运价备注说明、运价状态等
5	乘客服务评价数据	乘客服务评价车辆号牌、乘客服务评价车辆号牌颜色、乘客服务评价驾驶员从业资格证号、乘客服务评价意见等
6	乘客投诉管理数据	投诉来源、投诉受理时间、投诉处理状态、乘客姓名、联系方式、投诉车牌号码、投诉车牌颜色、投诉驾驶员从业资格证号、投诉处理结束时间、投诉处理结果等

针对上述业务需求和数据信息，该工程拟建设七大业务数据库。

- 出租汽车运行状态监控信息数据库、出租汽车日常调度管理信息数据库、出租汽车应急指挥管理信息数据库，主要为监控指挥系统和企业在线业务管理系统提供数据支撑。
- 出租汽车电召调度管理信息数据库，主要为电召服务管理系统提供数据支。
- 出租汽车稽查管理信息数据库，主要为动态监管稽查系统提供数据支撑。
- 出租汽车服务质量信誉档案信息数据库，主要支撑服务质量监督考评系统。
- 出租汽车营运收入信息数据库，主要支撑综合运行分析管理系统和企业在线业务管理系统。

以上所有数据库需要支持以下三个初始化功能。

(1) 资源库数据库管理相关数据对象初始化功能。

(2) 资源库数据库基础资源数据相关数据对象初始化功能。

(3) 参照基础信息资源数据规范的定义，建立满足该标准定义的资源库元数据描述信息及所有的数据表。

同时考虑到系统安全性、可扩展性、实现的复杂性和可维护性问题，需要对数据库系统进行用户权限管理，具体如下。

- 添加新用户。
- 删除已存在用户。
- 修改已存在用户信息。
- 修改用户密码。
- 用户赋权操作。

本工程对信息存储数据库的要求如下。

(1) 支持 4CPU、4RAC。

(2) 应是主流商业最新版本产品。

(3) 具备良好的开放性和跨平台能力，能部署在多种操作系统平台，支持主流的硬件厂商。数据库在不同操作系统间具备良好的移植能力，在各种平台间具有单一代码库，在不同操作系统下具有完全相同的功能。

(4) 数据库、表大小等参数应可在线设置，应支持在线重建索引。

(5) 具备强的容错能力、错误恢复能力、错误记录和预警能力。能在不影响系统运行的前提下做到快速恢复。能够实现各种粒度的恢复：既能将整个数据库也能将指定表或记录快速恢复到指定时间点，且在对指定表或记录做恢复时不影响对同一数据库中其他对象的操作和访问。

(6) 内置有不依赖第三方软件和存储的数据库灾备功能。应能够实现一个生产数据库到多个本地或者远程数据库的实时同步或异步的灾难备份；灾备系统可以在和主站点做数据同步的同时，用于分析、查询以及测试等工作，从而分担生产数据库的业务压力。数据库内置的灾备功能应对主数据库或者备数据库采用集群配置的情况做充分支持。

(7) 提供高效、易用的基于 Web 页面的管理工具，从而方便运维人员无须安装客户端即可实现在任意地点对系统进行远程监控和管理维护。

(8) 具备自动的数据存储管理功能：在数据容量变化时，能满足存储设备的动态增删需求并自动实现数据分布和IO的均衡负载；数据在存储中自动地以条带化方式存储以提高性能；此外，存储内部应实现数据的自动镜像以提高可用性。

(9) 在混合负载情况下，当多个用户操作同一条记录时，要求在任何情况下读、写都互不影响，并且不能读取其他用户未提交的数据。

(10) 支持存储过程、触发器。触发器支持语句执行前、执行后和可替换型三种方式。支持行级触发器。触发器的触发操作和事件包括DML、DDL、数据库启停、错误信息、登录/注销。

(11) 支持数据文件跨平台交换。

(12) 具备完善的安全机制，要求通过5个以上的独立的安全性评估。

3.3 工程信息分析与输出

在确保当前已经获得高质量信息的前提下，可以对信息进行进一步加工以挖掘信息中潜在的价值，从而服务各类工程应用。因此本节将介绍对大量工程信息的分析、计算模式以及输出形式。

3.3.1 工程信息挖掘

数据挖掘是指从大量数据中揭示出先前未知的并有潜在价值的信息的过程。通过高度自动化地分析工程信息，可以进行归纳性的推理，从中挖掘出潜在的模式，从而帮助决策者调整市场策略，降低风险，作出正确决策。数据挖掘的一般流程如下。

(1) 确定业务对象。

(2) 数据准备(选择、预处理、转换)。

(3) 数据挖掘。

(4) 结果分析。

(5) 知识同化。

当下在大数据配合人工智能的技术背景下，常用的数据挖掘方法包括机器学习和深度学习等。其中，机器学习是一种人工智能(artificial intelligence，AI)，在这种智能中，计算机被赋予了学习的能力，而无须显式编程。Tom M.Mitchell提供的正式的机器学习的定义是“一个计算机程序从经验E中学习关于某些类别的任务T的知识，且其在T中的任务性能(由P衡量)会随经验E而提高”。机器学习的目标是开发适应新数据的自学计算机程序，机器学习算法用于推断数据中的模式，以便程序相应地调整其动作。

机器学习一般分为强化学习、监督学习和无监督学习。强化学习算法由五元组(状态集(包括开始和最终状态)、动作、转换、策略和奖励)定义。从一个状态-动作对到另一个状态-动作对的每一次转换都会获得奖励或处罚。强化学习的目标是选择从开始到最终状态的可以实现长期最大化收益的转换方式。监督和无监督机器学习分别取决于训练数据标签(标记)的存在与否。在监督学习中，该算法给出了输入数据和相应标签(即期望输出)的示例。然后，该算法从这些标记的训练数据中推断模式，这些数据随后应用于新的

数据集。在无监督学习中，数据没有标记，算法必须发现数据中隐藏的模式。

机器学习算法可以根据其算法角度进一步分为不同类型的算法，包括聚类树、基于实例的树和决策树。聚类是一种无监督机器学习。聚类方法旨在根据数据的结构对共享相互属性的数据进行分组，如 k-means 算法。基于实例的树是一种监督机器学习，需要训练数据。在基于实例的学习中，该算法使用相似性度量将新数据与训练数据进行比较，从而对新数据作出决策。通过这种比较，该算法可以进行预测，并找到新数据的最佳匹配。基于实例的监督机器学习算法的示例有 k-最近邻(k-nearest neighbor，KNN)和自组织映射。决策树是一种监督机器学习，通常用于分类和回归问题，因此对应包含分类树和回归树。决策树方法基于真实值构建决策树结构。当有新数据到来时，会遍历该决策树，直到作出决策。

深度学习是机器学习中的一组算法，其目标是使用线性和非线性变换对高层数据抽象进行建模。神经网络是深度学习技术的核心。神经网络由一组通过边缘连接在一起的节点(神经元)组成，其中偏差与神经元相关，权重与边缘相关。神经网络示例架构如图 3-10 所示，其中 b_1 和 b_2 表示相应神经元的偏差值，w_1 和 w_2 表示相应边的权重。神经网络的主要功能是对接收到的数据执行多步复杂的操作，然后使用输出来解决问题。神经网络具有高度的层次结构。第一层是输入层，最后一层是输出层，中间的所有层都称为隐藏层。深度学习通过使用算法来建议机器应该如何调整其用于数据表示的从一层到另一层的内部参数(即权重和偏差)。支持向量机(support vector machine，SVM)等基本分类技术适用于分析数据中的简单模式。随着模式变得复杂，神经网络逐渐优于其他方法。然而，神经网络也存在可扩展性问题。随着模式的复杂性增加，每层中的节点(神经元)数量也呈指数增长。在这种情况下，训练成本变得更高(在时间和空间复杂性方面)，准确性开始受到影响。通常，为了克服这一挑战，需要使用深度网络。它能够将复杂的模式分解为一系列简单的模式，然后将这些模式结合起来分析数据。深度学习有不同的模式。这里我们简要讨论两个最重要的深度学习模型：受限玻尔兹曼机(restricted Boltzmann machine，RBM)和长短时记忆(long short term memory，LSTM)。

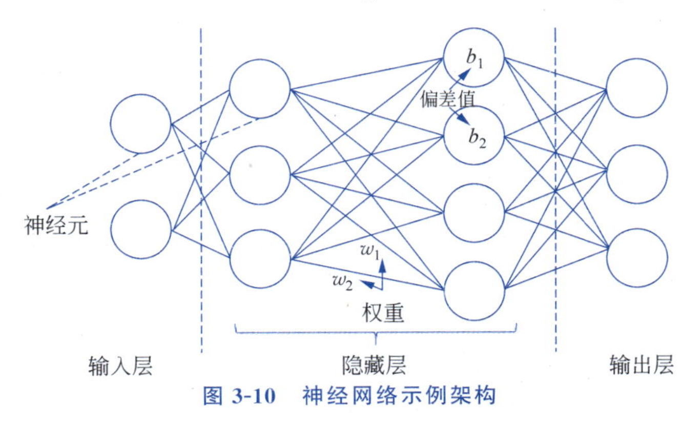

图 3-10　神经网络示例架构

RBM 是一种无监督学习方法，通过重构输入自动发现数据中的模式。RBM 网络有两层：第一层称为可见层，第二层称为隐藏层。可见层中的每个节点都连接到隐藏层中的每个节点。RBM 的训练通过迭代下述三个步骤达到理想的精度水平。第一步称为前向传递，每个输入都与权重和偏差相关联，结果被传递到隐藏层。根据结果，隐藏层中的神经元可能被激活，也可能不被激活。第二步称为反向传递，其中每个激活与权重和偏差相关，结果传递回可见层进行重建。第三步通过可见层比较原始输入和重构输入。如果达到所需的精度水平，则终止训练阶段，网络准备处理新数据；否则，将调整权重和偏差，并再次重复这三个步骤。

使用LSTM的主要动机是处理梯度消失和爆炸的问题。消失梯度可能导致深度学习算法以非常慢的速度学习或完全停止学习，而梯度爆炸可能导致学习算法发散。LSTM允许神经元细胞通过门读取、写入或擦除细胞的当前状态。这些闸门根据接收信号执行动作，并学习何时传递、阻止或删除传入数据。

在不同工程信息加工的过程中，尤其是针对大量信息的加工分析中，这两类方法的使用越来越普及。例如，可以通过LSTM设计一种用于智能电网定价实时优化的模型。可以通过分析历史定价数据和用电量，来预测未来最优定价策略。也可以基于深度学习的框架，在智慧城市管理工程中，从高分辨率图像中检测任意需要的城市管理目标，提高监测和规划的效率。而针对多源信息，也可以借助机器学习或深度学习的方式，例如，可以将地理空间数据处理和基于图像的流量分析结合，用于地铁区域的人群密度预测。甚至可以结合使用移动用户的呼叫者详细记录，预测进入车站的乘客数量和在车站等待的乘客数量，为地铁运营工程提供优质高效的辅助。

3.3.2 工程信息计算

随着大数据时代的到来，大型工程往往也对应着工程大数据。根据Gartner研究机构的定义，大数据是需要新处理模式才能具有更强的决策力、洞察发现力和流程优化能力的海量、高增长率和多样化的信息资产。因此，大数据必然无法使用单台计算机实现高效处理，高效的工程大数据加工需要依托服务器集中式处理或分布式计算框架。其中，当前服务器大数据集中式处理首要推进的就是云计算技术。而分布式计算框架值得提及的则是边缘计算架构。

随着互联网的爆炸式发展，现有的存储和计算设施面临着巨大的压力。互联网服务提供商开始使用廉价的商品PC作为底层硬件平台。人们发明了各种各样的软件技术来使这些PC灵活工作，这导致了基于底层资源抽象技术的三种主要云计算风格：亚马逊风格、谷歌风格和微软风格。

(1) 亚马逊公司的云计算基于服务器虚拟化技术。2006—2007年，亚马逊公司以亚马逊网络服务(AWS)的名义发布基于Xen的弹性计算云(EC2)、对象存储服务(S3)和结构数据存储服务(SimpleDB)。符合需求且价格低廉的AWC成为基础设施即服务(infrastructure as a service，IaaS)的提供商先驱。

(2) 谷歌公司的云计算基于特定技术的沙盒。从2003—2006年，谷歌公司开发了一种平台即服务(platform as a service，PaaS)的云计算平台。该平台被称为谷歌应用程序引擎(GAE)，于2008年作为一项服务向公众发布。

(3) 微软公司的Azure于2008年10月发布，它以Windows Azure Hypervisor作为底层云基础设施，以.NET作为应用程序容器。Azure还提供包括BLOB对象存储和

SQL 服务在内的服务。

伴随着上述三种云计算风格的发展，云计算逐渐走入大众视野。许多组织和研究人员已经定义了云计算的架构，其整个系统基本上可以分为核心栈和管理层。核心栈，包含资源、平台和应用程序三层。其中，资源层是由物理和虚拟计算、存储和网络资源组成的基础设施层。平台层是最复杂的部分，可分为多个子层，例如计算框架管理事务调度或任务调度层。存储子层提供了无限的存储和缓存能力。应用服务器和其他组件支持与以前相同的通用应用逻辑，具有按需功能或灵活的管理，因此没有任何组件会成为整个系统的瓶颈。

狭义的云计算是指 IT 基础设施的交付和使用模式，通过网络以按需、易扩展的方式获得所需的资源（硬件、平台、软件），提供资源的网络就是云。而广义的云服务是指服务的交付和使用模式，即通过网络以按需、易扩展的方式获得所需的服务。云计算可以从服务边界和服务类型两个维度来分类。从服务边界的角度来看，云计算可以分为公共云、私有云和混合云。公共云是指向外部各方提供的服务。企业为自己构建和运营私有云。混合云通过安全网络在公共云和私有云之间共享资源。谷歌公司和亚马逊公司发布的虚拟私有云（VPC）服务就是混合云的例子。从服务类型来看，云计算可以分为基础设施即服务（IaaS）、平台即服务（PaaS）和软件即服务（software as a service，SaaS）。

- 基础设施即服务（IaaS）：消费者通过互联网可以从完整的计算机基础设施获得服务。
- 平台即服务（PaaS）：将软件研发的平台作为一种服务，以 SaaS 的模式提交给用户。
- 软件即服务（SaaS）：通过互联网提供软件，用户无须购买软件，而是向云计算提供商租用基于 Web 的软件来管理企业经营活动。

SaaS 为最终用户提供服务，而 IaaS 和 PaaS 为 ISV 和开发人员提供服务，这为第三方应用程序开发人员留下了空间。

云计算是服务提供商和服务消费者的双赢战略。该技术通过调整应用程序占用的资源来满足不断变化的客户需求，从而满足按需业务需求。同时，该技术可以降低成本和节能。通过使用低成本 PC、定制的低功耗硬件和服务器虚拟化，资本支出和运营支出都有所减少。还可通过动态资源调度提高资源管理效率。

然而，云计算中仍然存在一些重大挑战。首先是云计算的隐私和安全问题。与传统托管服务相比，客户明显对这种集中式的数据收集和处理方式的隐私和数据安全感到担忧。其次是服务的连续性，如互联网问题、断电、服务中断和系统漏洞而导致的云计算服务终端失效。最后是服务迁移问题，因为目前还没有正规机构就云计算外部接口的标准化达成协议，所以无法实现方便快捷的服务迁移，只能从始至终依赖一家服务提供商完成计算任务。

在大数据背景下，如果连接设备生成的所有大量数据都传输到云，云计算将造成很大的负载。此时，边缘计算需要分担云的压力，并负责边缘范围内的任务。云计算侧重于全局，能够处理大量数据，进行深入分析，在业务决策等非实时数据处理领域也发挥着重要作用。边缘计算侧重于局部，可以在小规模、实时智能分析中发挥更好的作用，如满足本地企业的实时需求。因此，在智能应用中，云计算更适合大规模数据的集中处理，而边缘计算可以用于小规模智能分析和本地服务。就网络资源而言，边缘计算负责更接近信息源的数据。因此，可以在本地存储和处理数据，而无须将所有数据上传到云端。网络负载的减少大大提高了网络带宽的利用效率。

边缘计算模型在边缘设备上存储和处理数据，而无须将数据上传到云计算平台。由于这一特点，边缘计算在以下方面具有明显的优势。

(1) 快速的数据处理和分析、实时性：数据量的快速增长和网络带宽的压力是云计算的缺点。与传统云计算相比，边缘计算在响应速度和实时性方面具有优势。边缘计算更接近数据源，数据存储和计算任务可以在边缘计算节点中执行，从而减少了中间数据传输过程。它强调贴近用户，为用户提供更好的智能服务，从而提高数据传输性能，确保实时处理，减少延迟时间。边缘计算为用户提供了多种快速响应服务，特别是在自动驾驶、智能制造、视频监控等位置感知领域，快速反馈尤为重要。

(2) 安全性：传统的云计算需要将所有数据上传到云端进行统一处理，这是一种集中式处理方法。在此过程中，将存在数据丢失和数据泄露等风险，无法保证安全和隐私。例如，账户密码、历史搜索记录甚至商业秘密都可能被泄露。由于边缘计算只负责自己范围内的任务，基于本地处理数据，不需要将数据上传到云端，避免了网络传输过程带来的风险，因此可以保证数据的安全性。当数据受到攻击时，它只影响本地数据，而不是所有数据。

(3) 低成本、低能耗、低带宽成本：在边缘计算中，由于要处理的数据不需要上传到云计算中心，因此不需要使用太多的网络带宽，因此减少了网络带宽的负载，大大降低了网络边缘智能设备的能耗。边缘计算是"小规模"的，在生产中，公司可以降低在本地设备中处理数据的成本。因此，边缘计算减少了网络上传输的数据量，降低了传输成本和网络带宽压力，进而降低了本地设备的能耗，提高了计算效率。

(4) 边缘计算架构是一种联邦网络结构，可在终端设备和云计算之间引入边缘设备，将云服务扩展到网络边缘。云边缘协作的结构一般分为终端层、边缘层和云计算层。终端层由连接到边缘网络的所有类型的设备组成，包括移动终端和许多物联网设备(如传感器、智能手机、智能汽车、摄像头等)。在终端层，设备不仅是数据消费者，而且是数据提供者。为了减少终端服务延迟，只考虑各种终端设备的感知，而不考虑计算能力。因此，终端层的数亿台设备收集各种原始数据并将其上传到上层，在那里存储和计算。边缘层是三层架构的核心。它位于网络的边缘，由广泛分布在终端设备和云之间的边缘节点组成。它通常包括基站、接入点、路由器、交换机、网关等。边缘层支持终端设备向下访问，存储和计算终端设备上传的数据，连接云并将处理后的数据上传到云。由于边缘层距离用户较近，因此到边缘层的数据传输更适合实时数据分析和智能处理，这比云计算更高效、更安全。在云边缘计算的联合服务中，云计算层是最强大的数据处理中心。云计算层由许多高性能服务器和存储设备组成，具有强大的计算和存储能力，可以在需要大量数据分析的领域发挥良好作用，例如定期维护和业务决策支持。云计算中心可以永久存储边缘计算层的报告数据，还可以完成边缘计算层无法处理的分析任务和集成全局信息的处理任务。此外，云模块还可以根据控制策略动态调整边缘计算层的部署策略和算法。

3.3.3　工程信息输出

工程信息输出设计主要关注的是与用户交互的界面设计，这对于系统开发人员并不重要，但对于用户很重要，它不仅是一个工程形象的具体体现，也能通过设计去符合用户的习惯，建立良好的工作形态，方便用户操作，同时为用户提供易读易懂的信息形态。因此，输出设计的目的是正确且及时地反映和整合各部门工程管理所需的信息，其任务是使信息管理系统最终输出满足用户需求的信息。为了实现这一点，需要在输出设计上确立以下几个具体内容。

(1) 确定输出内容。输出内容要符合用户使用信息的需求，包括输出项目、精度、信息形式（文字还是数字）等。

(2) 确定输出格式。输出格式要满足使用者的要求和习惯，达到清晰、美观、易于阅读和理解的要求。

(3) 选择输出设备和介质。常用的输出设备有打印机、显示器等，而输出介质包括光盘、U 盘、移动硬盘等。

输出形式既可以是表格形式也可以是图形形式。表格形式包括表头、表体和表尾。表头说明标题，表体说明输出内容，表尾体现一些补充说明和注脚。图形形式包括直方图、圆饼图、曲线图、地图等。某工程信息输出界面示例如图 3-11 所示。

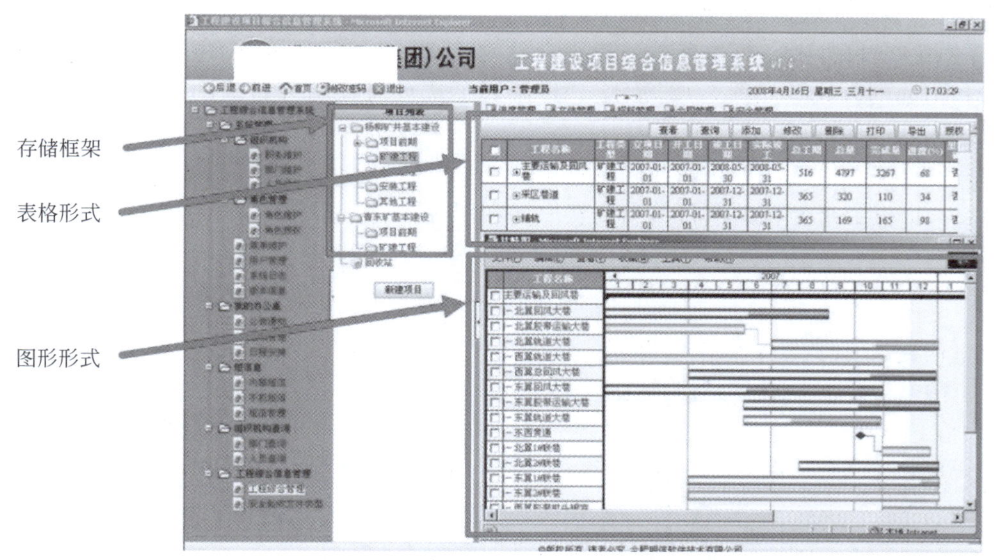

图 3-11　某工程信息输出界面示例

对于工程信息输出设计的评价需要从以下四方面展开。

(1) 能否为用户提供及时、准确、全面的信息服务。

(2) 是否便于阅读和理解，符合用户的习惯。

(3) 是否充分考虑和利用了输出设备的功能。

(4) 是否为今后的发展预留了一定的余地。

3.3.4 工程信息过程管理实例：项目信息门户

为了满足不同层级的不同信息收集需求，可以通过建立统一的项目信息门户(project information portal，PIP)来作为工程信息沟通、协同和收集的平台。项目信息门户(PIP)是对项目实施过程中项目干系人产生的各种信息和知识进行集中式存储和管理，为项目干系人在互联网上提供一个获得个性化项目信息的单一入口，是基于互联网的一个开放性工作平台，为项目干系人提供信息共享、信息交流和协同工作的环境。相比于传统的建设项目管理信息系统的用户只能是一个工程参与单位，基于互联网的项目信息门户的用户可以是项目的所有参与单位。

一个完整的基于互联网的PIP体系结构包括8层：基于Internet技术标准的信息集成平台、项目信息分类层、项目信息搜索层、项目信息发布与传递层、工作流支持层、项目协同工作层、个性化设置层、数据安全层。其主要提供项目文档管理、项目信息交流、项目协同工作以及工作流程管理4方面的基本功能。很多项目信息门户的产品还有一些扩展功能，如多媒体的信息交互、电子商务和在线项目管理等。

信息管理传统的方法是在信息的创建、加工、存储、检索、传递与利用的过程中均采用手工的方式，信息的载体以纸质为主；基于PIP的信息管理在信息管理的各个环节中全面实现了数字化，包括信息的创建、处理、传递、存储和检索。因此，与传统工程信息管理方式相比，基于互联网的PIP具有以下特点。

(1) 以项目为中心对信息进行集中存储与管理，改变了传统项目组织中信息分布式交流和沟通的方式。如图3-12所示，PIP做到了从点对点的分布式沟通，到统一的集中共享式沟通的转变。

(2) 提高了信息的可获取性和可重用性。

(3) 提供了个性化的项目信息的获取和利用方式。

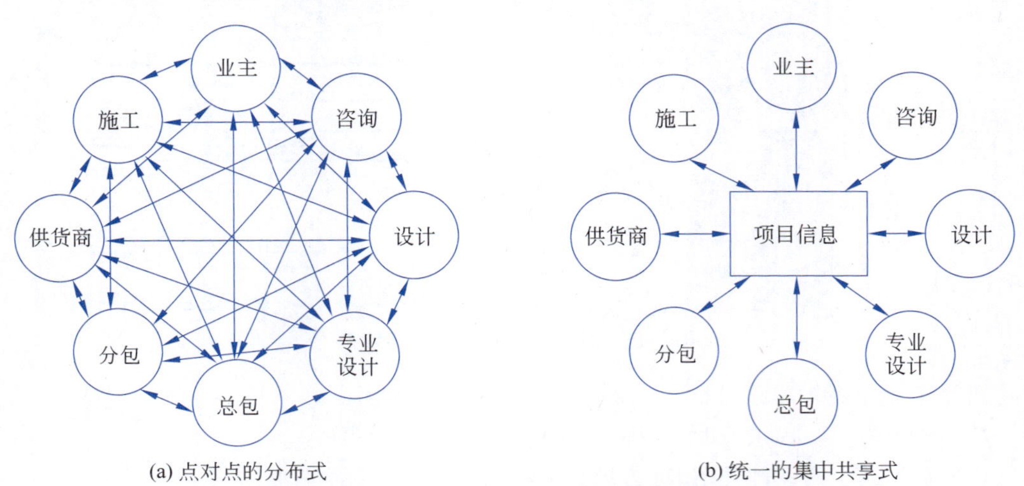

图 3-12 PIP实现从分布式到集中共享式的转变

具体来说，从工程信息创建的角度来看，随着工程实施的推进，工程信息的创建是不

断进行的。创建的信息是工程决策与实施的依据，为工程的整个生命周期所利用，并且该工程的所有信息也为其他的工程所利用。可见，信息的创建是信息管理最为基础且十分重要的工作，对信息的准确性和全面性有着极高的要求。如表 3-15 所示，虽然目前传统方式基本上是通过计算机应用软件创建了最初的设计信息和与工程相关的各类文档，但这种所谓的电子化载体仅存放在创建该信息的参与方的计算机内，未实现电子信息的共享。创建方仍要将电子化信息转换为纸质载体信息，以此作为与其他参各方信息交流的媒介。与传统方式相比，基于 PIP 方式的信息创建仅包括创建数字化信息一个步骤，节约时间、成本，并且提高了信息创建的准确性。

表 3-15　传统方式和基于 PIP 方式的信息创建过程比较

比较项目	传统方式	基于 PIP 方式
创建方式	计算机 CAD 绘图后，将其打印为图纸，且各参与方获得的只是图纸形式的设计信息。 审批报告、设计任务书、招投标文件、合同、工作联系单、函件、现场施工照片等各类文档虽应用办公自动化软件及数码相机创建，但用纸张打印出来后才作为可利用信息	利用各类设计软件创建多维的数字化的设计信息。审批报告、设计任务书、招投标文件、合同、工作联系单、函件、现场施工照片等各类文档应用办公自动化软件及数码相机创建，电子文档即为各参与方可利用信息
信息载体	设计蓝图、纸张、书籍、照片等	扩展名为.dwg、.doc、.xls、.pdf、.jpg 等的各类数字化信息
时间	创建电子信息时间＋打印、复印时间	创建电子化、数字化信息时间
成本	创建电子信息成本＋打印复印的油墨、纸张和人力成本	创建电子化、数字化信息的成本
准确性	设计信息仅为二维信息，不易于设计人员自身察觉设计上的错误及缺漏，也会给施工人员理解设计信息造成障碍	包含三维的设计信息，准确性高且易于理解
可存储性	可存储性差	可存储性强

从信息处理的角度来看，信息处理是对工程实施过程中的各类问题进行处理，以形成对该问题的最终决策。下面将从信息处理流程的角度对传统方式的信息处理和基于 PIP 方式的信息处理进行比较分析。

建设项目的实施涉及多个参与方，项目信息的处理常常是由多个参与方共同完成的。以项目建设中常见的设计变更为例，承包方、项目管理方、业主和设计方均要参与相关信息的处理。传统方式的设计变更信息处理流程如图 3-13 所示，基于 PIP 方式的设计变更信息处理流程如图 3-14 所示。

基于 PIP 方式的信息管理创建的是共享的电子化信息，各参与方可以在同一时间不同地点获得，并可同步对其做出相应的处理。在基于 PIP 方式的信息处理流程中，项目管理方与业主方可同时对承包商提出的设计变更请求进行审核；设计方根据变更通知对设计进行修改后，承包商和项目管理方可同时在 PIP 平台上看到设计修改信息，并提出修改意见。经过两幅流程图的对比，可以看到基于 PIP 方式的信息处理精简了信息处理流程中的部分环节，大大缩短了信息处理的时间。

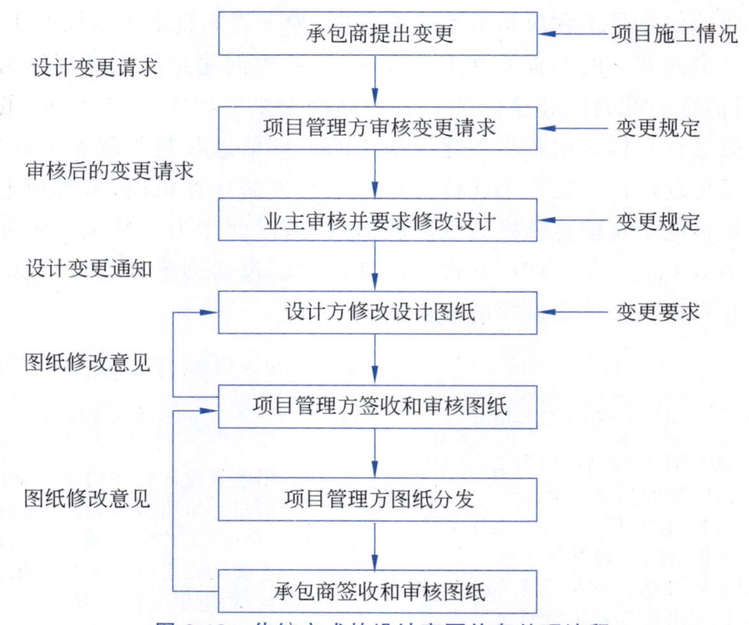

图 3-13　传统方式的设计变更信息处理流程

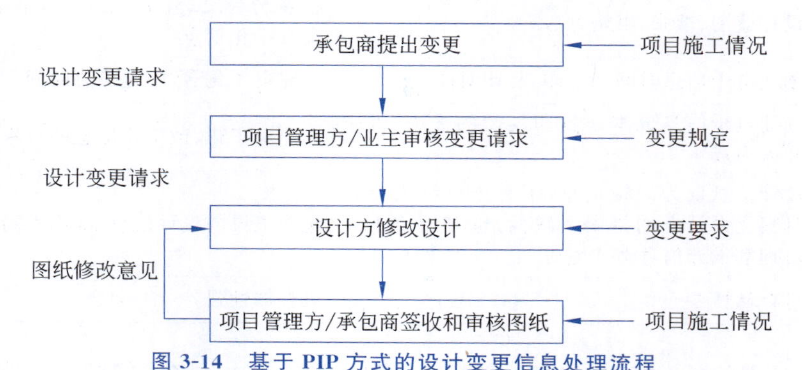

图 3-14　基于 PIP 方式的设计变更信息处理流程

从信息传递的角度来看，建设项目信息管理中信息的传递是指与项目建设相关的各类信息借助一定的载体在建设项目信息管理工作的各部门、各单位之间传递，从而形成信息流。畅通的信息流不断地将建设项目信息输送到项目各参与方手中，成为他们工作的依据。现对传统方式和基于 PIP 方式的信息传递过程从传递方式、记录方式、时间和成本 4 方面进行比较分析，如表 3-16 所示。

表 3-16　传统方式和基于 PIP 方式的信息传递过程的比较

比较项目	传统方式	基于 PIP 方式
传递方式	信息管理人员将各类文档及图纸送到各参与方手中。信息管理人员利用传真、邮件及特快专递将各类文档及图纸送到各参与方	信息的创建方将创建的电子化信息上传到 PIP 平台上，其他参与方通过登录 PIP 系统获得属于自己权限范围内的信息
记录方式	信息管理工作人员对收文、发文工作的签章	PIP 系统具有审计功能，项目参与各方在系统中的活动都将被记录下来

续表

比较项目	传统方式	基于 PIP 方式
时间	各参与方信息管理人员均花费大量时间用于信息的传递。邮件、专递信息造成了信息获取的滞后性	信息创建方上传信息到 PIP 及信息获取方从 PIP 下载信息到本地计算机，均非常快速。信息的获取不存在滞后性
成本	人力、纸张、油墨及邮递费用	节省了人力、纸张、油墨及邮递费

通过对传统方式和基于 PIP 方式的信息传递过程中传递方式与记录方式的对比，可以得出基于 PIP 方式的信息传递在节约时间与成本方面具有极大优越性。值得特别指出的是，信息是各参与方决策的基础，信息的时效性直接影响着决策的有效性。信息传递的滞后，直接导致了信息的时效性差，从而影响了决策的有效性，这是导致进度拖延、返工的主要原因之一。基于 PIP 方式的信息传递为信息的时效性提供了极大的保证。

从信息的存储和检索的角度来看，信息的存储是将有价值的原始资料、数据及经过加工整理的信息保存起来以备将来的查阅之用。传统方式的信息创建和信息传递过程必然导致了信息的存储是以纸质文档存放的，并且随着工程项目规模的扩大将会有大量的信息产生，需要大量的信息存储空间，这给信息的检索带来了极大的不便。PIP 对项目各参与方产生的信息在计算机上进行了集中存储与科学管理，即采用文档编码体系作为 PIP 系统的底层支持，采用基于元数据的文档组织方式对文档进行组织分类，为用户提供了树状层次目录的应用界面。

基于 PIP 的信息管理不仅克服了传统信息管理对大量存储空间要求的挑战，也实现了信息检索的高效性。以 Autodesk 公司的 PIP 产品 Buzzsaw 为例，用户可先在树状视图中选择要搜索的站点、项目或文件夹，再在查找的功能栏中根据文件名称、作者、信息创建的日期等限制条件来完成信息的检索。基于 PIP 的信息检索，极大地缩短了信息的检索时间。

3.4 课后思考

如果当前企业需要承担一个智慧城市交通监测和管理的工程，请根据本章所学的知识讨论，在交通监测的过程中，需要收集哪些需要的信息？可以通过怎样的方式进行高效收集？如果想要做到交通流量控制，可以选择怎样的方式实现流量的预测和规划？这些信息应当选择怎样的计算模式和存储模式？为什么？

【参考答案】

可以通过道路监控摄像头对街道进行拍摄，通过图像识别的方式判断车流量大小；也可以通过无线传感器的方式在每个街道部署红外探测仪，记录经过探测仪之前的车辆数量，从而表示车流量大小。由于这些数据按照时间点进行记录，因此可以借助 LSTM 网络对时序流量数据进行预测，以预测未来车流量情况，这样可以对大流量实现预先分流安排，以避开车流量高峰。这些信息可以借助数据库，以时间戳为主键进行存储，同时可以借助大计算量的云计算服务进行快速计算。

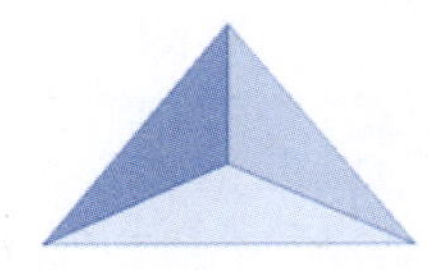

第 4 章
工程全生命周期信息管理

本章要点

工程全生命周期信息管理近几年得到大力推广应用，实现工程全生命周期管理是一个长期战略目标，其内容和程度根据工程不同阶段的具体情况和需求可以不断地改变和提高，故而并不是一个通过一次性的投入就可以完成的项目。对任何一个工程，都必须制定信息生命周期管理战略和目标。由于信息在其生命周期的不同阶段具有不同的价值，因此需要采取集中式管理策略以最大化发挥其价值。本章在介绍完工程全生命周期信息管理的基本内涵和发展历史后，将重点讨论工程全生命周期信息管理的体系、应用和发展趋势。在管理体系方面，我们将主要关心工程信息本身，分析工程信息的价值概念和集中式管理体系。在管理应用方面，我们将按照工程规模由大到小的范围，分别以政府信息全生命周期集成管理系统、电站远程诊断运维全生命周期信息管理系统和自动扶梯设备运维全生命周期信息管理系统三个应用实例，体现工程全生命周期管理的方法。在发展趋势方面，我们将指出未来工程全生命周期信息管理中需要投入精力研究和解决的问题，力求帮助工程承担方建立与时俱进的工程全生命周期信息管理体系。

4.1 工程全生命周期信息管理概述

随着新型信息技术的成熟，信息的交流和传播已经能够跨越时间和空间的局限，信息的保存形式、访问方式和存储介质已经不同于传统的纸质或胶片形态的文档，人们在获取和传递各种需要的信息时变得更加便捷。如图 4-1 所示，信息价值会随着不同的阶段有所变化，且信息技术的发展也使得信息价值的有效时间不断延长，甚至一些老化的信息也

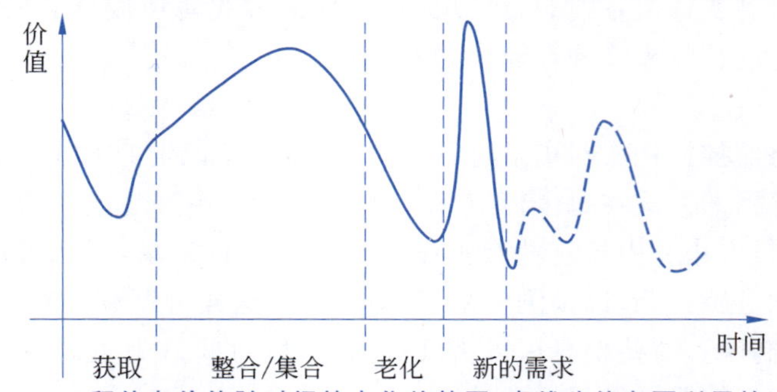

图 4-1　工程信息价值随时间的变化趋势图(虚线为信息再利用的过程)

会被一些新信息所激化，以达到再利用的目的。因此，我们应当以更新的视角来看待现代工程信息生命周期，充分利用其特点实现信息价值的最大化。

从图 4-1 也可以看出，信息遵从一个产生、发展和消亡的过程，也就意味着每个信息都具备自己的生命周期。信息全生命周期的管理是针对不同信息在不同阶段的预期价值实施不同的管理策略，以实现信息生命周期的每一个阶段都能获取信息价值最大化的管理策略，对应也就需要研究如何有效采集信息、组织开发信息，并使得丰富的信息资源得到有效的利用问题。而工程信息全生命周期管理也是一种信息管理模型，是一种针对工程信息主动管理的过程策略，其宗旨在于保证信息的有效管理和信息传播的连续性。对工程信息全生命周期的探索能改进信息生产者、使用者和管理者对工程信息资源的合理配置，最大化利用和发挥信息价值，降低存储和管理成本，提升信息利用效率，这对于提升工程效率也具有可行性和必要性。

信息生命周期管理早期研究可以追溯到 1943 年的 C.F.Gosnell 对大学图书馆中文献老化率问题的研究，研究提出了“随着时间的推移，一切知识或其载体都会逐渐失去原有的价值”。在此之前，西方档案学研究多以“文件生命阶段”或“文件生命周期”表述。但对于“文献信息生命周期”的关注在当时可能因为财政资金充足和存储空间足够大而被忽略，大约 20 年后，由于图书馆面临紧缩预算和库存膨胀双重危机，以及信息的逐年激增和信息利用率的降低，信息全生命周期管理的概念再次得到了研究者的重视。1959 年，著名物理学家 Bernal 引入了“半衰期”概念，即文献有一半失效所经历的时间。半衰期越长，文献老化速度越慢；反之，文献老化速度越快。随着这个理论的发展，人们发现大部分文献经过半衰期后，由于缺乏合理的管理手段，利用率逐步降低，直至消失。

最早出现在经济管理领域的类似概念是产品生命周期，该概念是由 Dean 和 Levir 提出的，提出的目的是研究产品的市场战略。当时，产品生命周期的划分按照产品在市场中的演化过程，分为推广、成长、成熟和衰亡阶段。后来将产品生命周期的范围从市场阶段扩展到了研制阶段，真正提出了覆盖从产品需求分析、概要设计、详细设计、制造、销售、售后服务，直到产品报废回收全过程的产品生命周期的概念。随着新兴技术的发展，企业迫切需要将信息技术、现代管理技术和制造技术相结合，并应用于企业产品全生命周期的各个阶段，于是对产品全生命周期信息、过程和资源进行管理，实现物流、信息流、价值流的集成和优化运行，以提高企业的市场应变能力和竞争能力。产品全生命周期管理的概念出现初期，它是作为一个术语用来描述创建、管理和使用产品全生命周期相关信息和智力资本的一套业务方法。而随着企业信息化进程、先进信息和管理技术的迅猛发展，其自身的定义、内涵也在不断地演化和成熟。20 世纪 80 年代，企业对产品生命周期的管理集中在设计工程活动，其支撑工具主要是以工程设计活动为对象的专用应用。在该阶段，产生了大量的面向专用需求的应用工具，如 CAD、CAE、CAM、虚拟制造、产品数据管理、可视化、业务流程管理和供应管理等。

类似地，针对信息生命周期理论的系统研究始于 20 世纪 80 年代末到 90 年代初。1986 年，美国著名的信息资源管理学家 Marchand 和 Horton 在《信息趋势：从你的信息资源中获利》中正式提出“信息生命周期管理”的概念，他们认为信息管理与企业生产产品一样，存在逻辑上相关联的若干阶段，每一阶段的转换都伴随着管理成本和信息价值的变化。此后，Stephen、Gupta、McGinn 和 Hernon 相继提出了信息生命周期的组织视图、业务视图、价值成本过程等，并应用于图书馆和政府信息资源管理，这标志着“信息生命周期理论”的形成。2000 年，Drexel 大学的 Montgomery 及其助手提出了数字信息资源的保存成本模型和较为完整的信息资源管理优化流程。随着数字资源的大量出现，2001 年，Beagrie 和 Jones 构建了数字信息生命周期模型，正式提出信息从创建、提取、分析、存档到评价等阶段的数据管理和治理规划。这一模型成为众多数字信息资源开发项目的参考模型。2000 年以后，一些信息服务公司，开始提出基于信息全生命周期管理的数据存储管理思想，并陆续推出数据存储管理解决方案，如 EMC、惠普、IBM 等公司给全球的个人和公司客户提供创建信息基础架构和虚拟化基础架构的产品和服务。

工程信息全生命周期管理具备以下几个特征。

(1) 信息载体格式的多样性：在工程信息中，既有结构化的数据文件，也有半结构化和非结构化的数据文件。其中，结构化的数据文件一般存储在关系型数据库中，可以利用二维表结构来表达并实现数据之间的逻辑结构，例如进度、成本、资源、财务等数据。半结构化的数据文件则是指具有一定的结构性的文本数据，例如 XML、HTML 等文件。而大多数信息没有办法用数字或统一的结构来表示，如各类文本、音频、视频、图形、设计图纸等，它们大多以文件的形式保存。

(2) 信息之间关联的复杂性：工程信息之间存在着复杂的关联性，其中绝大部分的信息由之前创建的信息提取和演化而来，因此原始信息的量变或质变均会引起其他相关信息发生变化，例如，设计阶段的工程几何信息的变更会直接引起施工进度信息、合同信息以及成本信息产生相应的变化。

(3) 信息创建和管理的丰富性：工程全生命周期项目信息分布于不同的参建单位，包括政府单位、业主单位、设计单位以及施工单位等，工程各个参与方都需要围绕自身的需要创建和管理各种类型的信息；同时工程参与方所拥有的团队都会配备多个专业工程师，如造价工程师、土木工程师、结构工程师、质量管理工程师等，他们也都会根据专业需求创建和管理各种工程信息。

(4) 信息变更的频繁性：工程项目存在着极大的不确定性，突发事件在工程管理过程中频繁出现，因此工程信息由于外部条件的变化而不可避免地产生相应的动态变更，或者是一些不可预料的变化。

我们需要明白，工程全生命周期信息管理，不是一种技术手段，也不是具体的某个工程实施方案，而是一种针对工程领域的管理理念，实现该理念既需要现代化的技术手段，如三维参数化设计、GIS 地理信息系统等(尤其是对于建设工程来说)，同时也需要采取先进的工程实施方案，如总承包模式下的工程组织管理。工程全生命周期信息管理的理念以解决工程信息创建、管理以及共享问题为核心任务，实现工程信息升值(工期缩短、节约成本等)为最终目标，而不仅是为了更好地实现传统意义上的信息管理。这样一个理念目前贯穿于整个工程项目的全生命周期，例如会覆盖到建设工程中的规划设计、工程建设、运行管理三个阶段。鉴于大型建设工程的规模庞大、组织管理复杂等特点，工程全生命周期信息管理的实现必须依赖一系列的具有相关特性的功能软件。以引水工程为例，在规划设计阶段，需要利用 GIS 平台对工程枢纽进行选线设计、施工布置；在工程建设阶段，

需要借助三维设计软件完成引水工程的实体化建模，同时可以利用成熟的项目管理软件，实现对工程施工过程的实时控制；在运行管理阶段，可基于ArchiBUS软件实现工程运维信息的集中管理。

信息全生命周期是工程全生命周期信息管理的主线，通过对信息生命周期的分析，可以了解到管理的时候需要管理哪些阶段、哪些内容以及需要提供哪些功能。通过准确划分不同的工程信息生命周期和阶段，准确评估不同阶段的信息价值，更好地促进资源的利用，提高信息保存、迁移、转换和集成加工等技术水平，或者通过优化配置使在有限生命周期内的信息资源得到充分利用等均是工程信息全生命周期管理的重要课题。

大数据环境下工程信息全生命周期管理理论的建立和完善是研究工程信息资源管理开发和管理机制的理论基础。因为生命周期理论提供了分解复杂的数字信息资源开发主体、活动的参考体系，便于厘清各主体在工程信息资源开发利用中的职能和内在联系，也便于分析市场、政策、标准、法规等手段在工程信息资源管理和配置中的优势及不足。生命周期理论是一种有效的理论方法和清晰的管理思路，该思路能提纲挈领地揭示工程信息资源从生成到利用全过程的动态特征和规律，有利于政府和实际部门更好地把握工程信息资源演化规律，从而建立更加科学合理的制度机制。

4.2　工程全生命周期信息管理体系

工程全生命周期信息管理本质上具有两重含义。其一，工程全生命周期信息管理是指将工程信息作为管理对象从工程领域剥离，使其成为相对独立的存在，分析其作为一件“事物”独有的生命周期，以及依据这一生命周期对其产生、组织、开发与利用等环节实施的一系列管理活动。其二，工程全生命周期信息管理是指将工程信息与其对应的工程领域活动相结合，此层面不仅考虑工程信息本身或其流动过程，更需要关注产生工程信息以及与之关联的工程阶段的特征，即将工程信息的生命周期管理与其所相关联的工程活动的生命周期相结合，使得人们可以通过信息了解工程活动过程，而不仅是结果。因此，研究工程全生命周期信息管理事实上就是依托生命周期管理理论，对信息生命周期和工程活动生命周期进行管理，通过信息外在状态的流动和内在价值的变迁，研究具体工程全生命周期信息管理的策略。

具体来说，工程信息的管理具有与其他类型信息资源一样的相关环节，经历从加工产生、采集、组织、利用，最后到销毁或存档的过程，这也是其作为信息本身的第一层面的管理含义。与此同时，工程信息也随着不同阶段的工程活动而变化，如工程立项、工程设计、工程实施、工程验收、工程维护、工程销毁等阶段。在工程活动的不同阶段，会产生新的工程信息，由于工程活动也有其生命周期，而工程工作流本质上是工程活动各环节中工程信息流的展现。通过对工程工作流的分析，可以得出工程信息生命周期的运行方式，并据此实施工程信息的管理。总之，通过对工程工作流和工程信息生命周期含义的具体分析，实现了对工程活动的映射，这就对应了上一段所说的第二层工程全生命周期信息管理的含义。这也就说明了，工程全生命周期信息管理不仅是结果，更重要的是工程活动过程，从而与工程活动的工作流密切相关。因此要考查工程活动的生命周期，并将工程信息的形式表达、初始信息、中间信息以及最终信息，与工程活动阶段相结合，最终实现信息管理反哺工程优化的目标。

EMC公司提出的信息全生命周期管理体系在该领域应用最广，其主要可归纳为“六个阶段和三个层面”。“六个阶段”是指信息的创建、保护、访问、迁移、归档与回收，“三个层面”是指信息的存储层、管理层和应用层。涉及信息价值的工程全生命周期信息管理，即从信息资源长期效益和可持续发展角度思考，将工程信息生命周期与工程信息价值相关联。其基本原理基于对信息价值的理解，以及对信息价值将随着时间推移不断衰减的判断，因此需结合工程信息管理成本进行考查。与工程信息过程管理主要关注信息生成之后如何被采集、组织、存储和利用不同，工程全生命周期信息管理以价值测度为基础，以信息价值的产生作为起点，并以定量的方法根据一定的测度指标来客观地描述和模拟信息的生命演化进程。相关研究包括信息精选与信息老化理论等，探讨需存档信息的遴选、影响信息老化的因素和机理，以及信息传播过程中价值与使用价值的动态变化规律等。因此，工程全生命周期信息管理既是根据信息生命规律，合理配置资源，进而对工程信息进行合理高效的管理，从持续长效的管理机制和长远收益来保障工程信息有序建设和高效利用，也是考虑远期未来价值状态，以及信息保存成本的测算等，来制定有效实施管理的方案。

传统意义上的信息管理强调的是利用各种手段对信息流进行控制，但工程全生命周期理念下的信息管理面对的是存在着多样性、相关性、频繁变更性的工程集成信息，因此在管理的过程中应当更多地体现全生命周期、全工程阶段的信息集成，即寻求最佳途径对信息进行统一处理、集中式管理和多方共享，从而避免因为信息的割裂管理而出现上下沟通不及时、不彻底的问题，这对整体工程效率的提高具有重要的意义。

4.2.1 工程全生命周期信息价值分析

在工程管理过程中对产生的信息“一次创建，多次使用”是提高信息利用率，最大化发挥信息价值的重要原则。也就意味着信息只有通过再利用转换成知识后才能显示其价值，这也是工程全生命周期信息管理的意义，通过这种全生命周期信息的管理，工程利益相关方可以通过信息的关联搜索，借鉴历史信息来提高对当前信息的理解，从而辅助解决相关的工程问题。

建设工程生命周期信息的再利用包括纵向和横向两方面。纵向是指对同一个工程项目上不同生命时期（不同工程进度阶段）上信息的综合利用，而横向是指对其他相关工程项目信息的综合利用。如图4-2所示，这种利用可能是对本项目其他阶段项目、其他工程项目、其他工程项目的某个阶段项目或其他工程项目的某个问题项目的利用等。

纵向信息再利用表现的是信息的特征，而横向上表现更多的是知识的特征。信息的这种再利用价值在过程界面或组织界面发生转变时表现尤其明显，例如设计到施工阶段或设计院将设计信息传递给施工单位这一过程，如果不注重信息的再利用，极易造成信息的扭曲、缺失甚至丢失。因此从全生命周期视角进行信息管理是充分利用信息价值的重要方法。

对于一个工程项目而言，信息的价值在全生命周期各个阶段的体现也有所不同。以

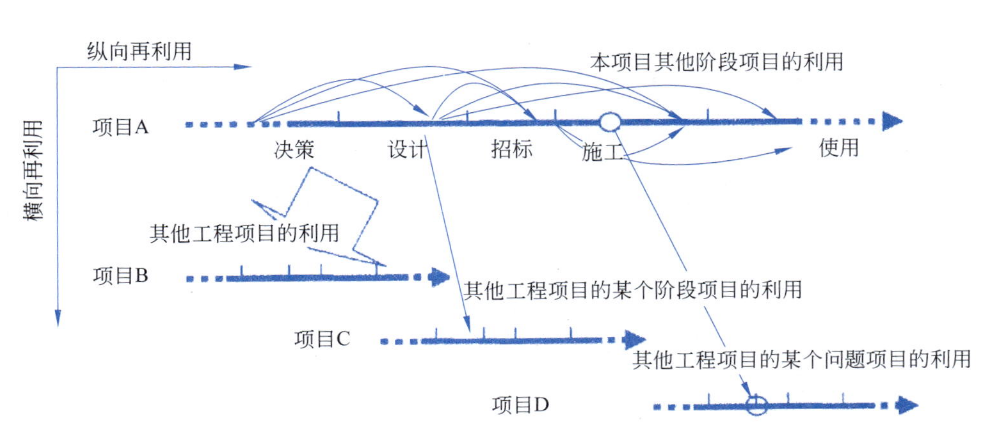

图 4-2　某建设工程全生命周期信息横向和纵向再利用

建设工程为例，这类工程在决策阶段，信息的价值在于定义一个工程项目，并为后续阶段提供决策信息。在设计阶段，信息的价值在于为施工、招投标和运营阶段提供准确而完整的项目信息，包括准确的设计文件和物料清单等。在施工阶段，信息的价值在于控制项目目标并指导施工，避免因信息的错误所带来的浪费。在运营阶段，信息的价值在于辅助设施管理以及资产的保值增值。

为什么工程全生命周期信息管理强调信息的集中共享？这里我们从信息共享价值的角度来分析这个问题。

1. 信息集中共享有利于减少工程的总信息量

假设一个系统的沟通节点为 n 个，节点间沟通渠道为 N 个，那么

$$N=\frac{n(n-1)}{2}\propto n^2$$

这说明节点间的沟通渠道和沟通节点数的平方成正比，换句话说，随着沟通节点数的增长，沟通渠道呈几何增长。

另外，假设传递的总信息量是所有节点上信息量的总和 M，每个节点的平均信息量为 m，那么 $M=mn$。但大多数情况下，节点接收信息的同时也会产生新的信息，每个节点的信息量正比于节点数，即 $m\propto n$。那么，信息总量也正比于节点数的平方，即 $M\propto n^2$。但如果我们将信息进行集成，那么集成后的沟通渠道就会大大减少，变为与节点数成正比，即 $N\propto n$，而非几何增长，这同样对应着信息总量的减少，使得集中管理部门更容易掌握正确的信息。

2. 信息集中共享有利于消除信息不对称带来的额外成本

从经济学角度来看，业主方和施工方等之间是委托-代理关系。从招投标、合同谈判到合同执行，许多工程流程都在信息不对称条件下进行，卖方往往比买方占有更多的有关交易品的信息。从业主方角度来看，信息不对称增加了项目成本，使其承担了更多的风险。在项目实施过程中，信息不对称也诱使代理人利用不完善的监督，采取无效的行动去影响价值的分配，这可能导致总的代理价值减少。因此，要使项目增值，必须消除信息不对称现象，但这无疑要增加相应成本。从图 4-3 可以看出，如果将信息对称程度和支付成

本的关系描述为图中的 C_1 曲线，收益是图中的 R 曲线(即收益是信息对称度的增函数)，那么可以看出，在区间$[0,X_1]$中，由于业主没有在获取项目信息方面进行有意识的规划和投入，信息对称度极低，也就对应着业主收益 R 小于成本 C_1。接着可以看到在区间$[X_1,X_2]$中，R 大于 C_1，业主在消除信息不对称后获益，这段区间也被称为信息不对称的适度空间。但随着信息不对称不断消除，成本不断增加，在区间$[X_2,+\infty]$中，业主为获取更大的信息对称度需要支付更多的成本。而在信息集中共享后，消除信息不对称的成本大大降低，这可用图 C_1 曲线来描述。很显然，此时信息不对称的适度空间大大增加，为了在适度空间内获取同样的信息对称度，所支付成本也相应减少。通过上述分析可以看出，信息集中共享也可通过消除信息不对称成本为项目增值。

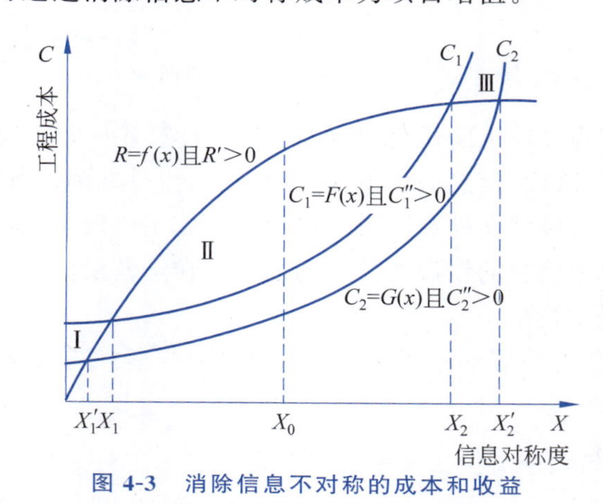

图 4-3　消除信息不对称的成本和收益

4.2.2　工程全生命周期信息集中共享体系

工程不同阶段具有不同的目标，所产生和需求的信息不同，同时信息也具有明显的不同特征。此外，由于很多信息被跨阶段的工作所用，因此还应从工程生命周期视角分析各阶段的信息以便于接下来的信息集中共享体系的设计。以下从决策阶段、设计阶段、施工阶段以及运行和维护四个主要阶段出发，分析工程生命周期各阶段信息及相应界面信息的特征。

工程决策阶段主要定义工程项目目标、各阶段任务以及平衡工程项目功能和成本之间的关系。此阶段产生的信息将影响工程设计及后续工作。在决策阶段需要不同的可对比模型以寻求最优解决方案，因此该阶段的信息模型必须具有灵活性，以在不需要花费太多精力和成本的情况下，可增加、删除或更改其中的主要信息。

工程设计阶段主要产生技术性解决方案，所以要将功能性标准行为转换为可实施的模型，以用于设计和安装计划。设计将确保实现决策阶段既定的目标和功能。设计工作是多专业共同的工作，设计过程也不是一个线性过程，而是不断修改、变更和完善的过程，因此变更管理、版本控制、并行控制和信息跟踪是设计阶段的信息管理的重要内容。设计阶段的成果是可接受建设工程产品模型的一系列规格说明书和描述，其中所有的条件和行为都应被满足或剔除。

工程施工阶段可分为计划阶段和实施阶段。计划阶段包括招投标过程，该过程主要制订施工计划、材料计划以及估算施工成本，其主要信息来源于设计成果，但并非设计信息的直接输出，而是包含施工方法和施工组织等，旨在形成实现既定目标的过程计划。计划阶段产生的信息有可能反馈到设计阶段，引起设计的变更，以优化设计，因此这两个阶段应进行集成管理。计划阶段还应确定哪些需要招投标并编制详尽的技术规格书。

工程实施阶段是对计划的执行，支持设计信息和施工计划向建筑实体转换，包括更为详尽的信息，如任务细分、材料采购和设备分配等。实施阶段的信息包括设计信息、施工计划以及其他相关信息，这些信息需要集成管理。施工阶段结束后，应完整地记录反映施工方法和过程计划的信息。

工程运行和维护阶段涉及设施运行和维护，该阶段需要和决策支持系统紧密集成。

从实现手段来看，信息集成包括人工集成和计算机集成。人工集成是传统的信息集成方法，例如，为了解决某一个特定矛盾，一个建筑师需要与结构工程师和暖通空调工程师进行沟通，然后将相关信息进行集成。该集成方法效率较低，但由于人直接参与，较为灵活和智能。而计算机集成是目前研究的主要内容，其基础是数据层次的集成，最简单的方式是一个应用程序所写的数据能被另一个程序所读，例如，建立两个程序之间的数据接口，在大数据时代，信息集成也以集中式存储和计算的方式进行处理，代表性技术为云计算或联邦计算等。

对应上一节将信息再利用的形式，信息集成同样也包含横向集成、纵向集成，再多一个径向集成。其中横向集成指工程参与方多专业的信息集成，纵向集成指工程全生命周期多阶段的信息集成，径向集成则指跨时间的工程信息集成。

4.3　工程全生命周期信息管理应用

工程全生命周期管理与可持续发展之间存在强关联，在管理过程中体现了三个必要条件：一是遵循信息自身的生命规律，合理配置资源，进而对信息进行高效管理；二是强调可持续性发展，即不应仅局限在对工程信息资源当前状态的管理，还应该形成持续长效的管理机制，从长远收益角度来保障信息资源的有序建设和高效利用；三是强调信息的集中共享，通过一套系统纵向或者横向地再利用工程信息，将其转换为知识用以辅导工程应用。以下是工程全生命周期信息管理的实例应用。

4.3.1　政府信息全生命周期集成管理系统

随着互联网的广泛应用和深入发展，人人都成了自媒体，内容和资源因为每位用户的参与而产生，而这些个性化内容又可以借助人与人之间的交互共享而广为传播，从而推动信息共享与知识扩散，带来传统创新模式的改变，使得传统的面向生产、以生产者为中心、以技术为出发点的信息管理系统随之转变为面向服务、以用户为中心、以人为本的政府信息集成管理系统。

结合目前我国政府信息资源管理现状和开放性特征，可以建立如图 4-4 所示的政府信息资源全生命周期管理模型。

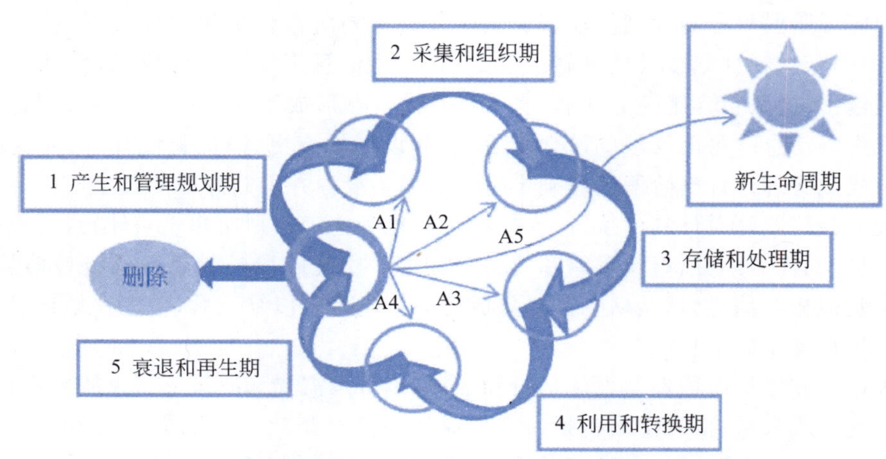

图 4-4 政府信息资源全生命周期管理模型

本模型将政府信息资源全生命周期管理划分为 5 个阶段：政府信息资源产生和管理规划期、采集和组织期、存储和处理期、利用和转换期及衰退和再生期。首先是政府根据其当前的治理目标或者政策计划需求，进行信息资源管理规划，同时也会伴随新的政府信息资源的产生；随后是在管理规划的引导下，通过大数据分析等各种技术手段进行信息资源的采集和组织；继而有选择性地进行存储和处理；紧接着进入利用和转换期；最后进入衰退和再生期。相对于传统的链式以及环式生命周期管理模型而言，该模型的每一阶段都是开放式的，其受众不仅是传统意义上的人或组织机构，还有广大活跃在各类社会化平台上的、间接或者直接对政府信息资源管理环节提供建议和意见的群众。以衰退和再生期为例，传统处理方式是，将已经进入衰退期的信息资源做归档或者删除处理，然后结束该生命周期。但是政府在信息资源老化的最后环节，还会实时通过政府运营的各类软件平台来获取和分析大众的心声和需求等，挖掘潜在需求，从而激发这些资源隐藏的价值，使其被优化提取，然后跳跃到其他的某个特定阶段（如图 4-4 中的 A1、A2、A3、A4 所示），参与循环，或者被触动到新的激发点（如图 4-4 中的 A5 所示），直接进入一个新生命周期，获得重生。

以此类推，其他各个环节也会有类似的激发点，它们可以实现阶段的跨越或者重生到政府信息资源管理的新周期，这样便能源源不断地、最大限度地对掌握到的信息资源进行利用。

政府应该根据信息资源在不同生命阶段的不同价值进行有效管理，从而以最低的总体拥有成本，在信息生命周期的每一阶段都能获得信息的最大价值，那么应当在图 4-4 所示的几个生命周期阶段采取不同的管理方法。

第一阶段为政府信息资源产生和管理规划期。该阶段是政府信息资源管理的生命周期起始期，一定要紧密结合政府组织机构的日常活动规程，以阶段性管理目标为导向，做好管理规划，高效融合相关政策、流程、法律以及发展趋势，给后续的开发利用工作夯实基础。这样做便于明晰管理目标，避免部门之间的重复性劳动，减少业务冲突，节省人力物力，从而实现高效价值利用。所以在该阶段应该在战略层面从生命周期角度考查数字信

息资源管理,开发战略规划与政府信息资源生命周期管理相结合的治理工具。

第二阶段为政府信息资源采集和组织期。伴随着大数据时代的发展,政府信息资源的合理采集和组织直接涉及后续的利用效率。该阶段应制定相关标准和规范,建立国家科研数据交换和共享平台,部署研发重大关键技术和工具,加快相关专业人才培养,从而实现在漫漫数据之海中准确捕捉和定位到有利信息和可用资源,有效保证政府信息资源生命周期管理在起始阶段的信息源的可靠性。

第三阶段为政府信息资源存储和处理期。该阶段应当充分利用云存储技术以应对海量信息。云存储的概念与云计算类似,它是指通过集群应用、网格技术或分布式文件系统等,将网络中大量各种不同类型的存储设备通过应用软件集合起来协同工作,共同对外提供数据存储和业务访问功能的一个系统。云存储具备弹性扩展、动态分配和资源共享等特点。在本阶段,政府可以充分利用云存储的优点,构建政府信息资源私有云存储,在管理过程中接受云存储提供的备份容灾服务等。应紧密结合政府资源管理规划和目标,有选择性地进行数据海量存储,为信息资源的高效存储和便捷处理提供更为直接的支持。

第四阶段为政府信息资源利用和转换期。由于信息使用价值的实现主要发生在信息利用环节,因此在该阶段一定要注意信息资源的价值最大化以及资源利用的及时性。尤其是随着网络信息的发展,普通公民网上参政议政的现象越发普遍,在政府的很多政策、提案、举措实施之前,民意调研大多数依靠网络平台,而且与政府相关的一些建议、意见甚至评论在社交网络渠道传播甚广。政府信息资源管理很大程度上是对政府数字信息资源的管理,网上政府带来的管理现代化对于提高政府工作效率而言是革命性的飞跃。时空的压缩以及政府公共服务可获得性的提升,都对资源利用阶段提出了更高的要求。智慧政府应是以用户为中心、信息资源全面融合、以提供统一完善服务体系为特征的新型政府形态,是现代政府的网络版、现代政府运作的支撑体。因此应当加强信息资源整合和共享,为政府决策提供更有效的数据支撑,深度挖掘信息的价值和实现随需而变。

第五阶段为政府信息资源衰退和再生期。在这一阶段应当构建完善的价值评估体系。该阶段属于信息资源管理的后期,是信息生命周期的最后环节,也是信息价值衰退期。在此阶段,政府相关信息资源处理者需要紧密针对部门现有以及未来的潜在需求,并结合信息资源管理的规划期的初始目标,对处于此环节的信息资源进行评估,判断其价值,然后将资源分为三类。第一类是无用信息,可依据相应准则,科学、理性、规范地对其进行删除和销毁,以释放存储空间。第二类是待用信息,可按照特定规则对其进行归档管理,继续将其存储以备不时之需,但是需要注意存储介质和存储体系的合理变更。第三类是可再生信息,可对其进行适当处理,尽可能挖掘其内在价值,使之适应新的管理需求。这等同于将其"激活",赋予其新的价值和生命,然后将其放置于另一个新生命周期的开始期,使其实现再生和新的循环,这样可以变相延长已老化的信息资源的"平均寿命"。完善的信息资源价值评估体系的构建在该阶段具有一定的必要性。此种划分方法以信息资源的价值为中心,同时考虑政府特定部门的业务特色。这样既可与前期信息资源管理规划保持一致,也可间接助力对未来潜在需求的满足,实现较好的延续性,并且给予特定信息"新生"机会,使之跃进到新的规划中发挥作用。需要强调的是,为了促进政府信息资源管理创新的有效性,还应该做好以下工作:搭建良好的社会化网络互动平台,实现良好运营和舆情监控；加强内部人员信息素养能力的培训，提升内部人员的洞察力和信息侦查、整合、处理能力，以及借助新媒体的力量高效管理政府信息资源的意识；积极吸收和借鉴企业、组织在新媒体环境中信息资源管理成功案例的经验，并结合自身特色有效运用；对硬件系统进行整合优化，结合生命周期管理流程实现快速反应。

4.3.2 电站远程诊断运维全生命周期信息管理系统

对于火力发电厂而言，由于电站设备技术的快速更新发展以及发电厂自身技术能力的限制，实现对电站设备的有效管理与维护存在着一定的困难，主要表现在以下几方面：

(1) 大容量、多参数机组管理技术复杂。

(2) 发电厂技术人员数量减少，能力遇瓶颈。

(3) 设备故障解决难，维修周期长困境。

(4) 备件需求紧急，备件提前存储困难。

为了解决以上火力发电厂存在的问题，并在传统的电站设备制造商业务基础上拓展服务范围，可以通过研究设备全生命周期管理服务模式，综合利用计算机、网络及软件等现代化信息技术，建立集电站设备制造商、发电集团、发电厂于一体的设备运营管理信息网络，对发电厂生产运营中产生的数据进行采集、分析与处理，实现对发电厂重要主辅机设备的全生命周期管理，并提供相应的技术管理方案，帮助发电厂实现生产经营管理的智能化和自动化，提高发电厂经济效益，提高企业生存能力及市场竞争力。

这里，火力发电厂设备全生命周期管理涵盖了电站设备管理的全过程，通过对电站设备的采购、安装、运行、维修、改造、报废等一系列过程的管理，实现电站设备寿命周期内使用费用最经济、设备运行最安全、综合产能最高的目标。这一管理过程主要包含以下三个阶段。

(1) 设备采购、安装：设备采购安装阶段主要包括规划决策、购置、安装调试及使用前的技术培训等全部过程。此阶段时间较短，设备制造厂家主要提供设备制造、安装过程技术指导及对电厂运行维护人员的技术培训等服务。

(2) 设备运行维护：设备运行维护阶段主要包括为防止设备性能劣化而进行的运行指导、检修维护、设备修理、设备改造等全方位管理过程，需制定切实可行的监测、诊断、管理等措施，保证机组保持最佳的运行方式和最合理的参数匹配。该阶段的目标是使设备运行处于受控状态并保持良好的技术性能，保证设备持续、安全、稳定地运行。此过程涵盖了机组运行寿命的90%以上。

(3) 设备报废：设备进入报废阶段，使用寿命已接近尾声，对于部分可修复的设备，可以根据需要进行设备延寿、机组搬迁等管理，以有效降低购置及维修成本，重复利用设备。当设备临近报废阶段时，故障率升高，严重影响机组运行的安全稳定性，而且经评估确认设备维修成本明显超出设备购置费用时，可对设备进行报废处理，此时，设备寿命正式终结。

基于远程诊断运维信息系统平台建立的电站设备全生命周期管理服务模式，可实现传统的设备单一服务模式向全电站、全过程和全生命周期服务模式转变，为用户提供涵盖机组设备整个生命周期的所有服务，如远程数据监控、运行优化指导、设备提前预警、故障诊断、状态检修、故障处理方案、备品备件提供、技术培训、技术咨询等，可有效确保机组设备和整体系统的可靠安全运行，并实现设备运行性能的最优化。电站远程诊断运维全生命周期信息管理框架如图4-5所示，这一管理过程包括以下几个阶段的服务。

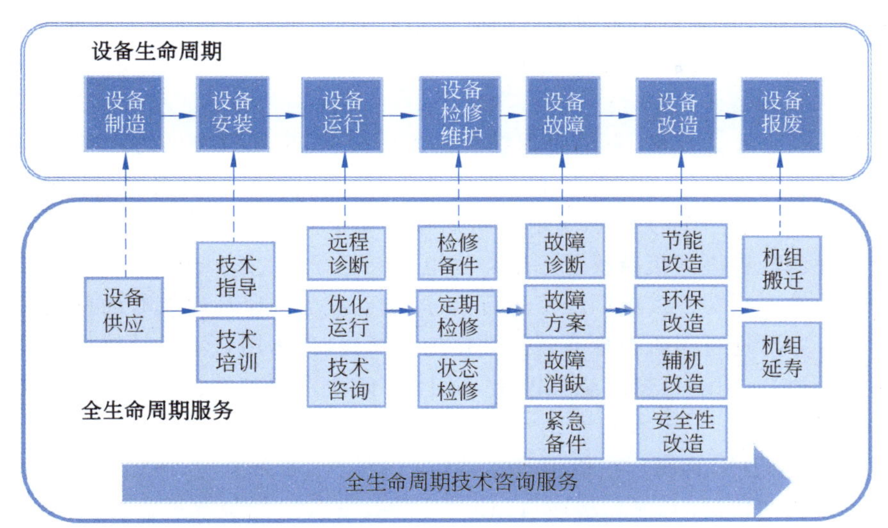

图4-5 电站远程诊断运维全生命周期信息管理架构

(1) 设备制造阶段服务：电站设备制造商拥有发电厂主要设备如汽轮机、锅炉、发电机、凝汽器、加热器、磨煤机、风机等重要主辅机设备的设计、工艺、制造能力，在此阶段，主要为发电厂用户提供设备供应的服务。

(2) 设备安装阶段服务：发电厂从规划开始，经过设备招标采购、设备制造、安装，直至机组投运，一般需要2～3年的时间。随着发电设备技术水平的提高，对发电厂运营管理的要求也越来越高。在此阶段，电站设备制造商可为发电厂提供技术培训、安装过程技术指导等技术服务。

(3) 设备运行阶段服务：在发电厂机组正式投运后，由于发电厂设备复杂而精细，运行工况变化较大，且由于近几年国家电力资源过剩，发电厂机组的运行负荷率一般仅为50%～75%，机组升降负荷或机组启停次数较为频繁，运行人员日常操作方式对机组运行的经济性影响非常大，故对机组运行人员的要求也在逐步提高。电站设备制造商技术人员对机组设备的设计思路、最佳运行点的掌握是发电厂运行人员无法比拟的。在此阶段，电站设备制造商技术人员可通过对机组设备日常运行数据的统计分析，结合设备设计运行特点，为发电厂运行人员提供机组设备运行数据分析、运行优化指导建议等技术咨询服务。

(4) 设备检修维护阶段服务：发电厂重要主辅机设备设计寿命一般为30年左右，在此期间，需要对设备进行定期或状态检修维护工作。目前发电厂机组一般执行定期检修计划，即一年一次小修、三年一次中修、五年一次大修。电站设备制造商对机组设备的设计结构有深入的了解和掌握，尤其针对新型机组，如1000MW超超临界汽轮机高压筒形缸结构，目前国内尚无检修队伍掌握其拆装技术工艺过程，此类设备的开缸大修必须由原设备制造商完成。故针对此类发电厂需求，电站设备制造商可提供机组定期大修服务、基于设备状态评估的状态维修服务以及基于大数据分析的备品备件预判性投料等服务。

(5) 设备故障阶段服务：经过多年的技术发展，发电厂主要设备如汽轮机、发电机等运行均较为稳定安全，但尚有部分设备如锅炉水冷壁、磨煤机、风机、空预器等故障率偏高，影响机组安全稳定运行。借助先进的信息化平台，电站设备制造商可集中组织技术专家对设备进行故障原因分析、提供故障解决方案，并承接设备故障时所需的备品备件更换等服务。

(6) 设备改造阶段服务：随着国家综合实力的提升，在经济发展的同时，对环境发展的要求也被逐步提上日程。我国近年来先后发布的《煤电节能减排升级与改造行动计划(2014—2020年)》和《全面实施燃煤电厂超低排放和节能改造工作方案》等明确要求，截至2020年，我国现役燃煤机组改造后平均供电煤耗低于310g/(kw·h)。发电厂机组设备综合升级改造不仅关乎发电厂经济运行指标，也已成为国家环保战略的重要组成部分。设备原制造厂家可通过对机组现有运行数据的分析比较，运用最新设计技术，为发电厂提供汽轮机通流改造、锅炉低氮燃烧器改造、SCR脱硝改造等一系列的机组增容、提效、环保等改造服务。

(7) 设备报废阶段服务：在机组设备即将达到设计寿命期时，电站设备制造商可通过对机组设备长期数据的监控、整理与分析，对机组设备运行状态进行分析，评估设备使用寿命，进而为机组延寿或报废提供相应的服务。

目前远程诊断功能在全生命周期管理各个服务环节上的实现，面临的主要困境之一，在于如何实时掌握发电厂的运行现状，从而为发电厂提供设备故障诊断、运行优化指导、状态检修等服务建立必要的基础。由此出发，根据以上全生命服务周期的主要内容，确定电站远程诊断运维全生命周期信息管理系统的主体需求如下。

(1) 指标管理模块：实现对发电厂主要能耗指标的精细化统计与管理。指标统计应真实反映生产实际状况，除发电量、供热量、供电煤耗、供热煤耗、发电厂用电率、综合厂用电率、水耗、油耗等综合指标外，还应全面统计、分析和考核各项主要小指标，并对机组运行经济性进行全面分析，对各项指标进行同比、环比分析，形成机组定期运行分析报告。

(2) 设备预警模块：采用相似性原理建模，对引起电站设备状态变化的多变量进行相关性分析，同时考虑设备所在环境变化和其运行模式，建立动态带作为阈值，并根据所监测设备不同的运行参数、设计特点等建立具有针对性的模型，当设备运行有异常时，可通过规则判断提前报警。

(3) 故障诊断模块：依托电站远程诊断运维全生命周期信息管理系统平台的故障诊断模块，结合电站设备制造商技术专家团队，为发电厂用户提供远程数据分析、故障诊断、故障处理方案制定等服务，及时发现设备隐患，提出故障处理意见，并根据运行数据分析提供机组状态评估报告，提高设备运行的安全性、经济性。

(4) 运行优化模块：运行优化模块通过对电站设备运行监控数据的分析，为发电厂运行技术人员提供运行操作指导、监控、巡视检查、维护消缺等建议，设备厂家专业技术指导可保证设备优化运行，提高可靠性与经济性。同时可为用户提供运行的基础管理工作，做好机组经济运行指标分析，指导运行操作调整。

(5) 技术培训模块：基于电站远程诊断运维全生命周期信息管理系统建立技术培训

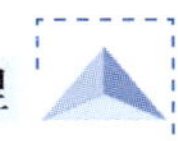

中心，在电站设备制造商已有机组设备的设计、制造、安装、调试等专业培训的基础上，结合远程诊断系统仿真模型的开发，建设集仿真培训、现场培训、远程视频培训、网络培训为一体的技术培训中心，为电厂技术人员提供一系列前沿技术的系统学习，为发电厂重点培养由“技术型”向“复合型”转变的人才。

（6）技术咨询模块：电站远程诊断运维全生命周期信息管理系统平台为发电厂运行、维护技术人员提供全天候技术咨询答复，针对发电厂技术人员专项技术需求，提供技术咨询、技术分析报告及解决方案，为用户解决专业技术常见问题、疑难问题。

（7）备件管理模块：随着现役机组的运行年份的增加，发电厂设备的检修备件需求不断增多。基于电站远程诊断运维全生命周期信息管理系统平台的大数据分析，可对诊断设备进行寿命管理，提前对临近检修周期的设备进行状态评估分析，并根据设备状态评估结果进行备品备件的预判性备料，有效缩短设备检修工期。同时可结合发电厂提出的应急备件及返厂备件的业务需求，筹划建立备件联储网络平台及仓储中心，满足发电厂备品备件联储需求。

（8）状态检修模块：通过电站远程诊断运维全生命周期信息管理系统及时了解电站设备运行及使用状态，实现对发电厂机、炉、电各专业重要生产设备的实时状态监测，判断设备异常，预知设备故障。通过设备状态评估，结合电站设备维护检修标准，提供设备状态检修建议，判定检修周期，即根据基于设备运行大数据分析得出的状态评估报告结果来实施设备检修，使得设备检修更加具有针对性，有效降低设备维护维修成本。

（9）寿命管理模块：对设备进行状态监测、大数据分析及寿命评估，并对机组重要部件或设备在一定时期之内的历史数据进行统计，累积设备运行寿命，推导相应的设备损坏因数，从而得出设备剩余寿命，为机组重要部件或设备的检修、更换及报废提供理论参考依据。

上述构建的电站远程诊断运维全生命周期信息管理系统在分析了发电厂设备管理需求及电站设备制造商的服务需求等后，可充分利用发电厂生产和经营数据。通过信息化平台的建设，发挥电站设备制造商的制造优势及技术优势，实现对发电厂主辅机设备运行数据的深度挖掘、集中分析，并在此基础上研发设备预警模块、诊断分析模块等，采取系统平台决策与技术专家人工诊断相结合的方式，为发电厂提供集设备诊断、状态预警、技术培训、运维检修、设备延寿等服务为一体的设备全生命周期服务。

4.3.3　自动扶梯智能运维全生命周期信息管理系统

传统的自动扶梯运维管理模式面对当前大线网、复杂客流环境等多重考验，已难以继续适应当前海量自动扶梯设备运维管理的需要。为化解当前线网加密后设备数量持续增加与落后的运维管理方式之间的矛盾，可以建立一套基于云平台的自动扶梯智能运维全生命周期信息管理系统。该管理系统的数据源涵盖了全线网所有自动扶梯主要零部件运维状态信息，组网架构由设备级、车站级、线路级与线网级 4 级组成。该系统具备多层次、多时空、多级别聚类分析功能，更加科学地建立了关键零部件故障趋势分析、寿命预测、设备维保的健康管理体系。

基于预防性维保策略以及自动扶梯系统安全可靠性风险评估技术，建立以智能传感和视频分析为基础的自动扶梯智能运维全生命周期信息管理系统,该系统通过自动扶梯多维感知系统反馈的乘客行为及自动扶梯关键部件反馈的多种分析结果,获知当前设备的运行情况及状态,对视频、部件预警边缘分析结果和重要的频谱数据进行诊断校验和智能决策,将自动扶梯上乘客行为和设备关键部件接近或超出安全阈值的信息通过客户端推送,以便站务或维保工作人员及时进行处理。自动扶梯零部件运行状态数据及前端分析结果均通过环境与设备监控系统及综合监控系统的数据传输通道传输至线网云平台,保证了数据的高效传输。在线路级、线网级智能运维展示终端及手机应用程序上均可根据不同的用户账号权限开放不同范围、不同层级的自动扶梯智能运维信息,以便工作人员查看、操作。

图 4-6 为线网级自动扶梯智能运维全生命周期信息管理系统展示界面。左侧为全线网所有自动扶梯、电梯的故障、预警信息及乘客异常行为的统计数据,右侧为具体线路的列表。在线网级智能运维界面可清晰查看到当前各线路自动扶梯的健康水平,这为制定合理的维保策略及合理调度线网内的运维资源创造了条件。图 4-7 为线路级自动扶梯智能运维全生命周期信息管理系统展示界面。界面左侧可以看到设备总数、停梯总数、故障台数及预警台数,右侧可以看到具体站点信息。在线路级展示界面内可选取该线的站级显示界面。图 4-8 为车站级、设备级自动扶梯智能运维全生命周期信息管理系统展示界面,该系统借助建筑模型信息化技术对车站自动扶梯设备的三维布局进行了展示。当某台自动扶梯或零部件运行状态出现异常时,该自动扶梯会变色突出显示,运维人员可以在本界面内直观地对目标自动扶梯及其目标零部件的空间位置进行快速定位。可根据不同的故障诊断模型对自动扶梯各零部件的运行状态数据进行实时分析。当零部件运行状态出现异常时,可自动向运维客户端推送故障或预警信息并自动派单,维保工作人员可通过客户端实时访问该自动扶梯的状态诊断分析界面,对该自动扶梯零部件实时运行状态及故障情况进行查看。在维修工作完成并消除故障后,系统消除预警并对维修后的运行情况进行跟踪分析,对维保质量进行在线评估。

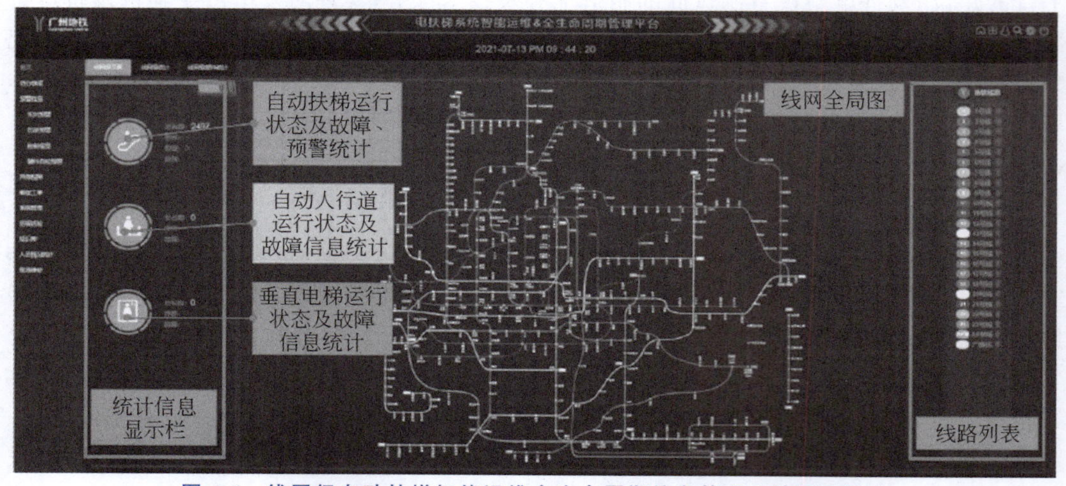

图 4-6 线网级自动扶梯智能运维全生命周期信息管理系统展示界面

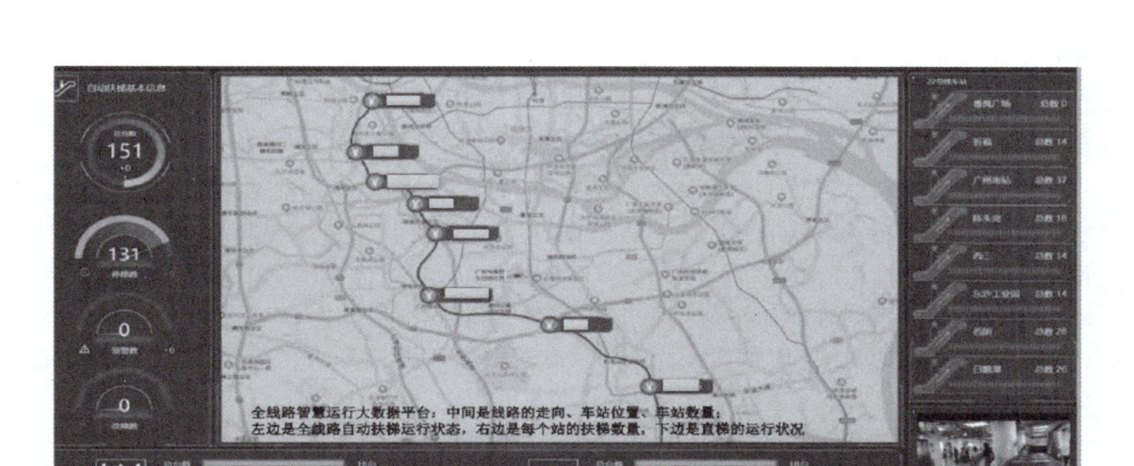

图 4-7　线路级自动扶梯智能运维全生命周期信息管理系统展示界面

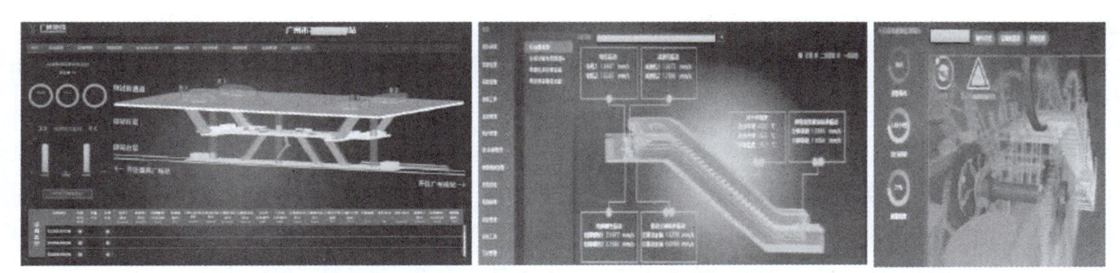

图 4-8　车站级、设备级自动扶梯智能运维全生命周期信息管理系统展示界面

4.4　工程全生命周期信息管理发展趋势

一个成功的工程信息生命周期管理战略，应能为实现综合性的工程管理战略提供一个框架。在大量的实践过程中发现，构建这样的管理体系战略起码要满足以下几个条件：

（1）工程全生命周期信息管理过程应当和工程主体业务相结合，与关键业务流程相匹配，与工程信息管理目标保持一致，信息的流动和删改应当以使用者对信息的使用目的为依据。

（2）工程全生命周期信息管理应当以法律、制度为基础，信息的存储年限、存储方式以及权限人员，应当符合法律、制度的要求。

（3）工程全生命周期信息管理要通用于各种工程信息管理平台和操作系统，构建的管理系统应当满足各阶段流程的自动化需求，需要确保信息涉及的相关部门通力合作。

（4）工程全生命周期信息管理的关键在于能按照信息预期价值高低安排适当的存储设备，及时将价值低的信息从成本更高的存储介质上移走，减少信息管理和维护成本，提高应用性能，缩短备份时间，简化系统升级和信息管理流程，以确保高价值高优先级信息得到足够的保护，一般信息的存储成本得到控制。

根据上述分析可见，未来工程全生命周期信息管理的研究趋势可以分为存储及开发效率提升和分级管理。

4.4.1 工程全生命周期信息存储及开发效率提升

工程全生命周期信息管理已经成为认识和研究工程信息资源管理和利用的一种模型、一种方法、一种独特视角，尤其在数字信息资源领域的管理流程一体化、业务规划和数字资源的长期保存的工程发展趋势下，以生命周期律为主线，以应用为面向对象来研究具体工程不同环节的特征及整个循环联系和演化的规律，进一步提升数字信息资源存储和开发的效率，构建具有特色的信息资源管理制度和方法体系成为一种研究趋势。

数字信息资源具有不同于传统信息资源的特殊属性，如不加以关注，更容易流失。与传统信息资源相比，数字资源的突出特征为机器依赖性、物理生命周期短、媒体脆弱性、强流动性等。传统纸质文本的物理生命周期一般是 20～50 年，但数字信息资源的物理生命周期至今没有被准确计算。国内有学者统计，磁带和光盘的使用寿命为 2～100 年。从应用层面考虑，记录与存储数字信息资源的设备与软件每 3～4 年就完成一个更新周期。而从利用角度看，电子政府网站信息的生命周期是 4 个月，新闻类门户网站信息的生命周期是 4 周，学术类网站信息的生命周期不超过 5 年。从数据重用角度看，一般重用数据的概率自数据创建 7 天后就会下降 50%，当数据创建 30 天后，重用数据的概率通常会降至很低，而高达 90%的数据超过 90 天后就很少被重用。因此，准确测度数字信息资源生命周期能更好地促进资源的利用与保存，可利用迁移、转换和集成加工等技术保持信息长期保存，或者通过优化配置使在有限生命周期内的数字信息资源得到充分利用。目前，信息生命周期管理是企业级存储最受欢迎的模式，微软、IBM、美国在线等知名企业均采纳了 EMC 的信息生命周期管理模式。此外，图书情报领域的重要数字信息资源存储和开发项目，如 LOCKSS 项目、数字图书馆联盟等都在运用生命周期模型构建顶级管理框架或模型。

另外，生命周期模型能强化数字信息资源开发的评价、激励和管理职能。生命周期是信息资源开发机制的重要分析工具和评估指南。完整的信息生命周期分析能降低数字信息资源开发过程中的不确定性，对开发具有激励作用，因为生命周期模型能更好地评估数字信息资源的期望价值。此外，借助生命周期理论，能够更好地在横向广度和纵向深度上评价数字信息资源的整个“知识链”，梳理长期保存过程中涉及的标准、技术、方法、工具和管理机制体系。

4.4.2 工程全生命周期信息分级管理

信息在它的生命周期中的不同阶段，具有不同的价值，需要与之匹配的管理策略。信息全生命周期管理的核心是在一个分级存储环境中将不同价值的信息转移到合适的存储资源上的策略。在信息分级管理中应当注意以下几方面的研究。

(1) 分级存储中信息价值的界定。在信息生命周期管理中，理解和认识信息的价值是管理的核心问题。信息价值判断与分级存储、安全级别设置、保存时间、移动和删除权

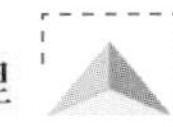

限有直接关系，贯穿整个生命周期管理的过程，这需要企业的信息管理者具备丰富的管理经验和技术。有学者认为信息价值应以应用为中心，而从经济学角度来看，一项资源是否有价值应取决于在未来能否为主体带来经济利益或避免一项损失，决策有用性更能体现信息价值。

（2）有关信息预期价值分析方法的研究。信息的价值很难直接测度。一方面，估价模型需要将未来相关现金流量根据风险折现，并且需要能预测信息对未来事项影响的量化值，而信息经历文献载体形式的生命演化进程和信息价值的衰减是一个漫长和复杂的过程，并且不同类型的信息个体在其生命周期中不同时点的价值变化差别可能非常大，甚至具有反常规性。对于处于休眠状态的信息来说，如果发生了与其相关的事件或实施了相近业务计划，其价值可能会突然增加。如果需要将很早的信息提取出来，那需要很好的平台支持。从经验来看，对不确定信息进行保留的需求导致了购买更多存储载体总成本和复杂性的增加，这都给定量研究带来了挑战。另一方面，主体所处位置、行业、业务性质、业务量大小、管理当局管理水平高低等不同，信息价值也可能不同，这也给量化估价模型带来了困难。

（3）当前信息生命周期研究对早期信息创建阶段和后期信息清理前信息的估值与再估值并没有完整地涉及，对信息激活或者唤醒现象的出现原因和机制，更没有专门地研究。希望未来的研究能够包括从信息创建到使用直至最后清理的整个过程，根据信息不断变化的价值来决定其存储方式、时间和成本。根据价值对数据进行区分，这将可以帮助主体实现经济上的平衡和可持续发展的战略，令存储成本与业务目标和信息价值保持一致。该技术和流程的使用有助于将管理战略转换为实际的业务操作。此方面的研究应充分重视历史使用模式，应将上一次的使用模式特征纳入下一次使用情况的评估预测，这在同行业中具有指导性；同时，也可以结合概率模型，通过大量组信息的统计，来预测类似信息资源在未来某一时刻被利用的概率。

（4）信息预期价值分析方法研究应考虑的问题。不同主体所处的内外环境存在差异，即便是针对同一主体的研究，由于主体需求并非固定不变，信息的价值、老化模式也会存在不同。正是因为存在着诸多类似的种种差异性和变化性，最理想的研究状况是每一类信息资源都按照其特有的方式被考虑，只有在通用模型的基础上结合信息资源所处的具体情境展开研究才真正具有实践指导意义。研究应遵循成本效益原则，谋求“有用性”与“经济性”的平衡。工程全生命周期信息管理在信息有用性上不仅考虑当前的静态特征，更应该反映未来的变化趋势。而对变化趋势的把握，就要求研究在确定性上具备足够的保障，否则也就失去了预测的意义。与此同时，从实际操作层面而言，研究还需要考虑到付现成本，即所谓的“经济性”。研究应做到既能满足趋势描述上的精度要求，又能控制成本的平衡。

（5）信息价值影响因素及敏感性分析研究。研究除考虑业务用途、最近访问时间、信息类型、事件、特殊数据所有者等因素外，还应关注法律要求、利益相关者要求、决策期长短、信息已存储时间等因素。信息生命周期影响因素的挖掘有待进一步的系统化研究。当前相关研究，大多是探讨单一因素对信息价值、老化速度和生命演进模式的影响，如数字化信息增长等单一因素对信息生命周期的影响。由于不同研究关注的角度不同，因此它们提炼出的影响信息生命周期的因素具有多重性。

目前还没有收集到专门针对多因素之间相互影响展开分析的文献，然而多因素之间可能存在着错综复杂的相互影响或关联，如数字化一方面会造成数字文献的大量增长，另一方面也会使获取通道变得便捷，进而影响到信息的价值老化情况。因此，针对已经提炼出来的诸多影响因素，有必要借助实证分析等方法系统化地探索信息价值与因素间的相关性及敏感度。

4.5 课后思考

特大型工程特别是大型电厂工程建设，参建单位众多，设计、监理、施工、政府之间信息错综复杂，各方信息应用和交换不及时、不准确的问题，会造成大量人力、物力的浪费，同时加大管理风险和安全风险。风险主要来自以下几方面：

（1）设计的错漏造成的人力、物力资源浪费严重。

（2）设计变更现象普遍。

（3）信息丢失造成损失巨大。

（4）工程数据信息过于庞大复杂，需要建立标准化的信息管理体系。

（5）数字化电厂建设信息和运维信息类别复杂，不利存储和获取。

（6）电厂项目不同实施阶段、不同参与方由于管理的目标不同，对信息的采集、加工自然也不同。不同的管理目标的割裂，导致在数字化电厂建设的过程中，不同实施阶段、不同项目参与方都将产生自己的信息，这给信息的收集和整理带来了巨大的挑战。

请结合上述现象，分析在大型电厂工程建设的过程中引入工程全生命周期信息管理的价值。

【参考答案】

工程全生命周期信息管理能很好地解决工程各阶段、各参与方之间的信息的流转、存储、管理和共享问题，其主要应用价值如下：

（1）在设计阶段可实现模型的协同设计及高效的设计校验：工程全生命周期信息管理为协同设计带来了可能。在设计阶段，设计院各专业人员在统一的空间基础上，各自进行设计，随时协同进行自动的碰撞检查，并在出现问题后，及时调整和修改设计，保证设计的正确性。

（2）提高了信息的可复用性：工程全生命周期信息管理可以整合来自各参与方的项目管理信息，减少项目管理过程中由于人为因素而导致的数据丢失或错漏问题，通过精细化模型与信息的关联，可随时根据模型提取相应的信息，为电厂项目全生命周期内各个参与方、不同阶段之间信息复用提供良好的实现手段。

（3）在施工阶段便于项目参与方之间的信息协同：工程全生命周期信息管理为建设一个项目各参与方协同工作的平台提供了可能。通过新型物联网、移动互联、可视化等技术，可以实现电厂构建及设备安装过程信息数字化、网络化、标准化，以及运维虚拟化。

（4）为运维管理提供巨大的工程管理价值：相比于传统的信息管理方式，工程全生命周期信息管理完整地保留了前期、立项、招投标、设计、施工各阶段的信息，并经过信息

的加工分析,形成了可交付的数字资产。在运维阶段,通过将数字化电厂技术与电厂资产结合起来管理,延伸了设备管理的时间和空间的广度和深度,促进了其在隐蔽工程施工、远程检修维护、员工培训学习等方面的应用,从而大大提高了资产可用性和系统可靠性。同时,这也提高了电厂资产的寿期管理应用水平,完善了资产寿期资料,降低了资产维修成本。

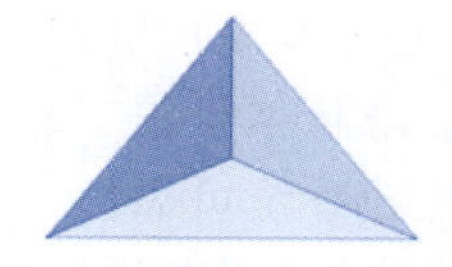

第 5 章 工程利益相关方信息管理

本章要点

工程是由不同组织和群体组成的多方参与的活动，即包含不同的利益相关方。而不同的利益相关方所产生和需求的信息均不相同，如果没有有效的手段进行信息传递和融合方面的管理，就会导致信息不流通，形成“信息孤岛”，极大地影响工程交互性和效率。首先本章分析了不同工程利益相关方拥有的不同种类的信息和信息管理需求，以联盟体资源计划为例，介绍了这种企业内部工程利益相关方信息管理的实例，体现出对工程利益相关方拥有的信息进行传递、保护和融合的重要性。然后本章分别介绍了这三个过程的实现方法和意义：在信息传递部分，重点介绍了基于项目信息门户（PIP）和无线通信的信息传递；在信息保护部分，重点介绍了不同利益相关方信息安全保护的职责、原则和机制；在信息融合部分，重点介绍了基于云计算、联邦学习和区块链形成的新型利益相关方信息管理体系。

5.1 工程利益相关方信息管理概述

工程利益相关方按层级划分包括决策层（如政府和企业主）、管理层（如项目经理）和操作层（如项目开发商和工人）。他们也可以被称为不同组织，即由作用不同的个体为实施共同的业务目标而建立的结构。

决策层的主要工作是负责全局项目管理，规划项目总体开发策略，统筹各部门任务与需求，因此需要收集的信息覆盖整个项目流程，包括：

（1）项目实施情况报告，如工程质量、成本、进度报告等。

（2）项目经济分析报表，一般按分部工程和承包商做成本和支出报表。

（3）供审批用的各种设计方案、计划、施工方案、施工图纸、建筑模型等。

（4）决策前所需要的专门信息、建议等。

（5）各种法律、规定、规范，其他与项目实施有关的资料等。

管理层作为承上启下的层级，既需要收集上层决策层的指示，还要收集下层操作层的汇报，因此其信息收集的需求包括：

（1）同层各项目管理职能人员的工作情况报告。

（2）下层各项目开发商、监理人员的各种工程情况报告、汇报、工程问题的请示。

（3）上层的各种口头和书面的指令，各种批准文件。

(4) 项目环境的各种信息。

根据这些信息,管理层可以对工程的目标、预算、进度、工作质量进行监督与控制,审查和批准工程各阶段的工作报告,组织阶段验收,提出继续开发或暂停开发的建议,并协调工程各项工作,向上级组织报告工程进展情况,同时负责组织验收。

而操作层作为最下面的执行层,其需要收集的信息包括:

(1) 关于请示问题的答复。

(2) 关于汇报的批示。

(3) 关于工作的指示和建议。

(4) 工程操作过程的实时记录。

根据上述信息,操作层负责各类工作的设计和实施、工作结果的分析、可行性报告的撰写和工程运行的监控;如果需要,还可以协助组织进行新的组织机构变革和新的管理规章制度的制定等工作。

工程利益相关方信息管理实质上是将工程的生产、物料移动、事务处理、现金流动、客户交互过程中的信息进行加工,提供给各层次相关方来洞悉、观察各类动态业务中的一切信息,以作出有利于生产要素组合优化的决策,使资源合理配置,也能保证工程对变化的环境的适应性,以求最大的经济效益。这种管理可以整合内部资源,对整个工程涉及的上下游进行紧密联合,解决各部门信息自成体系、不会共享的"信息孤岛"问题。

对决策层来说,工程利益相关方信息管理可以加强管控,使得产值规模的增长是有效益的增长;发挥规模优势,降低运营成本,规范项目管理并提升整体盈利能力;规范劳务分包,强化责任成本管理,加强物资管理,推行统一采购机制。对管理层来说,工程利益相关方信息管理可以实现快速、准确获取各业务板块信息,满足各层级经营管理信息的需求;提高信息的分析利用能力,支持经营决策;统一信息口径,建立信息标准化体系等。对操作层来说,工程利益相关方信息管理可以加强操作层信息沟通,提高工作效率;通过信息统一,提高内部控制遵循度和外部合规性;提高信息及时上报的能力,减少数据的堆积和过时。

为此,企业中专门建立的信息管理部门可以负责这种上传下达的信息沟通与融合工作。其职能包括信息系统研发与管理、信息系统运行维护与管理、信息资源管理与服务和提高信息管理组织的有效性。于是,该组织的利益相关方包括股东、信息管理组织工作人员、企业管理者、组织内信息用户、政府部门、债权人、供应商和客户等。其中股东重视信息管理组织的财务收益性;信息管理组织工作人员希望自我实现和良好的工资待遇;企业管理者与组织内信息用户希望信息管理组织提供良好的信息服务和高效的信息系统,为其决策提供强力的支持;政府部门则希望信息管理组织遵守法律、法规,提供真实可靠的信息;债权人、供应商希望有可靠的信用和合理的利润;客户希望信息管理组织提供关于产品和服务等方面的真实可靠的信息,以获得相应的实惠。

信息管理部门也需要对工程中所有利益相关方的信息行为进行指导,使成员能自觉自愿地为实现组织的信息管理目标而工作。具体来说,信息管理的领导者参与高层管理决策,为最高决策层提供解决问题的信息和建议;负责制定组织信息政策和信息基础标准(标准包含信息分类标准、代码设计标准、数据库设计标准等),使组织信息资源的开发和利用策略与管理策略保持高度一致；负责组织开发和管理信息系统；负责协调和监督组织各部门的信息工作；负责收集、提供和管理组织内部、外部和未来的信息。

联盟体资源计划(union resource planning，URP)是面向以企业为核心的经济资源联盟体的商务管理模式，是工程利益相关方信息管理的一个实例。URP 的管理思想最早诞生于 2000 年，新中大软件股份有限公司总裁石钟韶发现浙江有许多企业的经营是依靠合作伙伴来共同完成的，同时他发现，在传统的管理模式中，管理者习惯于将合作伙伴和最终用户都看作客户，这实际上是一种误区，使得这些合作伙伴的价值难以从管理上体现出来。只有把管理的视图扩展到与该企业联系紧密的整个联盟体，才能避免这样的问题，因此 URP 应运而生。URP 系统设计的总体原则和技术路线是"应用集成化、管理透视化、商务协同化、流程柔性化"，这也符合信息系统的发展趋势。它以资源共享和利益共享为基础，以联盟体资源优化为目标，实时传递联盟体成员之间的信息，是经济资源联盟体有效协同的工具。以建筑业为例，建筑业 URP 的管理最大限度上把注入投资单位、设计单位、监理单位、政策制定者、政府监管部门、供应商、建造商等的资源有效地联合在一起，为各成员带来价值，或使他们达到多赢。如图 5-1 所示，面向服务的架构(service oriented architecture，SOA)的 URP，通过借助互联网和信息技术手段，实现以项目投资方、设计方、施工方、监理方等合作伙伴与工程总承包方利益和信息共享为目标的新型商业模式。

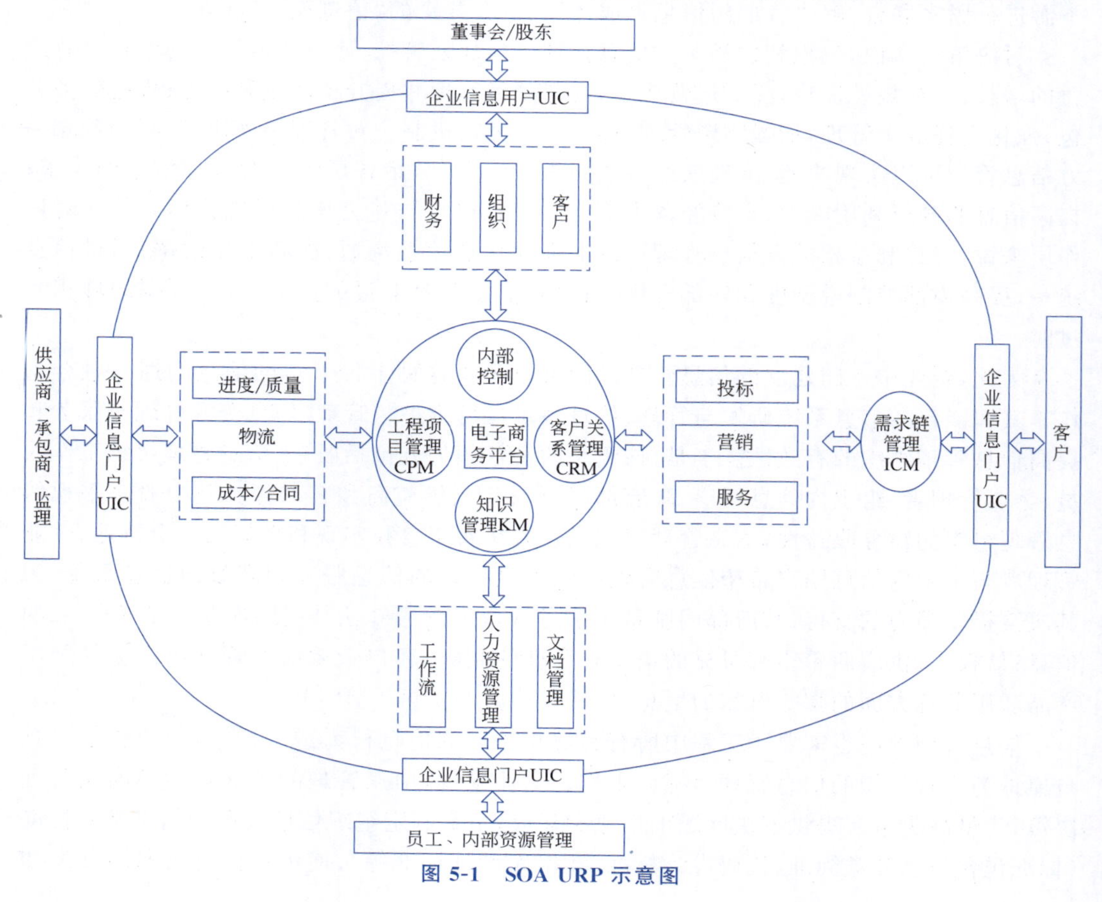

图 5-1　SOA URP 示意图

杭州数源科技股份有限公司于2000年就尝试采取了这种架构，该公司转变了对供应商和客户的看法，把两者当作联盟伙伴，共同组建供应链体系，从单赢转变成双赢甚至多赢。这种架构既强调了供应商的利益，也考虑了客户的利益，实现了在降低供应商成本的同时，不损害各方利益。在实现该架构的过程中，数源科技股份有限公司还采用了编码系统，对组织、客户、物料、项目、人力资源、科目等信息进行了统一编码，强调系统的整体性，方便后续的信息共享和管理。除此之外，该公司还加强总部对分布于全国各地营销网络的物流和资金流的监管，并建立起完善的营销激励机制。绩效考核是URP整个系统中的关键部分，绩效考核不光是业务员、分公司、总经理的考核，还包括客户的考核。部门或组织的主体、个人、客户都分别作为考核对象，如部门经理的考核跟他部门的业绩挂钩，分公司总经理的考核跟他分公司的业绩挂钩等，以做到各个责任对象的有的放矢。该公司通过鼓励客户和营销体系及时上报销售业绩，建立配套的奖励机制和客户信用考评体系，来激活整个供应链。该公司也利用该架构良好的协调能力，引入内部价格调节杠杆，增加总部对各地营销中心的管理幅度，为有效控制市场风险提供有力依据。

由此看出，工程信息的有效沟通、统一管理和融合对提高工程的整体效率具有至关重要的影响。而为了保证不同相关方的利益最大化，需要对他们掌握的不同信息分别进行安全保护，最好能在保护信息安全和隐私的前提下，做到信息交互，挖掘有用共性内容，指导工程的顺利开展，即在做到"信息融合"的同时，还能维护足够的"边界感"。下面将从信息传递、信息保护和信息融合的角度介绍可以采用的方法和技术手段。

5.2 工程利益相关方的信息传递

工程利益相关方的信息传递就是在工程建设过程中，工程项目的各参与方使用信息通信技术及其他手段，相互传递、交流和共享工程信息和知识。沟通者包括工程各参与方，如业主、建筑师、工程师、总承包商、分包商、材料设备供应商、政府主管部门等。工程项目各参与方通过建立一种随时有效的信息沟通机制，来互相了解情况，及时调整对策，引导并尽可能满足工程面向用户的期望。沟通贯穿全过程，包括决策、设计、施工准备、施工、竣工验收、运营等过程。沟通的主要目的是在项目各参与方之间共享工程信息和知识，共同高效完成工程建设目标。它是信息收集的途径，是决策和计划的基础，是组织和控制管理过程的依据和手段，也是建立和改善工程项目中人际关系必不可少的条件。

工程信息管理中的信息沟通主要包括各类工程信息的上报、分发和协调管理。图5-2展示了一种沟通管理计划流程示例，可以看到，信息沟通管理计划主要包括沟通信息格式、内容和详细程度等，信息发出者、接收者，信息传递方法、方式和渠道，信息沟通频率、项目协调程序及沟通管理计划变更方法几部分。在各类工程信息的收集过程中，首先需要对各种方式的信息沟通状态进行监控，及时协调，从而保证沟通的有效进行。具体来说，在监控的过程中，需要清晰和规范地描述出问题，采用协商、让步、调解、强制和退出等方法进行沟通协调。在协调过程中，要按协调程序安排，跟踪协调会议和协调活动。需要注意的是，对通信、会议、报告、变更、文件分发、文件审核与确认等内容和步骤，需要进行重点协调管理和信息收集。

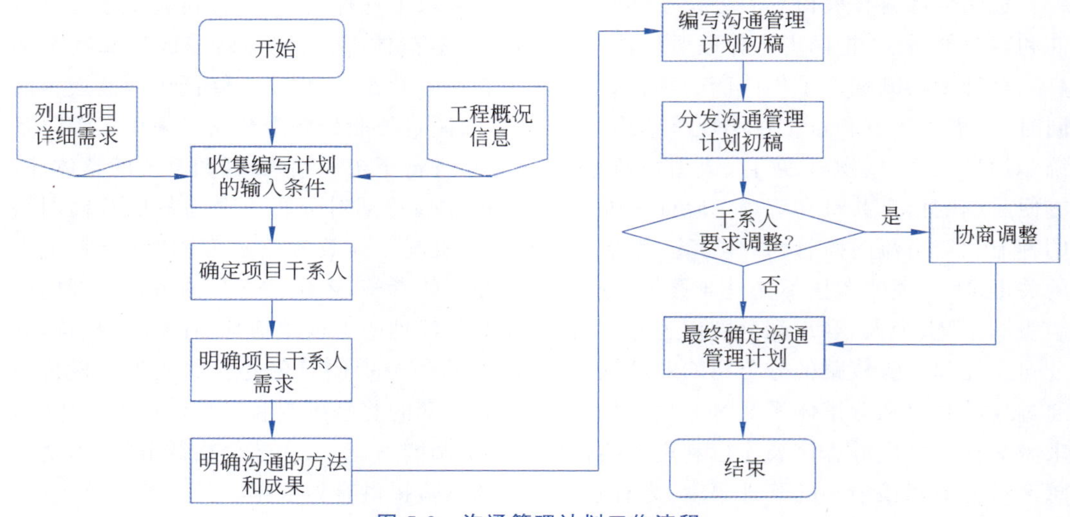

图 5-2　沟通管理计划工作流程

为了保证有效的信息沟通，项目信息的交换与管理同样遵循着一些标准：项目信息表示标准，如各种报告和报表的格式与周期等；项目信息分类与编码标准；项目信息传输标准，主要包括传输内容、格式、计划、周期、方式与媒介等；信息管理安全保密制度；项目电子文件交付规定，主要包括交付内容、格式方式、质量要求、验收标准等；项目文档和档案管理制度。

工程信息沟通的方式和工具是多样的，传统方式包括书面方式和口头方式。书面方式主要有报告、报表、文件、计划、简报、备忘录等媒介，而口头方式主要有专题交谈、会议、展示、团队建设等媒介。随着大数据时代的到来，传统的面对面、点对点信息沟通方式面临着挑战，例如工程信息量大、信息类型复杂、信息来源广泛且存储分散、信息处于动态变化状态、应用环境复杂、时空不一致(即在工程建设项目的不同阶段、不同地点都将产生、处理和应用大量的信息)等。例如，由于工程建设存在着建筑产品生产的单件性、多学科性、参与单位众多和地域分散等特征，传统的点对点信息沟通方式容易导致信息沟通延迟，如工程所必需的资料滞留在某一方的资料柜或计算机里，而其他参与方手里拿的是已经变更甚至作废了的图纸和资料。这种方式也容易产生信息孤岛现象及孤立的生产状态，各方获得信息的时间不一致、内容有偏差的状况，会降低业主的控制和参与能力，降低管理效率，是工程建设中出现变更、返工、拖延、浪费、争议、索赔、诉讼等问题的主要原因。

目前随着信息技术的发展，很多基于新技术的信息沟通方式提高了信息沟通的效率，尤其针对后疫情时代，基于音频技术的电话会议(具体表现为电子语音信息、电话、传真、录音、广播、听写器等)，基于视频技术的视频会议、远程展示、可视电话、录像等，基于信息技术的项目管理系统、项目信息门户、办公自动化系统、电子邮件、即时通信、共享文档、文件传输协议、个人办公软件(处理文字、表格、图形、幻灯、个人数据库等的软件)等手段都得到了广泛运用。而借助信息技术的工程信息沟通则需要信息传输网络的支持。计算机网络按照不同的覆盖域可以划分为：局域网(local area network，LAN)即由与各网点连接的网线构成的网络，各网点对应装备有实际网络接口的用户工作站；城域网

(metropolitan area network,MAN)即在大城市范围内两个或多个网络的互联;广域网(wide area network,WAN)即在数据通信中,用来连接分散在广阔地域内的大量终端和计算机的一种多态网络。可以看出,现代工程信息沟通的主要手段是基于计算机网络的信息沟通技术,不同于传统的面对面沟通方式,依赖计算机网络的信息沟通技术可以打破地域的限制,借助在线信息传递、网上音频/视频会议等方式随时随地进行沟通。基于现代信息和通信技术,工程信息沟通具有以下特征。

(1) 在工程建设中,各组成部分、各阶段、各参与方等之间都能随时随地获得所需要的各种工程信息,这使信息传递更加方便,同时减少了空间距离感。

(2) 用虚拟现实和可视化等工程信息模型辅助工程建设的决策、设计与施工等过程。

(3) 对信息的产生、保存及传播都能进行有效管理。

5.2.1　基于 PIP 的信息传递

第 3 章介绍的项目信息门户(PIP)就是一种高效的工程信息沟通模式。下面以构建通信工程 PIP 为例进行介绍。由于通信建设工程的信息化有管理信息和技术信息的综合性、知识密集型、信息的广泛性的特点,对应地,在信息管理模式上存在知识管理困难、信息不对称、信息孤岛、信息动态与静态冲突等问题。通信建设工程涵盖了通信运营商、设备商、设计、施工、监理、维护各方人员及其利益。

(1) 运营商的项目管理目的是取得最大的投资收益。运营商的项目管理内容是通过对工程项目施工活动进行全过程、全方位的计划、组织、控制和协调,使工程项目在约定的时间内和批准的预算内,按照要求的质量,实现最终的产品。工程项目管理的主要内容有进度控制、质量控制、成本控制、合同管理、安全管理和组织协调。

(2) 设备商的项目管理目的是完成设备的交付及试用。设备商的项目管理内容是通过了解客户需求,配合市场推广,将产品推荐给运营商,并对组网方案提供建议,按照合同约定将设备交付给对方,对设备提供配套材料、督导服务,最终完成设备运行的验收。其主要内容有市场推广、进度控制、物流管理、合同管理。

(3) 设计方的项目管理目的是设计方案得以顺利通过,能够指导施工。设计方的项目管理内容是通过了解客户需求,结合勘查搜集数据,按照规范制订切实可行的工程实施方案,并做好与设备商、监理、施工、运营商之间的数据接口工作。其主要是内容有招投标、人员组织、进度控制、质量管理、合同管理。

(4) 施工方的项目管理目的是安全施工,保证工期和质量,按照设计和运营商的要求施工。其主要是内容有人员安排、项目组织、进度控制、现场管理、质量控制、合同管理。

(5) 监理方的项目管理目的是保证项目工程工期、质量。监理方的项目管理内容是项目流程管理、资产管理、现场监理、安全管理、合同管理。有时维护方也会参与到网络建设项目前期工作中,这样可以减少后期运行的维护压力,节省维护成本。

因此,各方的工作目的和内容各有不同,并且存在承前启后或相互交错的利益关系。各方依赖各自的项目管理信息系统(project management information system,PMIS),无论做得多么完善、信息多么共享,都很难达到预期目标,而且因为总体团队沟通不畅,所以 PMIS 功能不能得到充分发挥。采用 PIP 则可以解决以上问题。PIP 和 PMIS 的区别和联系如下。

(1) 服务主体不同。PMIS的服务主体是工程虚拟团队成员的各自共同体;PIP的服务对象直接是工程虚拟团队。

(2) 内容侧重不同。PMIS是单一的信息集成系统,其交互性和决策性不如PIP。

(3) 社会分工不同。PMIS是社会化分工的再分工;PIP是社会分工基础上的再合作。

(4) PIP可以将PMIS作为基础。使用已有的PMIS进行集成,可以提高PIP的开发效率,使PIP集成度更高、决策更有依据。

(5) PMIS是PIP的发展雏形。PIP跨越了单位之间的权力鸿沟、利益鸿沟,将各方的利益统一起来组成一个新的利益共同体。

以某个运营商某地市分公司某楼层新建GSM网G10核心局电源一阶段中的施工图设计的讨论为例,说明PIP的应用。表5-1展示了各利益相关方的职责和在业务流程中的顺序,其中,单位、职位、职责、流程、信息权限,通过PIP进行设置。

表5-1 各利益相关方的职责和在业务流程中的顺序

单位	职　位	职　责	流　程	备　注
运营商	交换工程管理	工程需求、图纸评审、方案评审、验收	1、6、8、17	
	动力维护工程师	提供资料、图纸评审、方案评审、验收	3、6、8	
	网络维护工程师	方案评审、验收	6、8	
	采购员	核算设备、材料用量	9、11、14	
监理	安全监理工程师	加电顺序、电流/电压核算	6	
	项目经理	图纸评审、方案落实	6、8	
	电源工程监理	方案合理性评价	6、8	
	资产管理	资产审核、资产填报	15、17	
设计	项目经理	勘查、设计组织、设计回访	2、7、18	
	勘查人员	勘查现场、记录现状和需求	3、7、18	
	设计人员	设计整套方案、设计回访	4、7、18	
	绘图人员	绘制图纸	5、7	
设备商	市场管理人员	推销产品、客户关系维护	10	设定权限范围
	售后服务人员	产品安装督导、维修	13	设定权限范围
	物流管理人员	跟踪采购单、物流单据	12	设定权限范围
施工	项目经理	施工组织	15	
	安全工程师	现场用电安全	16	
	电源工程师	领会图纸,安装、调试	16	
	工程协调员	领主料、采购辅料	16	

流程中的顺序是一种相对顺序，信息汇总可以在时间轴上加以补充，但对造成工程循环流程的部门和人员应采取激励措施加以控制。在 PIP 中，对于设备商等没有签订保密协议的单位或部门，可以通过信息权限管理对信息进行加以封闭，仅开放对其有用的信息。每个流程都是工程进度的一个里程碑，对里程碑事件的时间点加以控制，才能确保工程的工期。多个项目的类似流程是一个开放型的螺旋状知识管理资料库，如对本层次的知识管理资料可以链接到本层其他新建项目中，从而避免资料流失。项目团队将需要的项目信息在适当的时间，以合理的方式发送给适当的项目关系人，即执行沟通管理计划以及对突发的信息需求做出反应。

5.2.2 基于无线通信的信息传递

作为当下信息传输的载体，无线通信在基础设施较弱的工程现场可以提供方便快捷的通信部署。无线通信技术同样也可以为现场的移动办公提供辅助手段，提高劳动生产率和办公效率，使实时办公成为可能，提高工作灵活性。同时无线通信支持协同办公，使得一项建筑工程的利益相关方（业主、监理、设计、施工、分包商等）可以在线远程协作，从而避免重复做工并提高并行工作效率。

迄今为止，无线通信技术发展到了 5G 阶段。第二代（2G）移动通信系统专注于语音服务，而第三代（3G）和第四代（4G）移动通信系统的重点转向数据和移动宽带服务。5G 具有高速率、低延迟和大连接的特点，采用了新的组网理念，进一步满足了新型网络业务对性能、便携性、弹性和能源效率的新需求。在网络服务方面，5G 提供了令人惊叹的改进，使得数十亿台设备以比 4G 设备更好的可靠性、设施、速度、系统容量、带宽利用率、容错性和延迟运行。其作为新型移动通信网络，不仅可以解决人与人之间的通信问题，还可以解决人与物、物与物之间的通信问题，对项目信息管理有很大的助力作用。此外，5G 移动通信系统的部署将进一步推动移动宽带服务的发展，以支持各种新兴用例，这些用例可能涉及超大数据流量、海量连接和高用户移动性。具体而言，5G 应在多个性能指标上实现显著提升。这包括提升系统容量至原来的 1000 倍、增强连接能力以支持至少 1000 亿台设备、为用户提供最高 10Gb/s 和平均 100Mb/s 的体验。此外，5G 还延长电池使用寿命，降低每比特能耗达 90%，同时减少网络能耗 90%。在支持高速移动方面，它能够满足如高速列车这类用户在 500km/h 下的需求，并将频谱通信效率提高 3 倍。同时，希望 5G 实现 99.99%的感知可用性、100%的覆盖率以及 1～10ms 的延迟。

提高能源效率是 5G 移动通信系统开发、标准化和部署的关键支柱。随着 5G 移动网络的全面部署，全球将有数百万个基站（BS）和数十亿台连接设备需要节能运营和系统管理。目前，信息通信技术（information and communication technology，ICT）行业及其系统的二氧化碳排放量占全球二氧化碳排放量的 5%。随着连接设备、网络和数据/VoIP 流量的增加，这种排放水平在全球范围内不断提高。这也符合工程建设中的环境友好型要求。

5G 移动通信系统在推动创新方面发挥着至关重要的作用，并对经济产出有显著的促进作用。美国、欧盟、中国、日本、英国、韩国等许多国家和地区积极参与 5G 竞赛，力图建立技术和经济领先地位。例如，韩国电信在 2018 年冬奥会上推出了基于毫米波的 5G 移动通信系统，日本运营商在2020年东京夏季奥运会期间也展示了其5G移动通信系统。

为了满足5G的要求，需要一个新的架构来完成一次网络的全面革命。5G网络架构由一个简化但高效的核心网络（具有控制和转发功能）和高性能接入网络组成。具体来说，5G逻辑网络架构由接入平面、控制平面和转发平面组成。接入平面由各种类型的基站和接入设备组成。基站与无线设备之间的交互增强，组网拓扑丰富，接入协同控制灵活，资源利用率更高。控制平面负责为整个网络生成全局控制策略。转发平面负责转发来自所有网络设备和资源的流量。数据转发的效率和灵活性可以通过统一控制平面生成的调度策略来实现。从基础设施的角度来看，5G网络由接入网、城域网（又名聚合网）和骨干网组成。控制功能可以分为核心网控制功能和接入网控制功能。核心网控制功能集中部署在汇聚网和骨干网中；接入网控制功能部署在移动网络边缘或集成到基站，为低延迟和高可靠性的服务提供支持。

5.3 工程利益相关方的信息保护

由于不同的工程利益相关方掌握不同的信息，此类信息具备一定的独特性并与相关方的利益具有紧密的关联性，因此在推崇信息共享和统一管理，实现大数据价值的同时，也要确保不同利益相关方核心信息的安全和隐私。因此，不仅要满足个人信息保护和数据保护的法律法规、标准等要求，大数据相关方的数据保护要求，也要通过技术和管理手段，保证自身控制和管理的数据安全风险可控。

在涉及多利益相关方的工程信息系统中，信息安全问题是一个十分复杂的技术问题。其基本架构可以从以下几个维度划分。

第一个维度是要强化信息安全平台及基础设施建设。需要信息安全事件应急处理中心以及数据备份和灾难恢复平台设施，强化密码基础设施建设（如密钥管理架构/公钥架构KMI/PKI），积极发挥密码在信息安全保障体系中的重要作用。

第二个维度是注重信息安全技术防护体系建设。注重采用现代技术手段和信息技术创新，确保内部网络和电信传输安全以及应用区域边界和应用环境等环节的安全，这样不仅可以有效防止外部攻击，还可以防止内部作案行为的发生。

第三个维度是创新信息安全组织管理体系。本着共同维护、共同治理的原则，要不断强化工程信息管理机构的职能与分工，逐步建立起分工合理、权责明确、运转高效的信息管理组织体系。根据工程利益相关方的规模、工程信息量、业务发展及规划等明确不同角色及其职责。

(1) 信息安全管理者：对利益相关方信息安全负责的个人或团队。利益相关方信息安全管理者负责数据安全相关领域和环节的决策，制定并审议数据安全相关制度，监督执行和组织落实业务部门数据安全相关工作。其具体职责如下。

- 确定信息的分类分级初始值，制定信息分类分级指南。与提供信息的业务部门合作，确定信息的安全级别。
- 综合考虑法律法规、政策、标准、信息分析技术水平、组织所处行业特殊性等因素，评估信息安全风险，制定信息安全基本要求。

- 对信息访问进行授权，包括授权给组织内部的业务部门、外部组织等。
- 建立相应的信息安全管理监督机制，监视信息安全管理机制的有效性。
- 负责利益相关方的信息安全管理过程，并对外部相关方（如信息安全的主管部门、信息主体等）负责。

（2）信息安全执行者：执行利益相关方信息安全相关工作的个人或团队。利益相关方信息安全执行者负责信息安全相关领域和环节工作的执行，制定信息安全相关细则，落实各项安全措施，配合信息安全管理者开展各项工作。其主要职责如下。

- 根据信息安全管理者的要求实施安全措施。
- 为信息安全管理者授权的相关方分配数据访问权限和机制。
- 配合信息安全管理者处置安全事件。
- 记录信息活动的相关日志。

（3）信息安全审计者：负责大数据审计相关工作的个人或团队。大数据安全审计者对安全策略的适当性进行评价，帮助检测安全违规，并生成安全审计报告。其主要职责如下。

- 审核信息活动的主体、操作及对象等数据相关属性，确保信息活动的过程和相关操作符合安全要求。
- 定期审核信息的使用情况。

在整个信息安全管理的过程中，需要遵循以下几个基本原则。

（1）职责明确：首先，不同的利益相关方应明确不同角色和其信息活动的安全责任。利益相关方应当设立信息安全管理者。根据利益相关方的使命、信息规模与价值、业务等因素，利益相关方应明确担任信息安全管理者角色的人员或部门（可由业务负责人、法律法规专家、IT安全专家、数据安全专家组成），为利益相关方信息及其应用安全负责。其次，要明确角色的安全职责。利益相关方应明确信息安全管理者、信息安全执行者、信息安全审计者，以及信息安全相关的其他角色的安全职责。最后，要明确主要活动的实施主体，即利益相关方应明确信息主要活动的实施主体及安全责任。

（2）安全合规：利益相关方应制定策略和规程确保信息的各项活动满足合规要求。利益相关方应当理解并遵从信息安全相关的法律法规、合同、标准等；正确处理个人信息、重要数据；实施合理的跨组织信息保护的策略和实践。

（3）质量保障：利益相关方在采集和处理数据的过程中应确保信息质量，具体来说，应当采取适当的措施确保信息的准确性、可用性、完整性和时效性；建立信息纠错机制；建立定期检查信息质量的机制。

（4）数据最小化：利益相关方应保证只采集和处理满足目的所需的最小数据，包括在采集数据前，明确信息的使用目的及信息范围，并提供适当的管理和技术措施保证只采集和处理与目的相关的信息项和信息量。

（5）责任不随数据转移：当前控制信息的利益相关方应对信息负责，当信息转移给其他组织时，责任不随信息转移而转移。具体来说，应当做到对信息转移给其他组织所造成的信息安全事件承担安全责任；在信息转移前进行风险评估，确保信息转移后的风险可承受；通过合同或其他有效措施，明确界定接收方接收的信息范围和要求，确保其提供同等或更高的信息保护水平，并明确接收方的信息安全责任；采取有效措施，确保信息转移后的安全事件责任可追溯。

(6) 最小授权：利益相关方应控制信息活动中的访问权限，保证在满足业务需求的基础上最小化权限。因此应当赋予信息活动主体最小操作权限和最小数据集；制定信息访问授权审批流程，对信息活动主体的信息操作权限和范围变更制定申请和审批流程；及时回收过期的信息访问权限。

(7) 确保安全：利益相关方应采取适当的管理和技术措施，确保信息安全。具体应当对信息进行分类分级，对不同安全级别的信息实施恰当的安全保护措施；确保信息平台及业务的安全控制措施和策略有效，保护信息的完整性、保密性和可用性，确保信息生命周期的安全；解决风险评估和安全检查中所发现的安全风险和脆弱性，并对安全防护措施不当所造成的安全事件承担责任。

(8) 可审计：利益相关方应实现对信息平台和业务各环节的信息审计，包括记录信息活动中各项操作，且保证记录不可伪造和篡改；采取有效技术措施保证对信息活动的所有操作可追溯。

上述信息安全管理的基本原则也表露出对保护利益相关方工程信息安全的几点需求，即保密性、完整性、可用性等。具体来说，保密性包括信息传输、存储、运算的保密性，以及汇聚时的敏感性保护、个人信息保护和密钥的安全。数据传输的保密性是指使用不同的安全协议保障数据采集、分发等操作中传输的保密；数据存储的保密性包括使用访问控制、加密机制等；数据运算的保密性是指加密数据的运算，如使用同态加密等算法；数据汇聚时的敏感性保护可通过数据隔离等机制确保汇聚大量数据时不暴露敏感信息；对于个人信息保护，可以通过数据匿名化使得个人信息主体无法被识别；对于密钥的安全，则应建立密钥管理系统。

完整性应考虑以下几方面：数据来源验证，应确保数据来自已认证的数据源；数据传输完整性，应确保大数据活动中的数据传输安全；数据计算可靠性，应确保只对数据执行了期望的计算；数据存储完整性，应确保分布式存储的数据及其副本的完整性；数据可审计，应建立数据的细粒度审计机制。

可用性则包含了信息平台抗攻击能力，安全分析能力，如安全情报分析、数据驱动的误用检测、安全事件检测等，以及信息平台的容灾能力。

信息安全除了考虑信息系统的保密性、完整性和可用性，还应从信息活动的其他方面分析安全需求，包括但不限于：

(1) 与法律法规、国家战略、标准等的合规性。

(2) 可能产生的社会和公共安全影响，与文化的包容性。

(3) 跨组织之间信息共享。

(4) 跨境信息流动。

(5) 知识产权保护及信息价值保护。

这里以某智慧城市建设工程的信息安全保障机制为例，介绍工程利益相关方进行信息保护的机制。该机制包含责任人机制、追溯查证机制、监督检查机制、应急预案演练与处理机制、服务外包安全责任机制及信息安全保障教育培训机制。

具体来说，责任人机制要求智慧城市工程建设单位应指定项目信息安全保障第一责任人，应及时向主管部门备案，应贯彻执行相关法规和技术标准，落实主管部门的要求，编制信息安全保障等相关内容并履行。

追溯查证机制要求智慧城市工程应建立安全取证机制，建立全流程有效的责任追溯查证体系，明确各环节的主体责任，制定信息系统安全保障岗位责任制度，并监督落实。各系统应详细记录用户的活动信息，包括时间、地点、操作和操作结果，以建立取证的数据基础。建立智慧城市调查与取证体系，实现符合法律的取证过程，以对存在的违法入侵进行快速而有效的调查和取证。同时保证证据信息在调查和取证过程不被改变和删除。

监督检查机制则要求智慧城市建设的信息安全保障监督管理由信息安全监管部门通过备案、检查、督促整改等方式，对建设工程的信息安全保护工作进行指导监督。主管部门应会同信息安全管理部门，定期对建设项目进行全面的安全检查，排查安全隐患，堵塞安全漏洞，通报发现问题并敦促整改。同时工程建设者和运营者对抽查、抽检发现的问题，应认真落实整改意见，并在规定期限向主管部门报告整改情况。

应急预案演练与处理机制要求根据智慧城市网络空间安全事件分类及信息系统损失划分，确定智慧城市网络空间安全事件应急响应分级。结合智慧城市网络空间与物理空间联动配合情况，开展监测与预警、应急处置、调查与评估以及预防工作。监测与预警包括预警监测、预警研判和发布、预警响应、预警解除；应急处置包括事件报告、应急响应、应急结束；调查与评估包括事件调查、根因分析、影响分析、损失评估、经验总结及报告改进；预防工作包括日常管理、制定应急预案、定期组织演练、检验和完善预案、宣传培训以及重要活动期间的预防措施。

随着信息系统的变更应定期对原有的应急预案重新评估，并修订完善。安全故障发生时，按应急处理程序处置，及时向主管部门报告项目信息系统发生的重大系统事故或突发事件，并按有关预案快速响应。

服务外包安全责任机制要求智慧城市服务者的选择应符合国家的有关规定；与选定的服务者签订与安全相关的协议，明确约定相关责任。严格管理信息技术服务外包的安全，确保提供服务的数据中心、云计算服务平台等设在境内。

信息安全保障教育培训机制要求制订安全教育和培训计划，对各类人员进行信息安全意识教育和相关信息安全技术培训。同时建立信息系统安全保障的专业队伍，以适应信息智慧技术的发展。

该机制中涉及的风险评估等信息安全保护的具体内容详见本书第6章。

5.4 工程利益相关方的信息融合

在物联网、移动互联网、大数据、云计算的新一代信息技术支撑下的信息数据的生产和消费已经产生了全新的模式。物联网的发展加速了数据挖掘、人工智能、边缘计算、区块链等新技术的融合，在当下工程信息管理中呈现出“边缘智能化、连接泛在化、服务平台化、数据延伸化”的新特征。

在整个工程运行脉络中起着“血液”作用的信息，记录着工程全生命周期的节点状态，经处理分析后可以直接服务终端用户或辅助政府和企业作出科学决策。正如上面几节所强调的那样，对于这些信息的充分利用，可以有力地驱动科技创新和工程经济效益提升，推动传统行业向“数字化”和“智能化”转型。与此同时，信息是非独占性资源，具有协同作用，即多源信息作为一个整体的价值通常远大于各个信息价值的简单相加。因此，信息共享、融合应用能极大地提升数据资源的利用率。例如，面对工程中广泛部署的物联网系统，如果能实现多源感知数据（如环境监控数据、视频监控数据等）的高效融合，将为工程生产的安全保障和自然生态环境的优化作出巨大贡献，而如果能有效地整合分析各类生产和消费数据，将有利于宏观经济掌控，优化行业发展，促进经济增长。

5.4.1　基于云计算的信息融合

当我们意识到大数据的作用时，首先想到的是把各自的数据聚到一起，通过远程处理能力来产生结果，再把结果下载到本地加以使用，云计算应运而生。云计算是一种模型，用于实现对可配置计算资源（如网络、服务器、存储、应用程序和服务）共享池的方便、按需网络访问，这些资源可以通过最少的管理工作或服务提供商交互来快速配置和发布。所以，云计算是分布式计算的一种，指的是通过网络集中式地将巨大的数据计算处理程序分解成无数个小程序，然后，通过多台服务器组成的系统处理和分析这些小程序得到结果并返回给用户。通过这项技术，可以在很短的时间内完成对数以万计的数据的处理，从而实现强大的网络服务。云计算具有高扩展性和虚拟化两大特性，其中高扩展性是指系统可以迅速、灵活地调整计算机资源；而虚拟化是指用户不需要知道具体的计算处理是在哪台计算机上进行的，也不需要知道它处于数据中心的什么位置。云计算包含以下几个关键组成部分。

（1）按需自助服务。在特定时间段有即时需求的消费者可以自动（即方便、自助）方式利用计算资源（如 CPU 时间、网络存储、软件使用等），而无须诉诸与这些资源的提供者的人际互动。

（2）广泛的网络访问。这些计算资源通过网络（如 Internet）交付，并由位于消费者站点的具有异构平台（如移动电话、笔记本电脑和 PDA）的各种客户端应用程序使用。

（3）资源池。云服务提供商的计算资源被“汇集”在一起，以便使用多租户或虚拟化模型为多个消费者提供服务，根据消费者需求动态分配和重新分配不同的物理和虚拟资源。建立这种基于池的计算范式的动机在于两个重要因素，即规模经济和专业化。基于池的模型的结果是物理计算资源对消费者变得“不可见”，消费者通常无法控制或了解这些资源（如数据库、CPU 等）的位置、形成和原创性。例如，消费者无法知道他们的数据将存储在哪里。

（4）快速弹性。对于消费者来说，计算资源变得即时而不是持久：没有预先的承诺和合同，因为他们可以随时使用计算资源来扩大规模，并在完成缩小规模后释放它们。而且，资源供应对他们来说似乎是无限的，消耗可以迅速上升以满足随时高峰的需求。

（5）可度量的服务。虽然计算资源是由多个消费者（即多租户）汇集和共享的，但云基础设施能够使用适当的机制，通过其计量功能来衡量每个消费者对这些资源的使用情况。

对应地，云计算包含四种服务模型，即软件即服务（SaaS）、平台即服务（PaaS）、基础设施即服务（IaaS）及数据即服务（data as a service，DaaS）。

对于 SaaS 来说，云消费者在托管环境中发布他们的应用程序，应用程序用户可以通过网络从各种客户端（例如 Web 浏览器、PDA 等）访问该环境。云消费者无法控制云基础设施，通常采用多租户系统架构，即将不同云消费者的应用程序组织在 SaaS 云上的单一逻辑环境中，以实现规模经济和速度优化，并确保安全性、可用性、灾难恢复和维护。SaaS 的示例包括 SalesForce.com、Google Mail、Google Docs 等。

PaaS 是一个支持完整软件生命周期的开发平台，允许云消费者直接在 PaaS 云上开发云服务和应用程序。因此，SaaS 和 PaaS 之间的区别在于，SaaS 仅托管已完成的云应用程序，而 PaaS 提供了一个开发平台，可同时托管已完成和正在进行的云应用程序。这就要求 PaaS 除了支持应用托管环境外，还需要具备包括编程环境、工具、配置管理等在内的开发基础设施。PaaS 的一个示例是 Google AppEngine。

云消费者直接使用 IaaS 云中提供的 IT 基础设施（处理、存储、网络和其他基础计算资源）。虚拟化在 IaaS 云中被广泛使用，以便以特别的方式集成/分解物理资源，满足云消费者不断增长或缩减的资源需求。虚拟化的基本策略是建立独立的虚拟机（virtual machine，VM），以与底层硬件和其他虚拟机隔离。请注意，此策略与多租户模型不同，多租户模型旨在转换应用程序软件架构，以便多个实例（来自多个云消费者）可以在单个应用程序（即同一台逻辑机器）上运行。IaaS 的一个例子是亚马逊公司的 EC2。

对于 DaaS 来说，按需交付虚拟化存储成为单独的云服务。DaaS 可以被视为一种特殊类型的 IaaS，本地企业数据库系统通常与专用服务器、软件许可、交付后服务和内部 IT 维护方面的高昂前期成本联系在一起。DaaS 允许消费者为他们实际使用的东西付费，而不是为整个数据库购买站点许可证。除了关系数据库管理系统（relational database management system，RDBMS）和文件系统等传统存储接口之外，一些 DaaS 产品还提供表式抽象，旨在横向扩展以在非常压缩的时间范围内存储和检索大量数据，这些数据通常太大或太贵，因此大多数商业 RDBMS 处理速度很慢。此类 DaaS 包括 Amazon S3、Google BigTable 和 Apache HBase 等。

云计算的价值链也涉及多个不同的相关组织，这些组织扮演着不同的角色。具体包括如下几个组织：

（1）云应用：云计算的驱动力，不同于传统的应用模块。

（2）云应用运营商：提供云计算产品。在许多情况下，它们与应用程序提供商或平台提供商相同。

（3）云应用平台运营商：提供云应用开发平台，如 GAEForce.com。

（4）云基础设施运营商：提供基础设施服务，如 AWS、GoGrid。

（5）网络运营商：为上述平台运营商和终端用户提供网络接入服务。

（6）技术支持厂商：为该链中的参与者提供技术支持，包括软件开发、测试、供应和运营。

（7）终端设备商：为链上所有参与者提供设备维护服务。

（8）最终用户：最终用户为云服务付费。

事实上，云计算是服务提供者和服务消费者的一种双赢战略，其具备以下几点优势：

(1) 通过调整应用程序占用的资源大小来满足不断变化的客户需求，并按需满足业务需求。

(2) 降低成本和节能。通过使用低成本 PC、定制化低功耗硬件和服务器虚拟化，资本性支出和运营成本都降低了。

(3) 通过动态资源调度提高资源管理效率。

然而，云计算也存在一些不容忽视的挑战：

(1) 隐私和安全。与传统托管服务相比，客户对其隐私和数据安全的担忧。

(2) 服务的连续性。它是指可能对云计算的连续性产生负面影响的因素，如互联网问题、断电、服务中断和系统错误。例如，2007 年 11 月，亚马逊公司的竞争对手 RackSpace 因数据中心断电而停止服务 3 小时；2008 年 6 月，Google App Engine 服务因存储系统 BUG 中断 6 小时；2009 年 3 月，微软公司 Azure 因操作系统更新而停止服务 22 小时。目前，基于虚拟化的公有云提供商在服务等级协议（service level agreement，SLA）中将服务的可靠性定义为 99.9%。

(3) 服务迁移。目前，还没有一个规范组织就云计算对外接口的标准化达成一致。因此，一旦客户开始使用云计算提供商的服务，他很可能会被提供商锁定，从而处于不利的境地。

云平台在企业业务单元数字化转型时从注重单个业务应用的实现，转变为通过深化运用数字技术发挥体系化平台的力量，实现数字技术与企业业务的深度融合。通过实现以用户为中心的价值链，可促进各个环节的协同和整体化。因此云计算在工程利益相关方信息管理上可以发挥以下优势：

(1) 推动业务技术融合，实现价值链转型重塑。在数字化转型中，工程信息管理使用云平台实现相关利益方在价值链上得以体现。通过将独立业务解构拆分、跨多方的协作和合作，深化运用云计算、大数据、人工智能等数字化技术，实现业务与技术的深度融合，最终打造内外部业务流程打通、企业内部管理和外部业务流程全生命周期全覆盖的数字化业务平台。

(2) 以用户为中心的数据价值化驱动运营创新。探索以用户为中心的工程信息的服务运营体系。利用完备的数字化平台底座，有效整合多方资源和多赢共享，通过汇聚数据，分析数据，实现数据价值化，为工程项目各方提供更加精准化、个性化、多元化、定制化、生态化的智能化服务。

(3) 价值提升成为数字化的重要考量因素。所有的转型都应以效果和价值为导向，综合考虑成本效益等方面，给项目相关方带来更高的满意度和业务贡献度，不断地为工程项目组织和利益相关方创造价值。

(4) 通过优化云服务，提升企业用云效率。随着企业上云进程的不断深入，基础的管理服务如对云资源进行安全及性能监控，提供实时告警、运维等方面的服务已无法满足未来企业的用云需求。企业用云需求从初期的稳定运行逐步延伸到充分借助云计算优势为业务赋能。相应地，云服务管理也从基础设施的管理维护扩大至云上全面优化服务，如成本优化、性能优化、安全优化等，这为工程项目管理提供了极大的便利，节省了信息管理项目开发成本，缩短了项目开发周期。图 5-3 展示了云管理服务涉及的优化目标。

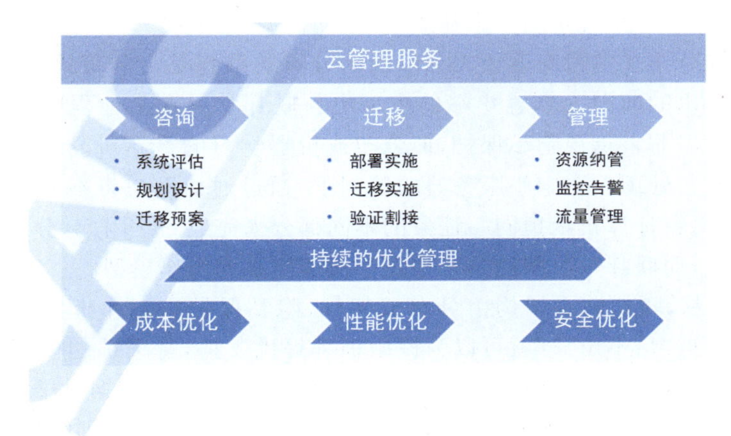

图 5-3　云管理服务涉及的优化目标

5.4.2　基于联邦学习的信息融合

由于缺乏安全可信的数据共享机制，现有海量的工程信息被利益相关方排他性地在内部分析和使用。信息缺乏流通，未能充分发挥信息的协同作用，导致信息利用率低下，存在严重的“信息孤岛”现象，也使得基于数据驱动的机器学习和深度学习等技术成为“空中楼阁”。以人工智能，特别是机器学习、深度学习为代表的智能算法将推动信息系统的智能化应用。而这种智能化的推广需要各利益方提供其独有的数据资源，在传统的机器学习过程中，数据传输至企业服务器的过程存在隐私泄露风险，或者云端集中式训练数据模型可能会将其暴露给恶意攻击者。

为解决以上问题，谷歌公司于 2016 年首次提出联邦学习（federated learning）理论。作为机器学习的新兴范式，联邦学习为利益相关方的数据共享提供了新颖的解决方案，使得利益相关方原始数据在不出本地的基础上便能得到一个更优的模型，做到“数据不动模型动”，在保证数据隐私安全的前提下，打破“数据孤岛”，充分挖掘数据中的潜在价值。举例来说，假设有两个不同的利益相关方 A 和 B，它们拥有不同的数据，如利益相关方 A 有用户特征数据，利益相关方 B 有产品特征数据和标注数据。这两个利益相关方是不能粗暴地把双方数据加以合并的，因为他们各自的用户并没有机会同意这样做。假设双方各自建立一个任务模型，每个任务可以是分类或预测，这些任务也已经在获得数据时取得了各自用户的认可。那么，现在的问题是如何在 A 和 B 各端建立高质量的模型。但是，又由于数据不完整（如利益相关方 A 缺少标签数据，利益相关方 B 缺少特征数据），或者数据不充分（数据量不足以建立好的模型），各端有可能无法建立模型或效果不理想。联邦学习的目的是解决这个问题：它希望做到各个利益相关方的自有数据不出本地，联邦系统可以通过加密机制下的参数交换方式，在不违反数据隐私保护法规的情况下，建立一个虚拟的共有模型。这个虚拟模型就好像大家把数据聚合在一起建立的最优模型一样。但是在建立虚拟模型时，数据本身不移动，也不会泄露用户隐私或影响数据规范。这样，建好的模型在各自的区域仅为本地的目标服务。在这样一个联邦机制下，各个参与者的身份和地位相同，而联邦系统帮助大家建立了“共同富裕”的策略。

联邦学习与分布式学习高度相关。传统的分布式系统是由分布式计算、分布式存储组成的。首次提出的面向安卓客户端的模型更新联邦学习在某种程度上类似分布式计算。尽管联邦学习非常重视隐私保护，但分布式机器学习的最新研究也关注隐私保护分布式系统。分布式处理是在中心服务器的控制下，通过通信网络将不同位置的多台计算机连接起来，使每台计算机承担同一任务的不同部分来完成它。因此，分布式处理主要针对加速处理阶段，而联邦学习则侧重于构建不泄露隐私的协作模型。

如图 5-4 所示，联邦学习架构由分布式架构、隐私保护机制和机器学习技术共同实现。为了实现数据“足不出户”就可以为模型训练提供支持，待训练的模型将划分为子模型，从云侧下载到每个用户手中的端侧，端侧则利用本身收集的数据对子模型进行本地训练。训练好的子模型将通过加密上传到云端，在云端进行新一轮的训练模型的融合，从而得到一次迭代后的新模型。经过上述步骤的多次迭代，最终模型将收敛并结束训练过程。上述过程实现了在不泄露数据隐私的条件下完成信息融合和模型训练。

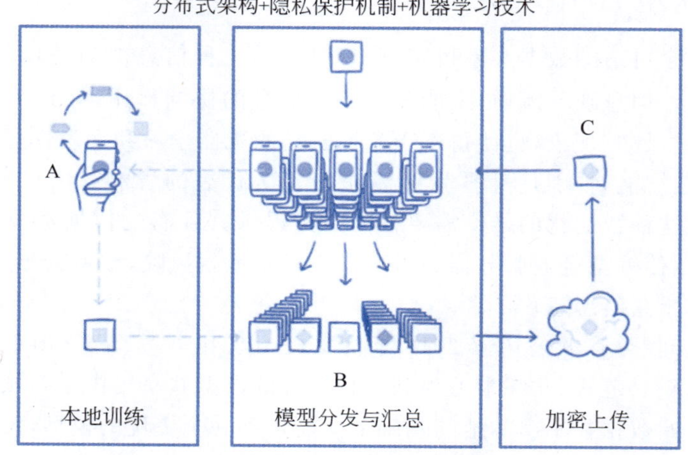

图 5-4　联邦学习架构

这里举几个联邦学习在工程领域的应用实例，以方便理解。在自动化工程领域，联邦学习的加入实现了一种联合发射功率和资源分配的分布式方法，可以在车载网络中实现低延迟通信。与集中式解决方案相比，所提出的方法可以缩短等待队列长度，而无需额外的功耗和类似的模型预测性能。也有工程在联邦学习的基础上评估电动汽车（electric vehicle，EV）的故障电池和能源需求，体现了隐私服务、延迟减少和安全保护的有效性。在物联网工程领域，有人设计了一个智能系统，该系统利用客户数据通过联邦学习技术预测客户需求和消费者行为，并使用区块链来代替传统联邦学习系统中的集中聚合器，以增强安全性和系统鲁棒性。在通信工程领域，也可通过联邦学习提高通信部署效率，例如可通过探索无线多址信道的叠加特性，基于空中计算的快速全局模型聚合方法，解决聚合无线系统中通信带宽有限的问题，这里联邦学习构建模型可以使设备和聚合服务器之间进行智能协作，从而交换学习参数，以便在能量和计算受限的用户设备中进行更好的模型训练。

联邦学习的商业模式为工程利益相关方信息的使用提供了一个新的范式。当各个利益相关方的数据不足以建立理想的预测模型时，联邦学习机制使得参与的利益相关方可以在不交换数据的情况下共同建模。如果利用区块链等共识机制，联邦学习还可以建立合理的利益分配机制，使得数据拥有方，无论大小，都有动力加入数据联邦，并获得应有的利益。

5.4.3　基于区块链的信息融合

区块链技术是一种去中心化的账本数据库，它具有良好的数据更新、存储和保护性能。如图 5-5 所示，区块链上的数据由网络上的每个节点维护，每个用户保存所有事务的总历史记录。这种机制消除了中央管理员的存在，即没有第三方参与网络对用户数据进行监督和管理。

当用户在其计算机上执行一项交易时，该计算机被识别为网络中的一个节点，该节点应根据协议规则识别该交易是否有效。如果该交易被认为是有效的，它将被转发到一个新的区块。一些具有强大计算能力的节点会将许多事务放在一起，并将它们加密成一个块。由于进行加密的节点需要大量的能量、金钱和时间来操作机器计算哈希值。这给想要攻击网络的黑客带来了困难，因为黑客需要花费更多的时间来解密区块。在事务组装完毕，新的块被时间戳头封装后，新块被添加到最长链的末端，并引用前面的块。这样可以明确链的时间顺序，减少因 P2P 网络的延迟而浪费的资源。一旦链被更新，新的链将被通告给网络上的所有节点，每个用户都有相同的交易分类账副本。

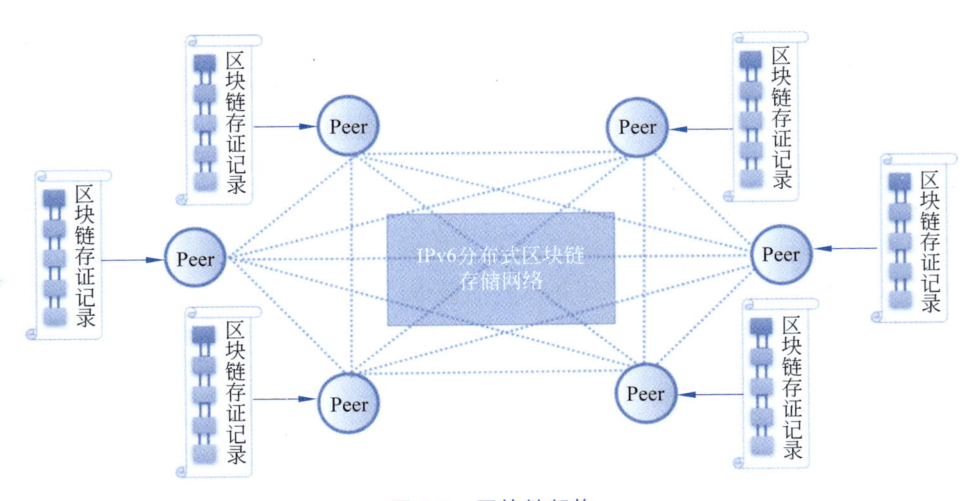

图 5-5　区块链架构

区块链分为公有区块链、私有区块链和联盟区块链。在公有区块链上，世界各地的任何个人或组织都可以发送交易，并可以验证交易的有效性。参与这个 P2P 网络的每个人都可以参与这个共识过程。公有区块链使用户可以通过简单的操作来处理他们的交易。但是，网络有时可能会因为负载过大而变慢。在私有区块链上，网络需要一个邀请，并且必须由网络构建者或网络启动者分配的某些规则进行验证。每笔交易都是由批准的当事人或实体记录的,而不是网络中的所有参与者。区块链创建者通常会建立一个被允许的网络,它定义了网络中参与者的权限。联盟区块链也被称为简单的混合区块链,它结合了公有区块链和私有区块链。事务记录器在一个内部组中预先选择,块的生产由所有这些预先选择的节点决定。其余的访问节点只是参与事务,它们不干涉记账过程,任何人都可以通过访问区块链网络提供的指定 API 来查询区块链上有限的信息。基于其特点,区块链可以在工程项目中用于传输数据,使其更加安全、便捷、可靠。

作为工程信息管理区块链技术的应用示例,区块链双碳战略基于区块链不可篡改、全程可溯的技术特性,可以实现工程信息全生命周期的可信记录与管理,为中国“双碳”目标的顺利实现提供有力支撑。区块链双碳战略在工程信息管理方面的主要内容如下。

(1) 碳数据上链管理,实现碳足迹可信追溯、可靠监管。区块链能够实现碳足迹全生命周期的可信记录、碳排放全要素的可信流转,可为工程项目多方参与的碳交易场景提供更安全、更高效、更经济的市场环境,以及可视、可信、可靠的监管环境。例如,北京电力交易中心和国网电商公司等建设的区块链绿电交易平台,将参与交易电厂发电数据、绿电交易数据、所有场馆用电数据接入区块链,实现全流程溯源,为冬奥 100%使用绿电提供可视、可信、可靠证明。蚂蚁集团提出的蚂蚁链企业碳中和管理产品,即碳矩阵,基于区块链技术实现碳排放、碳减排、清结算、监管、审计等过程公开透明,相关记录可随时追溯查证,同时实现企业碳中和数据统一平台管理以及数据可视化。此外,碳数据上链可以在政府监管部门、控排企业、第三方核查机构、碳排放权交易机构、其他社会机构之间形成真实可信数据的共享交换,为碳排放监管提供可视、可信、可靠的环境。

(2) 碳排放权链上交易,构建高效的碳交易市场。区块链技术可以助力构建可信、高效的碳交易市场和平台,通过对碳资产和碳排放权进行实时、透明、不可篡改的区块链碳资产管理,增强碳交易市场活力,打造碳交易主体、交易机构、政府等多方共建、灵活互动的碳资产交易模式,实现碳交易从排放权获取、交易、流通,到交易核销、统计的全流程数据上链存储与可信共享应用,让碳排放配额在工程项目多方“有目共睹”的情况下进行交易。将基于区块链的碳排放信息和碳交易活动整合到工程信息管理有助于项目总体符合国家双碳政策和要求,为工程的可持续发展提供保障。例如,国家电网积极探索“区块链+碳交易”模式,以期建成可信区块链碳排放权管控及交易支撑平台,旨在实现碳交易全生命周期溯源管理,解决碳交易多主体身份认证效率低、数据确权难等问题,并保障碳交易数据可信共享。

上面介绍了云计算、联邦学习和区块链三项新技术在工程利益相关方信息管理过程中的作用。中国信息通信研究院在 2021 年提出了企业数字化转型发展双曲线,即转型者曲线和赋能者曲线。数字原生程度较低的企业,往往遵循转型者曲线路径,现阶段数字应用水平相对较低,有一个长期的转型过程。在达到一定的数字应用水平后,它们将转变为赋能者。数字原生程度较高的企业,更多扮演着赋能者的角色,目前数字应用水平相对较高,但自身的数字化发展没有停止。它们将持续关注自身的转型,同时兼具转型者和赋能者双重身份,使转型和赋能交替发展。数字基础设施一体化平台将云计算、大数据、人工智能、区块链等新一代数字技术融合集成,形成企业 IT 底座(数字基础设施),这已成为

当前企业数字基础设施建设的重要基础方向。数字基础设施一体化平台能通过有效整合资源,实现数字基础设施能力的组件化、模块化封装,提供高效、低成本的一体化服务支撑,满足海量多样化用户个性化需求。工程信息利益相关方需要根据数字化进程改变自身身份和角色,并在工程建设中承担不同的信息管理责任。

5.5 课后思考

图 5-6 展示了某智慧城市信息工程的技术架构,请根据本章所学内容回答以下问题。

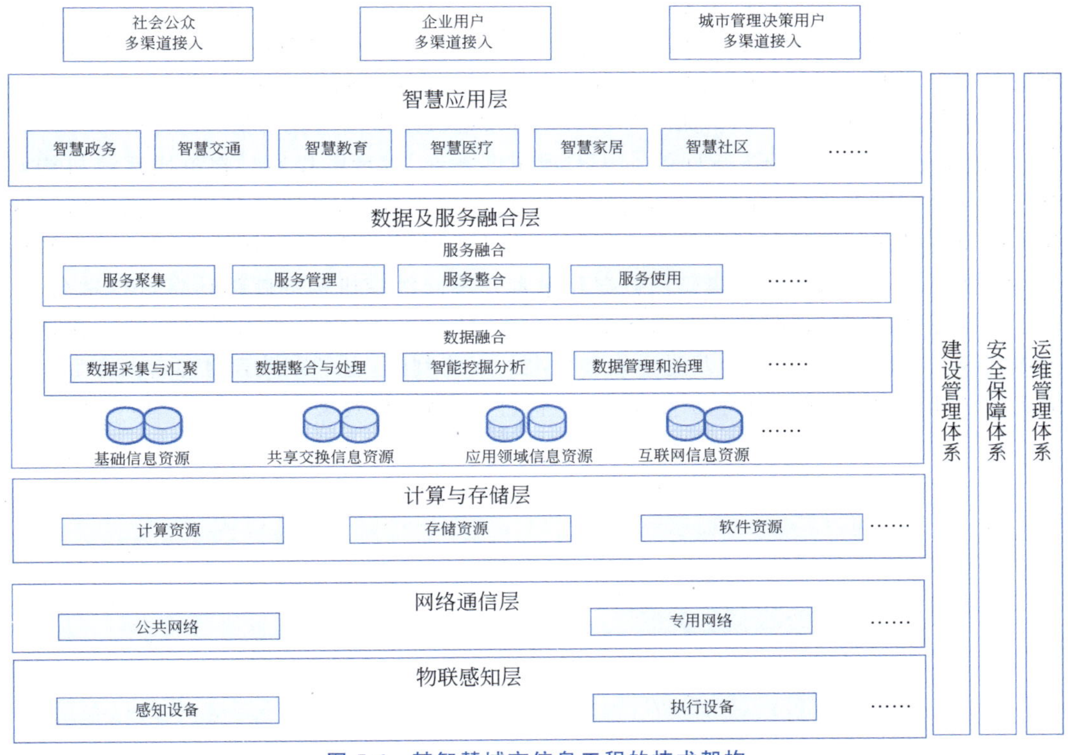

图 5-6　某智慧城市信息工程的技术架构

(1) 为什么要进行数据融合?其对于工程的开展具有什么意义?

(2) 如果数据来自不同的组织和团体,如何在保障数据拥有者的利益不被侵犯的同时实现数据融合的目的?

(3) 请以图 5-6 中应用层所示的任一智慧城市应用为例,分析在该应用中进行多方数据融合的意义。

【参考答案】

(1) 在整个工程运行脉络中起着“血液”作用的信息,记录着工程全生命周期的节点状态,经处理分析后可以直接服务终端用户或辅助政府和企业作出科学决策。对于这些信息的充分利用,可以有力地驱动科技创新和工程经济效益提升,推动传统行业向“数字化”和“智能化”转型。与此同时,信息是非独占性资源,具有协同作用,即多源信息作为一个整体的价值通常远大于各个信息价值的简单相加。因此，信息共享、融合应用能极大地提升数据资源的利用率。对于该智慧城市工程来说，本层处于智慧城市参考模型的中上层，具有重要的承上启下的作用，通过数据的融合支撑，承载智慧应用层中的相关应用，为构建上层各类智慧应用提供支撑。数据融合的手段可以整合内部资源，对整个工程涉及的上下游进行紧密联合，解决各部门信息自成体系、不会共享的“信息孤岛”问题。尤其是需要大数据支撑的人工智能算法在智慧城市中的应用，需要大量数据的支撑才能取得高效的表现，数据融合可以有效增加数据量，扩大数据分布和覆盖范围。将基于数据融合得到的信息作为输入，可以使计算出的数学模型更接近真实世界的客观表现，对不同的智慧城市应用具备更有价值的指导意义。

(2) 可以采取联邦学习的方法构建智慧城市应用所需的模型，使得利益相关方原始数据在不出本地的基础上便能得到一个更优的模型，做到“数据不动模型动”，在保证数据隐私安全的前提下，打破“数据孤岛”……，充分挖掘数据中的潜在价值。

(3) 以智慧医疗为例进行回答。从宏观角度来看，智慧医疗通过在不同医疗机构间有效地共享体检报告、病理报告、药物报告、治疗方案等数据，可以为病理分析、疾病诊断和大规模流行病的预防控制带来巨大价值。从微观角度来看，智慧医疗可以对患者利用各种智能设备获得的日常健康监测数据和患者在不同医疗机构的就诊信息进行融合，有助于减少患者在更换医疗机构时由于信息不通造成的不便，而且可以做到患者患病期间身体状况的实时追踪、医生的及时介入和精准的医疗判断，也可以做到对患者治疗后恢复情况的长期监控，以便于及时动态调整治疗措施，提高医疗效果。

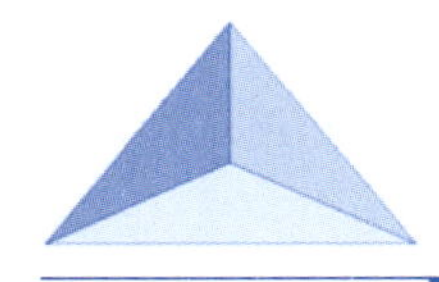

第 6 章 工程信息安全管理

本章要点

人们在尽情享受信息技术带给人类巨大进步的同时，也逐渐意识到它是一把双刃剑，近年来，由于信息系统安全问题所产生的损失、影响不断加剧，信息系统安全问题越来越受到人们的普遍关注，它已经成为影响信息技术发展的重要因素。

本章首先系统地分析工程信息安全管理的内容，包含信息安全的定义，信息的安全属性，信息安全的发展历程，信息安全管理的目的、原则，以及包括设施安全管理、信息安全管理、运行安全管理及信息风险管理在内的工程信息安全管理的主要对象。针对信息风险管理，6.2 节重点介绍了信息安全风险评估以及安全等级保护两部分内容。在明确了上述需要进行安全管理的内容后，本章进一步介绍对这些内容进行管理的体系和技术，且着眼于当下最新的区块链、安全多方计算、联邦学习、可信计算等技术背景，给出了许多新型工程信息安全管理的方案，这对当代工程信息安全管理的策略制定具有一定的启发和借鉴意义。

6.1 工程信息安全管理内容

2021 年 5 月 9 日，美国宣布进入国家紧急状态，原因是当地最大燃油管道运营商遭网络攻击下线。据报道称，美国最大的成品油管道运营商 Colonial Pipeline 在当地时间 5 月 7 日因受到勒索软件攻击，被迫关闭其美国东部沿海各州供油的关键燃油网络。受影响的 Colonial 管道每天运输汽油、柴油、航空燃油等约 250 万桶，其中美国东海岸近一半燃油供应依赖于此。该事件涉事的黑客团队 DarkSide 索要高达数百万美元的虚拟币，且在燃油网络被迫关闭期间极大地影响了燃油保供服务。因此，当前信息安全问题对工程的影响日趋严重，不可忽视。

根据国际标准化组织(International Organization for Standardization，ISO)的标准，信息安全的定义是为数据处理系统建立的安全保护，保护计算机硬件、软件、数据不因偶然的或者恶意的原因而遭受到破坏、更改和泄露。因此信息安全包括设备安全、数据安全、行为安全以及内容安全四部分。其中，设备安全是指信息系统的软硬件设备的稳定性、可靠性、可用性；数据安全是保证数据的保密性、完整性、可用性、真实性、不可抵赖性、可控制性；行为安全是指从主体行为的过程和结果来考查其是否会危害信息安全，包含行为的秘密性、完整性、可控性；内容安全是指信息内容在政治上是健康的，在法律上符合国家法律法规，在道德上符合一定规范。

相应地，信息包含五大安全属性，即保密性、完整性、可用性、可控性和不可否认性，具体来说：

(1) 保密性：指信息按给定要求不泄露给非授权的个人、实体，强调有用信息只被授权对象使用的特征。

(2) 完整性：指信息在传输、交换、存储和处理过程中保持非修改、非破坏和非丢失的特性，即保持信息原样性，使信息能正确生成、存储、传输。

(3) 可用性：指网络信息可被授权实体正确访问，并能按要求正常使用或在非正常情况下能恢复使用的特征，即在系统运行时能正确存取所需信息，当系统遭受攻击或破坏时，能迅速恢复并能投入使用。

(4) 可控性：指对流通在网络系统中的信息传播及具体内容能够实现有效控制的特性，即网络系统中的任何信息要在一定传输范围和存放空间内可控。

(5) 不可否认性：指通信双方在信息交互过程中，确信参与者本身，以及参与者所提供的信息的真实同一性，即所有参与者都不可能否认或抵赖本人的真实身份，以及提供信息的原样性和完成的操作与承诺。

信息安全的发展大致可以分为五个阶段：

(1) 20 世纪 40—70 年代，标志为 1949 年香农发表的《保密系统的通信理论》，该阶段主要通过密码防止信息被窃取。

(2) 20 世纪 70—80 年代，1977 年美国国家标准局公布的国家数据加密标准及 1983 年美国国防部公布的可信计算机系统评价准则，标志着信息安全由通信问题变为信息系统安全问题。这个时期信息安全的关注焦点在于网络数据传输、处理和存储的保密性、可用性和完整性，保证动态信息不被窃取、解密或篡改。

(3) 20 世纪 90 年代，随着互联网技术的飞速发展，信息安全进一步衍生出了可控性、抗抵赖性、真实性等其他的原则和目标。这个时期主要采取的安全措施包括防火墙、漏洞扫描、入侵检测等。

(4) 1998 年，美国国家安全局提出了《信息保障技术框架》(Information Assurance Technical Framework，IATF)，强调主动防御的重要性，标志着信息安全阶段从风险承受模式转变为安全保障模式。

(5) 2009 年至今，是网络空间安全和信息安全保障结合的时期。将网络安全提升到国家安全的重要程度。

工程信息安全风险管理的最终目的是使安全风险降低到用户和决策者都可以接受的程度。该管理贯穿工程信息全生命周期，包括规划、设计、实施、运维和废弃各个阶段，采用不同的方法进行风险控制，因此管理过程包括对象确立、风险评估、风险控制、审核批准、监控与审查、沟通与咨询。而在工程信息安全管理过程中，需要遵循以下几个原则。

- 规范化原则：各阶段都应遵循安全规范要求。
- 系统化原则：对系统各阶段，包括以后的升级换代和功能扩展进行全面统一的考虑。
- 综合保障原则：人员、资金、技术等多方面保障。

- 以人为本原则：提高管理人员的技术素养和道德水平。
- 预防原则：有超前意识，尽量在安全问题发生之前采取方法预防或者规避问题。
- 风险评估原则：需要定期进行系统信息安全风险评估。
- 动态原则：根据环境的改变和技术的进步，提高系统的保护能力。
- 成本效益原则：根据资源价值和风险评估结果，采取适当的保护措施。

具体地，工程信息安全管理内容主要包含四大块，分别是设施安全管理、信息安全管理、运行安全管理及信息风险管理。设施安全管理包括以下几方面。

(1) 网络设施安全管理：对系统安全、服务安全、机制安全、事件处理安全、审计安全和恢复安全的管理。

(2) 保密设备安全管理：对保密性能指标、工作状态、保密设备类型、数量、分配、使用者状况和密钥的管理。

(3) 硬件设施安全管理：对配置、使用、维修、存储、网络连接的管理。

(4) 软件设施安全管理：对配置、使用、维护、开发、病毒的管理。

(5) 场地设施安全管理：防水、防火、防静电、防雷击、防辐射、防盗窃。

信息安全管理需要管理的对象包括：

- 存储介质的管理：纸介质、光盘、硬盘、U盘等。
- 技术文档的管理：系统或网络在设计、开发、运行和维护中所有技术问题的文字描述。
- 密钥和口令的管理：生成、检验、分配、保存、使用、注入、更换和销毁密钥和口令的过程管理。

运行安全管理的具体手段包括：

- 安全审计：对系统或网络运行中有关安全的情况和事件进行记录、分析并采取相应措施。
- 安全恢复：在网络和信息系统受到灾难性打击和破坏时，为使网络和信息系统迅速恢复正常，并将损失降低到最小而进行的一系列活动。

根据上述原则和内容，可以通过如图6-1所示的信息安全体系设计步骤设计一套工

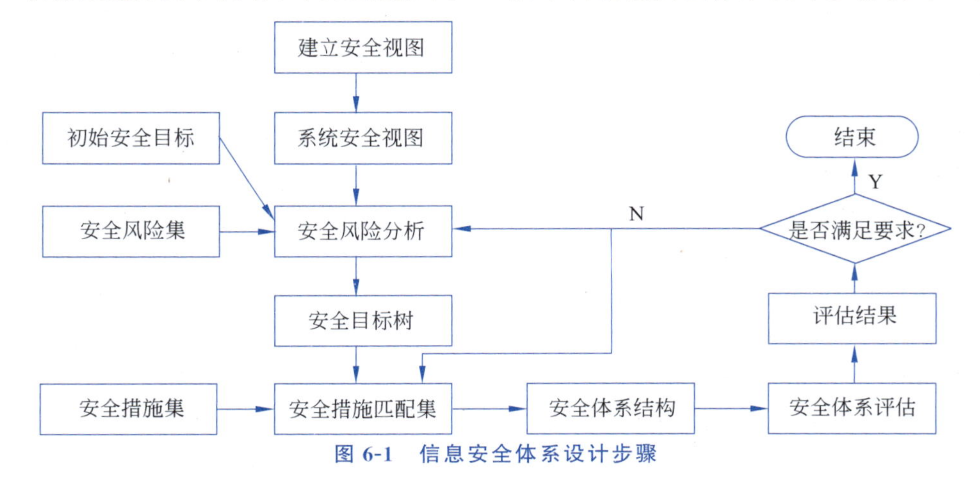

图6-1　信息安全体系设计步骤

程信息安全管理系统。首先明确信息初始安全目标、安全风险集和安全措施集。在实际部署时,通过建立系统安全视图,分析信息安全存在的风险,构建安全目标树,并和安全措施进行匹配最终形成信息安全体系结构。为了保证该安全体系的高效性,需要保证其可以进行自适应调整,即通过对该体系进行实际应用效果评估,观察其是否能满足最初的安全管理需求,并对不符合要求的步骤重新进行安全风险分析和措施匹配,进而改善结构。

6.2 工程信息风险管理机制

信息安全风险评估是结合资产、威胁、脆弱性、影响和已有控制措施五方面,判断安全事件发生的概率以及可能造成的损失,对应地提出风险管理措施。其目的是系统地从计划、设计、制造、运行等过程考虑安全技术和安全管理的问题,找出危害信息安全的潜在危险因素,并提出相应的安全措施。工程信息风险管理需要遵循以下几个原则。

(1) 可控性原则:人员、工具和项目过程的可控性。

(2) 可靠性原则:评估时要参考有关的信息安全标准和规定。

(3) 完整性原则:对指定范围和评估需求进行风险的全面评估。

(4) 最小影响原则:风险评估过程对组织正常业务活动的影响应该降到最低。

(5) 时间与成本有效原则:要高效规划风险评估过程花费的时间和成本。

(6) 保密原则:要对评估过程进行保密,与委托方签订相关保密性协议后,未经许可不得将数据泄露给其他组织和他人。

建立并完善工程信息风险管理机制体系,是贯彻落实国家关于加强工程信息风险评估工作的要求,是提升和强化工程信息风险管理水平的重要基础。工程信息风险管理工作的科学、有效开展离不开风险管理机制体系的建立和作用的发挥。因此,以工程管理要素之间相互作用和相互联系的集成管理方式,以各集成管理要素形成一种浑然一体、协同一致的整体性功能的集成管理要求,构建贯穿工程全过程的风险管理机制体系,成为解决工程信息面临的风险管理工作问题的科学保障,使项目的决策、规划、建设和使用更加科学化、合理化。构建工程信息风险管理机制体系应以明确工程信息风险管理特点为基础,实现集成整体功能。

由于工程项目风险存在客观性和普遍性、必然性和偶然性、多样性和多层次性并存的特点,且对于一些重大工程项目来说,其更具有资金投入大、工程结构复杂、建设周期长、涉及面广且影响因素众多等特点,因此重大工程项目具有的作用和特点使其在全生命周期内所面临的不确定性风险因素较一般工程项目更多、更大。如果某种风险发生,那么其对重大工程项目所产生的不利作用和影响较其他工程项目更严重,因此更需要制定合理的工程信息风险管理机制。

针对上述工程特点,工程信息风险管理也同时表现出动态性、全面性和层次性。

(1) 动态性:工程自身的建设和使用涉及的风险因素多且种类复杂,工程内外各风险因素间的内在关系复杂且多变,使工程信息风险管理工作在不同时期不同阶段的管理目标、管理内容、管理措施、管理方案等存在差异性和变化性,这就需要制定的风险管理方案要有针对性,合理选择风险运行管理机制,加强工程全过程的风险管理。

(2) 全面性：工程的任一领域、任一阶段、任一工作，存在的风险或发生风险事故的概率和程度是不相同的，工程自身对周边环境与社会产生的影响程度也存在差异性。而工程信息风险管理涉及技术、经济、环境、管理等多方面，科学、全面地进行工程信息风险管理工作，要求对工程信息风险的管理不只是专注于某个领域、某方面、某个阶段的风险防范与管控，而是对整个工程各时期、各阶段全部的工作任务和涉及项目所在的区域进行风险的关注与分析，全面协调统筹风险管理工作。

(3) 层次性：工程内部各风险因素之间及内部风险可能导致的社会稳定风险等，均因建设项目的特点及其所在区域的特点的不同，显示出不同程度的多层次性。工程风险的多层次性又要求工程信息风险管理具有层次性。工程信息风险管理涉及领域多且复杂，工程涉及领域出现风险的概率和各种风险对工程的影响程度各不相同，工程各种风险对所在区域的影响程度也不同。因此，工程信息风险管理对各种风险管控的侧重度是不同的，这就要求认真分析项目风险，抓住主要矛盾，有针对性地对工程全过程各阶段的重点风险进行严格管控。

工程信息风险管理机制体系可以运用集成管理理论和项目管理方法进行构建，一般包含七个主要机制，即综合决策机制、社会参与机制、预警预控机制、应急机制、补偿机制、后评价机制和监督保障机制。其中，工程信息风险管理综合决策机制是通过解决工程全过程各阶段中涉及的决策部门和各利益团体的各种问题，要求各部门在制定、执行项目有关决策时进行广泛的沟通、合作，重视各利益团体的作用，并采取协调一致行动的必要管理机制。

工程信息风险管理社会参与机制是通过相关政府机构、项目参与单位与项目所在区域的企事业等单位、公民、有关社会组织及团体等社会要素之间的双向交流、多向交流，将工程规划、建设和使用活动中风险的有关情况、信息实时完整地告知给各社会要素，积极征求各社会要素的意见和建议，防止和化解项目与社会，政府、项目参与方与各社会要素之间冲突的重要管理机制。

工程信息风险管理预警预控机制是通过发现风险的早期预警信号，实现风险相关信息的提前反馈，运用定量和定性分析相结合的方法，识别工程潜在风险类别、程度、原因及其发展变化趋势，及时采取针对性的处理措施防范、控制和化解风险，避免或减小风险事故发生的管理机制。

工程信息风险管理应急机制是指对工程突然发生的风险事故进行紧急应对与处理，避免事故进一步扩大或事态加重，使损失最小化的管理机制。对于突然发生的风险事故，启动事先做好的防备和应对策略的应急机制是关键。该应急机制的作用在于针对性地制定不同风险事故情况下的应急预案，规范风险事故现场应急处置工作，及时准确地采取相应的应对措施，有效控制风险事故的蔓延，避免或减小风险对项目造成不可挽回的损失。

工程信息风险管理补偿机制是指根据工程信息价值、发展机会成本、工程信息影响程度和风险等，调整工程中各相关方之间利益关系的政策与经济手段，是一项基于受损者补偿的具有激励作用的政策。风险管理补偿机制以法律法规为依据，以行政手段为主导，综合运用经济、技术和社会手段，推动工程信息风险管理补偿工作的合理有序进行，实现政府、工程、各利益群体的协调。该机制的作用在于因地制宜地选择补偿模式，及时对利益受损方做出风险损失补偿，建立公平公正、积极有效的风险管理环境，努力实现风险补偿的法制化、规范化，为工程信息风险管理顺利开展提供必要保障。

工程信息风险管理评价机制是指在工程已经完成并运行一段时间后，对工程信息风险管理的预期目标、主要风险指标、风险管理各项工作实现情况进行系统的分析与总结，客观、公正地评价工程信息风险管理工作的成效和失误的状况、原因及处理的情况等。风险管理评价也可以用于工程中某一阶段工作完成后，对该阶段风险管理工作开展评价。风险管理评价机制的作用在于衡量与总结工程决策者、管理者和建设者等在工程信息风险管理工作中的工作业绩和存在的问题，分析评价工程风险管理成败的原因，为工程后续工作及以后项目的决策提出改进措施和方案，从而达到提高风险管理水平和实绩的目的。

工程信息风险管理监督保障机制是对工程全过程各阶段进行跟踪监督，依照项目相关各部门、各人员的工作职责，增强项目全体参与机构和人员对法规制度的执行力，发挥工程各部门、各人员的主动性和创造性，推动项目在决策、建设和运营全过程相关工作的实施中风险问题的科学应对与妥善解决的必要管理机制。风险管理监督保障机制要求建立和落实相应工程信息风险管理制度，通过各项监督管理手段，切实加强工程体内、外同步监督保障。应科学合理制定工程信息风险管理监督标准，明确风险管理工作中各相关方的责任，鼓励工程有关利益群体结合工程潜在风险特点探索风险保障模式。

对于一些重大工程项目的风险管理则需要更为谨慎，除了上述子机制的统筹计划、科学决策、合理组织外，还需要考虑在工程的不同阶段选用不同的主导机制，使工程各风险管理机制综合协调运行顺畅，进一步防范风险。

在工程前期，风险管理机制体系以综合决策机制为主导机制运行，同时运用好社会参与机制和监督保障机制。这一阶段综合决策机制的运行实施高度重视社会力量的参与，同时受到工程相关各级部门的监督和各类资源供给力度的强力约束。

在工程建设期，风险管理机制体系中的社会参与机制和监督保障机制应持续发挥作用，推动工程信息风险管理工作科学开展，同时预警预控机制、应急机制和补偿机制陆续启动运行。在工程竣工验收阶段或使用阶段，开展项目评价工作时，工程信息风险管理评价机制启动。建设期的风险管理机制应当以风险预防为主，协同运行防范、控制、处置模式，加强项目风险管理工作，切实提高风险管理水平，保障这一阶段风险管理目标的实现，为工程运营期风险管理工作的顺利、有序开展创造有利条件和重要保障。

在工程运营期，建设期启动的风险管理机制继续运行工作，各机制相辅相成，共同服务于项目的安全和可持续运行，提升工程使用阶段抵御风险的综合防范能力，实现工程信息风险管理的集成化综合最优。

6.2.1 工程信息安全风险评估

工程信息安全风险评估是指确定在工程中每一种信息资源缺失或遭到破坏对整个系统造成的预计损失数量，是对威胁、脆弱点以及由此带来的风险大小的评估。该评估用于了解信息系统目前与未来的风险所在，了解这些风险可能带来的安全威胁与影响程度，为安全策略的确定、信息系统的建立及安全运行提供依据。目前通用的做法是，通过有资质的第三方进行安全风险和等级保护测评，给用户提供信息技术产品和系统安全运行的可靠性。

目前国际上普遍认为信息安全应该是一个动态的、不断完善的过程，并做了大量研究工作，产生了各类动态安全体系模型，如基于时间的 PDR 模型、P2DR 模型、全网动态安全体系 APPDRR 模型、安氏的 PADIMEE 模型以及我国的 WPDRRC 模型等。其中偏重技术的 P2DR 模型和偏重管理的 PADIMEE 模型产生的影响最大，且 PADIMEE 模型对系统安全的描述更全面一些。如图 6-2 所示，PADIMEE 模型通过对客户的技术和业务需求的分析以及对客户信息安全的生命周期考虑，在七个核心方面体现信息系统安全的持续循环，它们是策略(policy)、评估(assessment)、设计(design)、执行(implementation)、管理(management)、紧急响应(emergency response)和教育(education)，并将自身业务和 PADIMEE 周期中的每个环节紧密地结合起来，为客户构建全面的安全管理解决方案。该模型的核心思想是以工程方式进行信息安全工作，更强调管理以及安全建设过程中的人为因素。

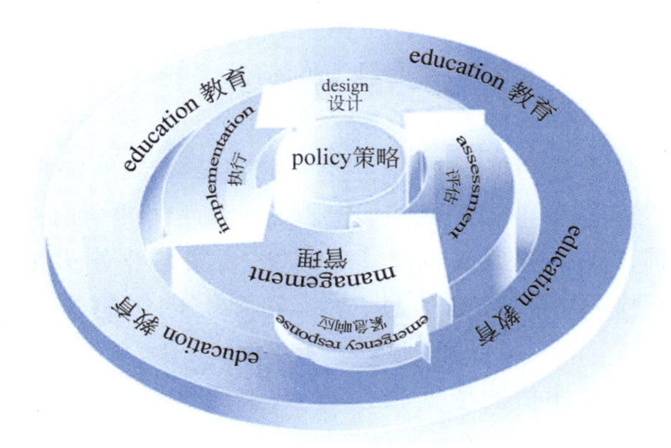

图 6-2　PADIMEE 模型

事实上，工程信息系统风险分析和评估是一个复杂的过程，一个完善的信息安全风险评估架构应该具备相应的标准体系、技术体系、组织架构、业务体系和法律法规。从美国国防部 1985 年发布著名的可信计算机系统评估准则(trusted computer system evaluation criteria，TCSEC)起，世界各国根据自己的研究进展和实际情况，相继发布了一系列有关安全评估的准则和标准，如美国可信计算机系统评价标准(TCSEC)，英国、法国、德国、荷兰等于 20 世纪 90 年代初发布的信息技术安全评估准则(information technology security evaluation criteria，ITSEC)，加拿大于 1993 年发布的加拿大可信计算机产品评价准则(Canada trusted computer product evaluation criteria，CTCPEC)，美国于 1993 年制定的信息技术安全联邦准则(federal criteria，FC)，由六国七方(加拿大、法国、德国、荷兰、英国、美国国家标准与技术研究院(National Institute of Standards and Technology，NIST)及美国国家安全局(National Security Agency，NSA))于 20 世纪 90 年代中期提出的信息技术安全性评估通用准则(common criteria，CC)，由英国标准协会(British Standards Institution，BSI)制定的信息安全管理标准 BS7799(ISO/IEC 17799)以及最近得到 ISO 认可的 SSE-CMM(ISO/IEC 21827：2002)等。我国根据具体情况，也加快了信息安全标准化的步伐和力度，相继颁布了如《计算机信息系统　安全保护等级划分准则》(GB 17859—1999)、《网络安全技术 信息技术安全评估准则》(GB/T 18336—

2024)、《信息安全技术　网络安全等级保护定级指南》(GB/T 22240—2020)以及针对不同技术领域的一些其他安全标准。

标准在信息系统风险评估过程中的指导作用不容忽视,而在评估过程中使用何种方法对评估的有效性同样具有举足轻重的影响。风险评估过程就是在评估标准的指导下,综合利用相关评估技术、评估方法、评估工具,针对信息系统展开全方位的评估工作的完整历程。对信息系统进行风险评估,首先应确保风险分析的内容与范围应该覆盖信息系统的整个体系,应包括系统基本情况分析、信息系统基本安全状况调查、信息系统安全组织、政策情况分析、信息系统弱点漏洞分析等。风险评估的准备是实施风险评估的前提,即在评估之前进行充分的准备和计划,具体来说,需要做好以下几项工作。

(1) 确定信息安全风险评估的目标。主要是识别信息系统及管理上的不足及可能造成的风险大小。

(2) 确定信息安全风险评估的范围。范围可以大到组织全部的信息及信息处理相关的各类资产、管理机构,也可以细化到某个独立的信息系统、某个关键的业务流程或者某个部门。

(3) 组建适当的评估管理与实施团队。团队应包括评估单位领导、信息安全风险评估专家、技术专家,以及来自各部门的代表,以保证风险评估的全面性和代表性。

(4) 系统调研。需要调研业务战略及管理制度、主要的业务功能和需求、网络机构和环境、系统边界、主要硬件软件、数据信息、系统和数据的敏感性及支持和使用系统的人员。

(5) 确定信息安全风险评估的依据和方法,制定评估方案。需要通过系统调研的结果确定风险评估的依据,并综合考虑评估的环境及条件因素来选择具体的风险计算和评估方法及工具,并相应地制定具体的评估方案,可以按照时间进度来安排任务和具体分工。

(6) 获得最高管理者对信息安全风险评估工作的支持。这一步需要高层部门审批风险评估方案的可行性,并上传下达到具体的管理层和技术人员进行实施。

接下来进行的风险评估过程,具体包括如下几个步骤。

1. 确定资产

安全评估的第一步是确定信息系统的资产,并明确资产的价值,资产的价值是由其对组织、供应商、合作伙伴、客户和其他利益相关方在安全事件中的保密性、完整性和可用性影响来衡量的。资产的范围很广,一切需要加以保护的东西都算作资产,包括信息资产、纸质文件、软件资产、物理资产、人员、公司形象和声誉、服务等。资产的评估应当从关键业务开始,最终覆盖所有关键资产。

资产识别是对评估对象所设计的资产进行详细的识别并建立起资产清单。识别可以采用访谈、现场调查、文献查阅等方式。在识别的过程中除了注意可见的有形资产外,还要注意软件、服务、流程、数据、文档、人力资源等无形资产。识别完全部的资产后,下一步是对每项资产进行估值。按照 NIST SP800-30 的建议,一般可以采用 0.1～1.0 范围内的数值来对资产进行估值,数值越高,表明资产在组织中的相对重要性越大。

2. 脆弱性和威胁分析

脆弱性识别对资产进行细致周密的分析，发现它的脆弱点及由脆弱点所引发的威胁，统计分析发生概率、被利用后所造成的损失等脆弱性，分为技术脆弱性和管理脆弱性两大类。一般来说，技术脆弱性可能包括物理安全（物理设备的运行状况）、网络安全（传输加密、访问控制、架构鲁棒性等网络相关安全要素）、系统安全（计算机系统安全条件）、应用安全（软件安全条件）。而管理脆弱性则是指一些安全管理策略上的安全问题。识别脆弱性后同样需要对其严重程度进行赋值评估，评估主要根据其对资产的损害程度、技术实现的难易程度以及弱点的流行程度来进行。根据《信息安全技术　信息安全风险评估方法》（GB/T 20984—2022），脆弱性被划分为 5 级，数值越高，说明一旦该威胁被利用，那么它对资产造成的损害程度也就越大。

威胁识别是根据资产目前所处的环境条件和以前的记录情况来判断其可能面临的威胁。威胁识别一般可以采用采样分析、日志分析、人员访谈、人工分析、安全策略文档分析、安全审计等方法。识别威胁后，则要对威胁定级，定级主要根据威胁出现的频率来进行。根据《信息安全技术　信息安全风险评估方法》（GB/T 20984—2022），威胁被划分为 5 级，数值越高，说明威胁出现的频率越高。

定量来说，信息安全风险可以表示为威胁发生的可能性、脆弱性被威胁利用的可能性以及威胁的潜在影响三个因素的函数。如果将风险表示为 R，资产表示为 A，威胁表示为 T，脆弱性表示为 V，在计算风险时需要额外增加通过控制（主要包含一些预防手段）减少的风险 R_c。

那么就可以表示为公式

$$R=R(A,T,V)-R_c=R(P(T,V),I(V_e,S_z)-R_c)$$

其中，对威胁的估值为 T，对脆弱性的估值为 V，所以 $P(T,V)$用来计算安全事件发生的可能性。而 V_e 是资产估值，S_z 是脆弱性程度，所以 $I(V_e,S_z)$用来计算安全事件发生后造成的影响。对二者合并考虑则可以对风险进行计算和评估，具体有两种计算方法，一种是矩阵法，另一种是相乘法。一般可以将二者结合使用。

对于 $P(T,V)$的计算根据相乘法可以表示为

$$P(T,V)=\sqrt{TV}$$

对于 $I(V_e,S_z)$的计算可以表示为

$$I(V_e,S_z)=\sqrt{V_eS_z}$$

同样地，对最后的风险计算表示为

$$R=\sqrt{P(T,V)\cdot I(V_e,S_z)}$$

可以将计算出来的风险值风险等级表对照来确定最终的风险评估等级。

这里举例说明上述计算方式的操作方法。

对于某资产 A_x，其面临的威胁 T_x 和脆弱性 V_x 分别是 4 和 4，而资产估值 A_x 为 5。

那么可以计算出安全事件发生的可能性 $P=\sqrt{4\times4}=4$，

安全事件发生的影响 $I=\sqrt{4\times5}=2\sqrt{5}$，

于是风险值为 $R=\sqrt{4\times2\sqrt{5}}\approx4.228$。

由于风险值最高为25,按照五级划分,可以得到如表6-1所示的风险等级表,在进行对照确定最终的风险等级为1级。

表6-1 风险等级表

风 险 等 级	风险值范围
1	0～5
2	6～10
3	11～15
4	16～20
5	21～25

在分析各种威胁及它们发生可能性的基础上,研究消除/减轻/转移威胁风险的手段。这一阶段不需要作出什么决策,主要是考虑可能采取的各种安全防范措施和它们的实施成本。制定出的控制措施应当全面,在有针对性的同时,要考虑系统的、根本性的解决方法,为下一阶段的决策做充足的准备,同时将风险和措施文档化。

3. 决策

在识别和计算风险后,需要对相应的风险分等级进行管理和控制,可以考虑以下四种方式。

(1) 风险规避:通过不使用面临风险的资产来避免风险。通常在无法接受风险的损失,又难以通过控制措施来降低风险的情况下使用。

(2) 风险转移:将面临风险的资产或其价值进行安全转移来避免或降低风险。通常当风险不能被降低或避免,且被转嫁方可以接受的情况下使用,如可以将风险转移到保险公司等。

(3) 风险降低:对面临风险的资产采取保护措施来降低风险。这是最首选也是最常用的方法,一般在保证安全投入小于负面影响价值的情况下使用。

(4) 风险接受:当风险带来的损失在可以接受的范围内时,可以对风险不采取进一步处理措施。

在整个风险评估的过程中,要注意做好各种文档的记录,如风险评估方案、风险评估程序、资产识别清单、重要资产清单、威胁列表、脆弱性列表、风险评估报告、风险评估记录等。在分析和决策过程中,要尽可能多地让更多的人参与进来,从管理层的代表到业务部门的主管,从技术人员到非技术人员。

4. 沟通与交流

由上一阶段所作出的决策,必须经过领导层的签字和批准,并与各方就决策结论进行沟通。这是很重要的一个过程,沟通能确保所有人员对风险有清醒的认识,并有可能再发现一些以前没有注意到的脆弱点。

5. 监督实施

最后的步骤是安全措施的实施。实施过程要始终在监督下进行,以确保决策能够贯

穿工作之中。在实施的同时，要密切注意和分析新的威胁并对控制措施进行必要的修改。另外，由于信息系统及其所在环境的不断变化，在信息系统的运行过程中，绝对安全的措施是不存在的：攻击者不断有新的方法绕过或扰乱系统中的安全措施；系统的变化会带来新的脆弱点；实施的安全措施会随着时间而过时等。所有这些表明，信息系统的风险评估过程是一个动态循环的过程，应周期性地对信息系统安全进行重评估。

评估方法的选择直接影响到评估过程中的每个环节，甚至可以左右最终的评估结果，所以需要根据系统的具体情况，选择合适的风险评估方法。风险评估方法有很多种，概括起来可分为三大类：定量评估方法、定性评估方法、定性与定量相结合的综合评估方法。

（1）定量评估方法。

定量评估方法是指运用数量指标来对风险进行评估。典型的定量评估方法有因子分析法、聚类分析法、时序模型、回归模型、等风险图法、决策树法等。

定量评估方法的优点是用直观的数据来表述评估的结果，使结果一目了然，而且比较客观。定量评估方法的采用，可以使研究结果更科学、更严密、更深刻。有时，一个数据所能够说明的问题可能是用一大段文字也不能够阐述清楚的；但为了量化，常常使本来比较复杂的事物简单化、模糊化了，有的风险因素被量化以后还可能被误解和曲解。

（2）定性评估方法。

定性评估方法主要依据研究者的知识、经验、历史教训、政策走向及特殊变例等非量化资料对系统风险状况作出判断。它主要以对调查对象的深入访谈做出的个案记录为基本资料，然后通过一个理论推导演绎的分析框架，对资料进行编码整理，并在此基础上做出调查结论。典型的定性评估方法有因素分析法、逻辑分析法、历史比较法、德尔斐法。

定性评估方法的优点是避免了定量评估方法的缺点，可以挖掘出一些蕴藏很深的思想，使评估的结论更全面、更深刻；但它的主观性很强，对评估者本身的要求很高。

（3）定性与定量相结合的综合评估方法。

系统风险评估是一个复杂的过程，需要考虑的因素很多，有些评估要素是可以用量化的形式来表达的，而对有些要素的量化又是很困难甚至是不可能的，所以我们不主张在风险评估过程中一味地追求量化，也不认为一切都量化的风险评估过程是科学、准确的。我们认为定量评估是定性评估的基础和前提，定性评估应建立在定量评估的基础上才能揭示客观事物的内在规律。定性评估则是灵魂，是形成概念、观点，作出判断，得出结论所必须依靠的，在复杂的信息系统风险评估过程中，不能将定性评估和定量评估两种方法简单地割裂开来。而是应该将这两种方法融合起来，采用综合的评估方法。

在信息系统风险评估过程中，一种典型的分析方法——层次分析法（analytic hierarchy process，AHP）经常被用到，它是一种综合的评估方法。该方法是由美国著名的运筹学专家萨蒂于20世纪70年代提出来的，是一种定性与定量相结合的多目标决策分析方法。这一方法的核心是将决策者的经验判断给予量化，从而为决策者提供定量形式的决策依据。目前该方法已被广泛地应用于尚无统一度量标尺的复杂问题的分析，解决用纯参数数学模型方法难以解决的决策分析问题。该方法对系统进行分层次、拟定量、规范化处理，在评估过程中经历系统分解、安全性判断和综合判断三个阶段。它的基本步骤如下。

(1) 系统分解,建立层次结构模型:层次模型的构造是基于分解法的思想,进行对象的系统分解。它的基本层次包含目标层、准则层和指标层,目的是基于系统基本特征建立系统的评估指标体系。

(2) 构造判断矩阵,通过单层次计算进行安全性判断:判断矩阵的作用是在上一层某一元素约束条件下,对同层次元素之间的相对重要性进行比较,根据心理学家提出的“人区分信息等级的极限能力为 7±2”的研究结论,AHP 方法在对评估指标的相对重要程度进行测量时,引入了九分位的相对重要的比例标度,构成判断矩阵。计算的中心问题是求解判断矩阵的最大特征根及其对应的特征向量;通过判断矩阵及矩阵运算的数学方法,确定对于上一层次的某个元素而言,本层次中与其相关元素的相对风险权值。

(3) 层次总排序,完成综合判断:计算各层元素对系统目标的合成权重,完成综合判断,进行总排序,以确定递阶结构图中最底层各个元素在总目标中的风险程度。

在进行安全模型、评估标准、评估方法研究的同时,各大安全公司也相应推出自己的评估工具来体现以上研究成果。下面介绍几个典型的评估工具。

(1) SAFESuite 套件。

SAFESuite 套件是 Internet Security Systems(简称 ISS)公司开发的网络脆弱点检测软件,它由 Internet 扫描器、系统扫描器、数据库扫描器、实时监控和 SAFESuite 套件决策软件构成,是一个完整的信息系统评估系统。

(2) Web Trends Security Analyzer 套件。

Web Trends Security Analyzer 套件是针对 Web 站点安全的检测和分析软件,它是 Net IQ-Web Trends 公司的系列产品。其系列产品为企业提供一套完整的、可升级的、模块式的、易于使用的解决方案。系列产品包括 Web Trends Reporting Center、Analysis Suite、Web Trends Log Analyzer、Security Analyzer、Web Trends、Firewall Suite and Web Trends Live 等。它可以找出大量隐藏在 Linux 和 Windows 服务器、防火墙、路由器等软件中的威胁和脆弱点,并可针对 Web 和防火墙日志进行分析,由它生成的 HTML 格式的报告被认为是目前市场上做得最好的。报告对找到的每个脆弱点进行了说明,并根据脆弱点的优先级进行了分类,还包括一些消除风险、保护系统的建议。

(3) Cobra。

Cobra 是一套专门用于进行风险分析的工具软件,其中也包含促进安全策略执行、外部安全标准(ISO/IEC 17799)评定的功能模块。用 Cobra 进行风险分析时,分三个步骤:调查表生成、风险调查、报告生成。Cobra 的操作过程简单而灵活,安全分析人员只需要清楚当前的信息系统状况,并对之作出正确的解释即可,所有烦琐的分析工作都交由 Cobra 来自动完成。

(4) CC tools。

CC tools 帮助用户按照 CC 标准自动生成保护轮廓(protect profile,PP)和安全目标(security target,ST)报告。

以上这些工具有的是通过技术手段,如漏洞扫描、入侵检测等来维护信息系统的安全;有的是依据评估标准而开发的,如 Cobra。不可否认,这些工具的使用会丰富评估所需的系统脆弱、威胁信息、简化评估的工作量,减少评估过程中的主观性,但无论这些工具

功能多么强大，由于信息系统风险评估的复杂性，它们在信息系统的风险评估过程中也只能作为辅助手段，代替不了整个风险评估过程。

6.2.2　工程信息安全等级保护

信息安全等级保护是对信息和信息载体按照重要性分级别进行保护的一种工作，属于一种技术性很强的国家风险控制行为。2017 年 6 月 1 日起施行的《中华人民共和国网络安全法》（简称《网络安全法》）规定，等级保护是我国信息安全保障的基本制度。《网络安全法》完善了国家、网络运营者、公民个人等角色的网络安全义务和责任，将原来散见于各种法规、规章中的网络安全规定上升到法律层面。《网络安全法》规定，我国实行网络安全等级保护制度。网络安全等级保护制度是国家信息安全保障工作的基本制度、基本国策和基本方法，是促进信息化健康发展，维护国家安全、社会秩序和公共利益的根本保障。对信息系统分级实施保护，在网络安全等级保护的基础上，重点保护关键信息基础设施，能够有效地提高我国网络安全建设的整体水平，在信息化建设过程中同步建设网络安全，保障网络安全与信息化建设相协调；能够为信息系统网络安全建设和管理提供系统性、针对性、可行性的指导和服务，有效控制网络安全建设成本，优化网络安全资源的配置。

信息安全等级保护坚持自主定级、自主保护的原则，包括系统定级、系统备案、建设整改、等级测评和监督检查 5 个阶段。信息安全等级保护要求不同安全等级的信息系统应具有不同的安全保护能力，通过在安全技术和安全管理上选用与安全等级相适应的安全控制得以实现。信息系统的安全保护等级应当根据信息系统在国家安全、经济建设、社会生活中的重要程度，信息系统遭到破坏后对国家安全、社会秩序、公共利益以及公民、法人和其他组织的合法权益的危害程度等因素确定。

《信息安全技术　网络安全等级保护实施指南》（GB/T 25058—2019）明确了以下基本原则。

（1）自主保护原则：信息系统运营、使用单位及其主管部门按照国家相关法规和标准，自主确定信息系统的安全保护等级，自行组织实施安全保护。

（2）重点保护原则：根据信息系统的重要程度、业务特点，通过划分不同安全保护等级的信息系统，实现不同强度的安全保护，集中资源优先保护涉及核心业务或关键信息资产的信息系统。

（3）同步建设原则：信息系统在新建、改建、扩建时应当同步规划和设计安全方案，投入一定比例的资金建设信息安全设施，保障信息安全与信息化建设相适应。

（4）动态调整原则：要跟踪信息系统的变化情况，调整安全保护措施。由于信息系统的应用类型、范围等条件的变化及其他原因，安全保护等级需要变更的，应当根据等级保护的管理规范和技术标准的要求，重新确定信息系统的安全保护等级，根据信息系统安全保护等级的调整情况，重新实施安全保护。

按照《信息安全技术　网络安全等级保护定级指南》（GB/T 22240—2020），根据等级保护对象在国家安全、经济建设、社会生活中的重要程度，以及一旦遭到破坏、丧失功能或者数据被篡改、泄露、丢失、损毁后，对国家安全、社会秩序、公共利益以及公民、法人和其他组织的合法权益的侵害程度等因素，等级保护对象的安全保护等级分为以下五级。

- 第一级：等级保护对象受到破坏后，会对相关公民、法人和其他组织的合法权益造成一般损害，但不危害国家安全、社会秩序和公共利益。
- 第二级：等级保护对象受到破坏后，会对相关公民、法人和其他组织的合法权益造成严重损害或特别严重损害，或者对社会秩序和公共利益造成危害，但不危害国家安全。
- 第三级：等级保护对象受到破坏后，会对社会秩序和公共利益造成严重危害，或者对国家安全造成危害。
- 第四级：等级保护对象受到破坏后，会对社会秩序和公共利益造成特别严重危害，或者对国家安全造成严重危害。
- 第五级：等级保护对象受到破坏后，会对国家安全造成特别严重的危害。

那么究竟如何来判定上述级别呢？信息安全等级的判定主要是以信息系统的重要性和遭到破坏后对国家安全、社会稳定、人民群众合法权益的危害程度为依据的。等级保护对象定级工作流程如图 6-3 所示，包括：

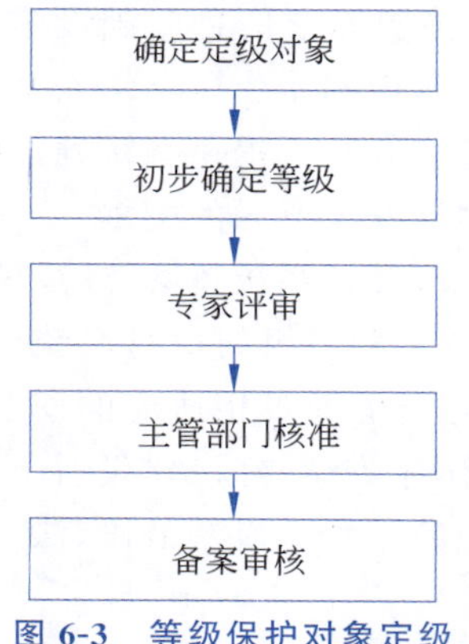

图 6-3　等级保护对象定级工作一般流程

(1) 确定定级对象(即应该给谁来定级)：该定级对象应该满足以下三个条件，即是承载相对独立或单一业务应用的信息系统，其信息安全由本单位主管，并具有信息系统的基本要素。

(2) 初步确定等级：在确定好定级对象后，需要确定工程信息安全受到破坏时所侵害的客体(一般包括公民、法人和其他组织的合法权益；社会秩序、公共利益；或者是国家安全)，根据不同的客体，从多方面综合评定侵害程度后，确定工程信息安全等级，最终作为定级对象的安全保护等级。其中，侵害程度主要包含一般损害、严重损害和特别严重损害三个程度，具体定义来说：

- 一般损害是指工作职能受到局部影响，业务能力有所降低，但不影响主要功能的执行，出现较轻的法律问题，受到较低的资产损失和有限的社会不良影响，对其他组织和个人造成较低损害。
- 严重损害是指工作职能受到严重影响，业务能力显著降低，影响主要功能的执行，出现较严重的法律问题，受到较高的资产损失和大范围的社会不良影响，对其他组织和个人造成较大损害。
- 特别严重损害则是指工作职能受到特别严重影响甚至丧失行使能力，业务能力严重降低甚至无法执行某些功能，出现极其严重的法律问题，受到极高的资产损失和大范围的社会不良影响，对其他组织和个人造成非常严重的损害。

(3) 专家评审：需要聘请专家进行咨询评审，并出具定级评审意见。

(4) 主管部门核准：参考专家意见后形成定级报告，当运营使用单位与专家评审意见相左时，由运营使用单位或其上级主管部门来决定系统等级。

(5) 备案审核：系统等级由第三方审核机构审核通过后，审核机构将出具备案批复文件，正式确认该对象的等级保护定级。最终的备案信息可能会在相关网站公示，并归档备案文件，作为后续监督和检查的依据。

这里以某省级办公自动化(office automation,OA)系统安全等级保护定级的过程为例进行介绍。该系统安全保护等级确定流程共经过以下四步。

第一步:根据表 6-2 确定定级对象为某省级 OA 系统。

表 6-2　业务信息安全二级要素与一级要素映射关系

二级要素			一级要素	
信息系统类别	系统服务范围	承载信息类别	侵害的客体	侵害程度
行政办公类	全国	涉及国家安全的信息	国家安全	严重损害
		重要信息	社会秩序、公共利益	严重损害或特别严重损害
		一般信息	社会秩序、公共利益	一般损害
	区域	涉及国家安全的信息	国家安全	一般损害
		重要信息	社会秩序、公共利益	严重损害或特别严重损害
		一般信息	社会秩序、公共利益	一般损害
	全省	涉及国家安全的信息	国家安全	一般损害
		重要信息	社会秩序、公共利益	严重损害
		一般信息	社会秩序、公共利益	一般损害
	机构内	涉及国家安全的信息	国家安全	一般损害
		重要信息	社会秩序、公共利益	一般损害
		一般信息	公民、法人、其他组织	一般损害

第二步:鉴于某省级 OA 系统安全责任部门无法直接通过确定一级要素判定系统信息安全保护等级,因此跳过第二步流程,执行第三步流程。

第三步:先根据信息系统自身固有的特征确定二级要素,再通过二级要素辅助推导出一级要素,方法如下。

- 系统服务安全二级要素确定:某省级 OA 系统目前是面向省级机构内部的行业管理重要信息系统,承载行业重要信息,主要服务范围涉及省内区域范围内的普通公民、法人等。参考表 6-3 可推断信息系统业务信息安全被破坏时所侵害的客体及对相应客体侵害的程度。
- 确定业务信息安全保护等级:对照表 6-3 可推断业务信息安全保护等级为第二级。

表 6-3　业务信息安全与安全保护等级的关系

业务信息安全被破坏时所侵害的客体	对相应客体的侵害程度		
	一般损害	严重损害	特别严重损害
公民、法人和其他组织的合法权益	第一级	第二级	第二级
社会秩序、公共利益	第二级	第三级	第四级
国家安全	第三级	第四级	第五级

(1) 系统服务安全二级要素确定：系统服务受到破坏后，人工可替代，对公民、法人、其他组织造成一般损害。参考表 6-4 可推断系统服务安全被破坏时所侵害的客体及对相应客体侵害的程度。

表 6-4　系统服务安全二级要素与一级要素映射关系

<table>
<tr><th colspan="3">二级要素</th><th colspan="2">一级要素</th></tr>
<tr><th>信息系统类别</th><th>系统服务范围</th><th>业务依赖程度</th><th>侵害的客体</th><th>侵害程度</th></tr>
<tr><td rowspan="12">行政办公类</td><td rowspan="3">全国</td><td>人工可替代</td><td>社会秩序、公共利益</td><td>一般损害</td></tr>
<tr><td>人工可部分替代</td><td>社会秩序、公共利益</td><td>一般损害</td></tr>
<tr><td>人工不可替代</td><td>社会秩序、公共利益</td><td>严重损害</td></tr>
<tr><td rowspan="3">区域</td><td>人工可替代</td><td>社会秩序、公共利益</td><td>一般损害</td></tr>
<tr><td>人工可部分替代</td><td>社会秩序、公共利益</td><td>一般损害</td></tr>
<tr><td>人工不可替代</td><td>社会秩序、公共利益</td><td>严重损害</td></tr>
<tr><td rowspan="3">全省</td><td>人工可替代</td><td>社会秩序、公共利益</td><td>一般损害</td></tr>
<tr><td>人工可部分替代</td><td>社会秩序、公共利益</td><td>一般损害</td></tr>
<tr><td>人工不可替代</td><td>社会秩序、公共利益</td><td>严重损害</td></tr>
<tr><td rowspan="3">机构内</td><td>人工可替代</td><td>公民、法人、其他组织</td><td>一般损害</td></tr>
<tr><td>人工可部分替代</td><td>公民、法人、其他组织</td><td>严重损害</td></tr>
<tr><td>人工不可替代</td><td>公民、法人、其他组织</td><td>特别严重损害</td></tr>
</table>

(2) 确定系统服务安全保护等级：对照表 6-5 可推断系统服务安全保护等级为第一级。

表 6-5　系统服务安全与安全保护等级的关系

业务信息安全被破坏时所侵害的客体	对相应客体的侵害程度		
	一般损害	严重损害	特别严重损害
公民、法人和其他组织的合法权益	第一级	第二级	第二级
社会秩序、公共利益	第二级	第三级	第四级
国家安全	第三级	第四级	第五级

第四步：如表 6-6 所示，信息系统的安全保护等级由业务信息安全保护等级和系统服务安全保护等级较高者决定，最终确定某省级 OA 系统安全保护等级为第二级。

表 6-6　一级要素与信息系统安全保护等级的关系

信息系统名称	安全保护等级	业务信息安全保护等级	系统服务安全保护等级
某省级 OA 系统	第二级	第二级	第一级

工程信息管理系统安全等级保护需要在公安部门备案，这里给出某单位信息系统等级保护备案表的格式（见表 6-7 至表 6-9）用于参考。

表 6-7　单位基本情况

<table>
<tr><td>01 单位名称</td><td colspan="5"></td></tr>
<tr><td>02 单位地址</td><td colspan="5"></td></tr>
<tr><td>03 邮政编码</td><td colspan="2"></td><td colspan="2">04 行政区划代码</td><td></td></tr>
<tr><td>05 单位互联网接入 IP 地址段（或互联网接入账号）</td><td colspan="5"></td></tr>
<tr><td rowspan="2">06 单位负责人</td><td>姓　　名</td><td></td><td>职务/职称</td><td colspan="2"></td></tr>
<tr><td>办公电话</td><td></td><td>电子邮件</td><td colspan="2"></td></tr>
<tr><td>07 责任部门</td><td colspan="5"></td></tr>
<tr><td rowspan="3">08 责任部门联系人</td><td>姓　　名</td><td></td><td>职务/职称</td><td colspan="2"></td></tr>
<tr><td>办公电话</td><td></td><td rowspan="2">电子邮件
（QQ 邮箱）</td><td rowspan="2" colspan="2"></td></tr>
<tr><td>移动电话</td><td></td></tr>
<tr><td>09 隶属关系</td><td colspan="5">□1 中央　□2 省（自治区、直辖市）　□3 地（区、市、州、盟）
□4 县（区、市、旗）　□9 其他______</td></tr>
<tr><td>10 单位类型</td><td colspan="5">□1 党委机关　□2 政府机关　□3 事业单位　□4 企业　□9 其他______</td></tr>
<tr><td>11 行业类别</td><td colspan="5">□11 电信　□12 广电　□13 经营性公众互联网
□21 铁路　□22 银行　□23 海关　□24 税务
□25 民航　□26 电力　□27 证券　□28 保险
□31 国防科技工业　□32 公安　□33 人事劳动和社会保障　□34 财政
□35 审计　□36 商业贸易　□37 国土资源　□38 能源
□39 交通　□40 统计　□41 工商行政管理　□42 邮政
□43 教育　□44 文化　□45 卫生　□46 农业
□47 水利　□48 外交　□49 发展改革　□50 科技
□51 宣传　□52 质量监督检验检疫
□99 其他______</td></tr>
<tr><td rowspan="2">12 信息系统总数</td><td rowspan="2"></td><td>13 第二级信息系统数</td><td></td><td>14 第三级信息系统数</td><td></td></tr>
<tr><td>15 第四级信息系统数</td><td></td><td>16 第五级信息系统数</td><td></td></tr>
</table>

表 6-8　信息系统情况

01 系统名称			02 系统编号
03 系统承载业务情况	系统类型	□1 传统信息系统　□2 网站　□3 云计算平台□4 物联网 □5 工业控制系统 □6 App 系统 □7 通信网络设施 □8 行业专网□9 大数据系统　□其他______	
	业务类型	□1 生产作业　□2 指挥调度　□3 管理控制　□4 内部办公 □5 公众服务　□9 其他______	
	业务描述		
04 系统服务情况	服务范围	□10 全国　□11 跨省(区、市) 跨______个 □20 全省(区、市)　□21 跨地(市、区) 跨______个 □30 地(市、区)内 □99 其他______	
	服务对象	□1 单位内部人员　□2 社会公众人员 □3 两者均包括　□9 其他______	
05 系统网络平台	覆盖范围	□1 局域网　□2 城域网　□3 广域网　□9 其他______	
	网络性质	□1 业务专网　□2 互联网　□9 其他______ 网站的 IP 地址：	
06 系统互联情况		□1 与其他行业系统连接　□2 与本行业其他单位系统连接 □3 与本单位其他系统连接　□9 其他______	

07 关键产品使用情况	序号	产品类型	数量	使用国产品率		
				全部使用	全部未使用	部分使用及使用率
	1	安全专用产品		□	□	□______%
	2	网络产品		□	□	□______%
	3	操作系统		□	□	□______%
	4	数据库		□	□	□______%
	5	服务器		□	□	□______%
	6	其他______		□	□	□______%

08 系统采用服务情况	序号	服务类型		服务责任方类型		
				本行业(单位)	国内其他服务商	国外服务商
	1	等级测评	□有□无	□	□	□
	2	风险评估	□有□无	□	□	□
	3	灾难恢复	□有□无	□	□	□
	4	应急响应	□有□无	□	□	□
	5	系统集成	□有□无	□	□	□
	6	安全咨询	□有□无	□	□	□
	7	安全培训	□有□无	□	□	□
	8	其他______		□	□	□

续表

09 等级测评单位名称	
10 何时投入运行使用	年　月　日
11 系统是否是分系统	□是　　　　　　　□否（如选择是请填下两项）
12 上级系统名称	
上级系统所属单位名称	

表 6-9　信息系统定级情况表

	损害客体及损害程度	级别
01 确定业务信息安全保护等级	□仅对公民、法人和其他组织的合法权益造成损害	□第一级
	□对公民、法人和其他组织的合法权益造成**严重**损害 □对社会秩序和公共利益造成损害	□第二级
	□对社会秩序和公共利益造成**严重**损害 □对国家安全造成损害	□第三级
	□对社会秩序和公共利益造成**特别严重**损害 □对国家安全造成**严重**损害	□第四级
	□对国家安全造成**特别严重**损害	□第五级
02 确定系统服务安全保护等级	□仅对公民、法人和其他组织的合法权益造成损害	□第一级
	□对公民、法人和其他组织的合法权益造成**严重**损害 □对社会秩序和公共利益造成损害	□第二级
	□对社会秩序和公共利益造成**严重**损害 □对国家安全造成损害	□第三级
	□对社会秩序和公共利益造成**特别严重**损害 □对国家安全造成**严重**损害	□第四级
	□对国家安全造成**特别严重**损害	□第五级
03 信息系统安全保护等级	□第一级　□第二级　□第三级　□第四级　□第五级	
04 定级时间	年　月　日	
05 专家评审情况	□已评审　　　　　□未评审	
06 是否有主管部门	□有　　　　　□无（如选择有请填下两项）	
07 主管部门名称		
08 主管部门审批定级情况	□已审批　　　　　□未审批	
09 系统定级报告	□有　　　　　□无　　附件名称＿＿＿＿	
填表人：	填表日期：　　年　月　日	

备案审核民警：　　　　　　　　　　审核日期：　　年　月　日

6.3 工程信息安全管理技术

为确保工程信息安全，传统的安全管理技术包括基于密码学理论的数据加密方法(对称算法如 DEs、AEs，非对称算法如 RSA、ECC 等)、消息摘要、数字签名、密钥管理、身份认证、授权和访问控制、审计追踪、安全协议等。而随着智能系统软硬件融合渗透到工程信息技术中，智能软硬件系统面临巨大的威胁，其攻击面和传统系统的攻击面相比大为增加(包括硬件层、系统层、网络层、应用层、算法和模型层)，安全挑战更为复杂，设计相应的安全防护方案更加困难。因此，我们也同样需要综合考虑各个层面的安全方案的协同，实现工程信息安全全生命周期和全技术栈保护。具体地，从如下四个方向部署实施相关的安全策略。

1. 硬件隔离机制

硬件隔离机制为工程信息系统提供了安全的基础，用硬件实现基本的隔离，既能保证高安全性，又能满足高性能要求。通过硬件隔离为上层运行的软件提供基本的安全保证，然后使用软件辅助手段实施更为灵活的系统保护机制，通过软硬件结合的安全策略，实现更为可信的安全管控。

2. 软件代码静态安全分析与修复

软件代码的静态分析，是不需要去执行代码而静态地抽取程序信息的技术。静态分析有广泛的应用场景，特别地，使用静态分析去开展源代码和二进制代码中的安全缺陷和安全漏洞检测，是当前最主要的系统软件安全问题检测手段之一。同时，越来越多的静态安全分析方法开始引入人工智能辅助，帮助程序分析工具更快速识别缺陷，并提供智能建议以进行代码修复。

3. 数据的加密保护

目前全球已有近 100 个国家和地区制定了数据安全保护的法律，数据安全保护专项立法已成为国际惯例。数据本身的安全，主要依赖现代密码算法和协议对数据进行主动保护，如数据保密、数据完整性、双向强身份认证等。对工程信息系统中的数据传输过程，利用密码服务中间件保证数据传输中的安全；对采集中的数据，在数据创建时实现业务应用数据层面的加密；在静态数据存储方面，提供结构化数据加密、非结构化数据加密、大数据加密、数据脱敏、数据溯源等解决方案；在数据使用方面，利用区块链技术来提供数据可信验证服务，确保数据的真实性、完整性和抗抵赖，不被非法篡改。

区块链的启发思路类似“群众的眼睛是雪亮”的这句话。如图 6-4 所示，如果 A 和 B 之间发生了借钱事件，但这件事仅限于他们二人之间做了简单的约定，那么 A 和 B 任一方都可以随时毁约，因为没有任何第三方来证明借钱事件发生过，也没人能证明到底借了多少钱。但如果有一名路人参与这件事并帮忙证明，这件事也不够有说服力，因为这名路人很可能被 A 或 B 任一方收买来作伪证。但如果有多名路人一起见证这件事，收买多名路人成本太高，就使得多名第三方作证下的交易是真实可信发生的。受这个思路启发，区块链则是防篡改的数字分类账，以分布式方式(即没有中央存储库)实施，通常没有中央机

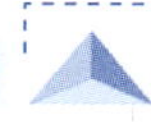

构(即银行、公司或政府)。在基本层面,它们使用户社区能够在该社区内的共享分类账中记录交易,这样在区块链网络的正常运行下,交易一旦发布就无法更改。2008 年,区块链理念与其他几种技术和计算概念相结合,创造了现代加密货币:通过加密机制而不是中央存储库或权威机构保护电子现金。第一个基于区块链的加密货币是比特币。

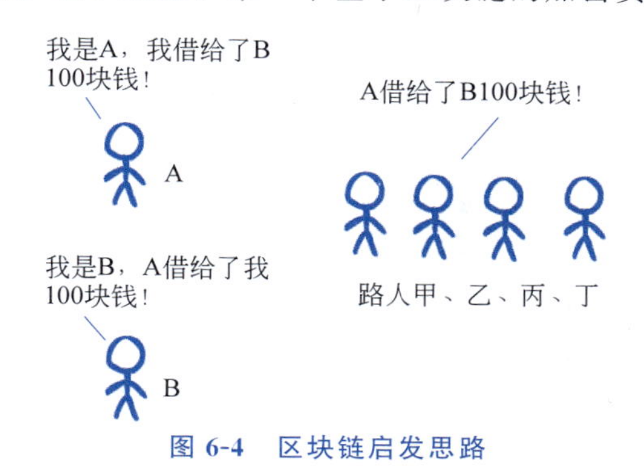

图 6-4　区块链启发思路

在比特币区块链中,代表电子现金的信息附在数字地址上。比特币用户可以对该信息进行数字签名并将权利转让给另一个用户,比特币区块链会公开记录这一转移,允许网络的所有参与者独立验证交易的有效性。比特币区块链由一组分布式参与者存储、维护和协作管理。这与某些加密机制一起,使区块链能够适应以后更改分类账的尝试(修改块或伪造交易)。

区块链技术是现代加密货币的基础,因大量使用加密功能而得名。用户使用公钥和私钥在系统内进行数字签名和安全交易。对于利用挖矿的基于加密货币的区块链网络,用户可以使用加密哈希函数解决难题,以期获得固定数量的加密货币作为奖励。其技术实现通常是为特定目的或功能而设计的,示例功能包括加密货币、智能合约(部署在区块链上并由运行该区块链的计算机执行的软件)以及企业之间的分布式账本系统。因此,区块链技术的一个关键方面是参与者如何同意交易是有效的,被称为"达成共识"。

尽管区块链网络有很多变化,以及新的区块链相关技术快速发展,但大多数区块链网络都使用共同的核心概念。区块链是由区块组成的分布式账本。每个块由包含有关块的元数据的块头以及包含一组交易和其他相关数据的块数据组成。每个块头(除了区块链的第一个块)都包含一个指向前一个块头的加密链接。每笔交易都涉及一个或多个区块链网络用户以及所发生事件的记录,并由提交交易的用户进行数字签名。

4. 隐私计算

隐私计算技术提供了在保证数据提供方不泄露原始数据的前提下,保障数据在流通与融合过程中的"可用不可见"的能力。目前的隐私计算技术可分为三大类别:第一类是基于密码学的隐私计算技术——安全多方计算;第二类是人工智能与隐私保护技术融合衍生的技术——联邦学习;第三类是基于可信硬件的隐私计算技术——可信计算。

安全多方计算是一种通用的密码原语,它在不泄露参与方的隐私输入和输出的前提下让分布式参与方合作计算任意函数,一旦计算完成,每个参与者都应该能够获取与之相对应的且不包含其他信息的输出。安全多方计算以安全的方式处理分布式计算场景中几个拥有隐私数据的参与方执行协作计算的问题。也就是说，在安全多方计算场景中，两个或者多个拥有隐私输入的参与方想要使用这些输入共同计算某个功能性。在这个过程中，安全性要求每个参与方只能得到自己的目标输出，不能得到更多的信息。多方安全计算的目的是构建一个安全协议，这个安全协议允许多个互不信任的参与者在自己的隐私输入上联合计算目标函数，同时确保输出的准确，甚至在面对不诚实行为时，能够保护和管控自己的隐私输入。自从1982年第一次被姚期智院士提出，经过多年的研究，安全多方计算已从当初的纯理论研究走到如今的现实应用。

例如，对于工程信息管理中多数据源的隐私保护可以采用安全多方计算进行实现。这个场景中的信息是从不同用户收集之后上传到云上，但出于隐私方面的考虑，一些用户不希望他们的敏感数据泄露给云。因此，应在保护每个用户敏感数据的同时，确保可以为所有用户提供基于这些工程信息的服务。在该场景中，一个云服务器（称为Bob）拥有一个数据集并通过一个特定的算法训练一个模型，Bob希望不把这个模型泄露给其他实体。用户（称为Alice）希望基于她自己的数据得到定制化的服务，但是她不想私有数据被泄露。这种情况适用于经典安全多方计算协议的应用：Alice输入她的私有数据，Bob输入模型。协议执行的最后，Bob不知道Alice的数据，Alice不知道Bob的模型。

迄今为止，已经提出了从分布式的数据源进行私密学习的两种技术方案。一种是基于随机化，例如使用差分隐私，在原数据上加入噪声。另一种是通过安全多方计算构造的。对于后者，通用的方法是首先设计一个数据聚合方案，将使用不同密钥加密的数据聚合到一个整合的数据集中。

联邦学习与安全多方计算类似。它是一个机器学习框架，能有效帮助多个机构在满足用户隐私保护、数据安全和政府法规要求的前提下，进行数据使用和机器学习建模。联邦学习作为分布式的机器学习范式，可以有效解决数据孤岛问题，让参与方在不共享数据的基础上联合建模，能从技术上打破数据孤岛，实现AI协作。谷歌公司在2016年提出了针对手机终端的联邦学习，微众银行AI团队则从金融行业实践出发，关注跨机构跨组织的大数据合作场景，首次提出"联邦迁移学习"的解决方案，将迁移学习和联邦学习结合起来。据杨强教授在"联邦学习研讨会"上介绍，联邦迁移学习让联邦学习更加通用化，可以在不同数据结构、不同机构间发挥作用，没有领域和算法限制，同时具有模型质量无损、保护隐私、确保数据安全的优势。

该机器学习框架通过设计虚拟模型解决不同数据拥有方在不交换数据的情况下进行协作的问题。虚拟模型是各方将数据聚合在一起的最优模型，各自区域依据模型为本地目标服务。联邦学习要求此建模结果应当无限接近传统模式，即将多个数据拥有方的数据汇聚到一处进行建模的结果。在联邦机制下，各参与者的身份和地位相同，可建立共享数据策略。由于数据不发生转移，因此不会泄露用户隐私或影响数据规范。

可信计算则是给出信息使用过程中值得信任的安全平台。信任的获得方法主要有直接和间接两种。直接方法可以根据以往的可信度来判断，即直接信任值。而间接方法则可以通过传递的方式，介绍信任。例如，A和B以前没有任何交往，但A信任C，并且C信任B，那么此时称A对B的信任为间接信任，多级间接信任则形成了信任链。

可信计算也采用了相似的思路。在计算平台中，首先创建一个安全信任根，再建立从

硬件平台、操作系统到应用系统的信任链，在这条信任链上从根开始逐级认证并获取信任，以此实现信任的逐级扩展，从而构建一个安全可信的计算环境。因此，一个可信计算系统由信任根、可信硬件平台、可信操作系统和可信应用组成，其目标是提高计算平台的安全性。

6.4 工程信息安全管理体系

信息安全管理体系过程主要分为六部分，即准备、建立、实施和运行、监视和评审、保持和改进、认证。每个部分既相互独立又互相影响，共同构成信息安全管理体系结构。

1. 工程信息安全管理体系准备阶段

工程信息安全管理体系准备阶段需要对组织和人员进行建设、拟订工作计划、教育培训以及对相关资源进行配置与管理。

对组织和人员进行建设时，首先需要成立信息安全委员会。该委员会由组织的最高管理层与信息安全管理有关的部门负责人、管理人员、技术人员等组成，定期展开会议讨论，就仿真审核、职责分配、事故评审、风险评估等信息进行分析和决策。然后需要组建信息安全管理推进小组。小组成员一般是企业各部门的精英成员，他们要求懂得信息安全技术相关知识，有一定的信息安全管理能力，并有良好的分析能力和扎实的文字功底。最后需要保证人员的职责和权限得到落实，并进行员工培训和学习。拟订工作计划的时候需要明确不同阶段的工作需求和审核目标，以及人员间的责任分工。一个完整的工作计划的拟订要充分考虑建设过程中的资源需求，如人员的数量以及质量需求、培训费用、办公设施的费用、咨询费用等。

教育培训的内容主要是指对人员能力的要求，形成书面的任职条件，作为上岗依据，并且根据环境的变化而随时调整。所有的员工以及相关第三方都要接受相关的培训和教育，包括安全需求、业务控制、法律责任、专业技能及设备的使用方法。

在相关资源配置与管理的步骤中，管理层必须按计划的时间间隔（至少一年一次）评审信息安全管理体系，以确保其持续的合适性、充分性和有效性，并根据执行过程中的实际情况、弱点、威胁、测量的结果和验证的结果做评审，输出对管理体系有效性的改进并更新风险评估和处置计划。

2. 工程信息安全管理体系建立阶段

工程信息安全管理体系建立主要是对风险进行合理管理，具体来说，需要彻底地调查企业或组织的资产与资源，标识可能出现或者潜在的威胁，并把人员的因素考虑进去。定义每个威胁的可能性为 $E(x)$、每个威胁出现引起的损失因子为 $D(x)$，则该威胁引起的风险可以按照 $D(x) \cdot E(x)$进行评估。通过这种损失与投入的衡量，可以确定风险的优先级，并根据风险优先级，采取安全措施。常见的威胁组成的威胁树如图 6-5 所示。

3. 工程信息安全管理体系实施和运行阶段

在工程信息安全管理体系实施和运行过程中主要采用计划（plan）、执行（do）、检查（check）、处理（act）（PDCA）循环模型，其具体流程如图 6-6 所示。

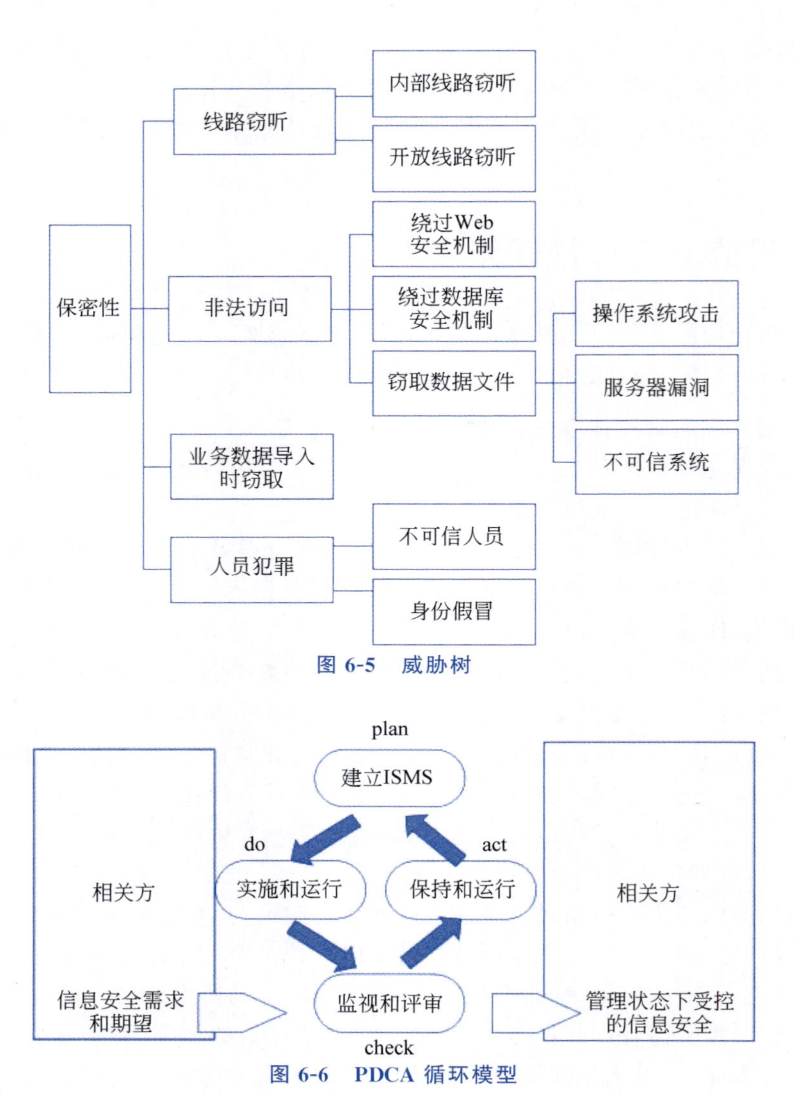

图 6-5　威胁树

图 6-6　PDCA 循环模型

（1）计划：根据风险评估结果、法律法规要求、组织业务运作自身需要来确定控制目标与控制措施。

（2）执行：实施所选的安全控制措施。

（3）检查：依据策略、程序、标准和法律法规，对安全措施的实施情况进行符合性检查。

（4）处理：根据信息安全管理体系（information security management system，ISMS）审核、管理评审的结果及其他相关信息，采取纠正和预防措施，实现 ISMS 的持续改进。

4. 工程信息安全管理体系监视和评审阶段

工程信息安全管理体系在监视和评审阶段的工作包括执行监视、评审规程和其他控制措施，迅速检测出过程中的错误、已经或将要出现的安全违规及事故等。在考虑安全审

核结果、事件、有效性测量结果、所有相关方的建议和反馈的基础上，定期评审 ISMS 的有效性（方针和目标的有效性）。还需要测量控制措施的有效性，定期进行风险评估、内部审核和管理评审。其中，工程信息安全管理中内部审核和管理评审的区别可以从目的、依据、结果和实施者几个角度进行对比，如表 6-10 所示。

表 6-10　工程信息安全管理中内部审核和管理评审的区别

对比角度	内 部 审 核	管 理 评 审
目的	确保管理实施的一致性、可行性	保证管理持续发展的有效性、完整性、适应性
依据	ISO/IEC 27001 标准以及相关体系文件法律法规	相关法律法规、相关方需求及期望、内部审核成果
结果	根据给出的纠正措施进行纠正结果跟踪	改进管理过程，提高信息安全管理的整体水平
实施者	与审核领域无直接关系的审核员	最高管理者

5. 工程信息安全管理体系保持和改进阶段

该阶段需采取纠正与预防措施，要求在下达措施时说明不符合项的来源、事实陈述和严重性评价，并明确责任部门、时间要求及具体措施。在制定措施时，应说明不符合项的原因，并确定相关责任。同样，在验证措施时，若按期完成，需提供完成时间及效果简述；若未完成，则需说明推迟完成的日期和原因。

6. 工程信息安全管理体系认证阶段

认证是指由认证机构证明产品、服务、管理体系符合相关技术规范的强制性要求或者标准的合格评定活动。第一阶段的重点在于审核 ISMS 文件是否符合 ISO/IEC 27001 标准的要求（法律法规满足情况、风险评估、安全方针和措施的连贯性、策划、内部和管理评审的实施情况）。第二阶段的重点在于考查受审核方不符合项的纠正情况。

6.5 课后思考

本次信息安全风险评估针对的是某学院官方网站，根据建立信息安全风险评估模型的相关要求，我们列出如下风险评估准备工作。

- 目标：根据组织业务持续性发展的安全性要求、法律法规的规定等内容，识别出现有学院网站及其管理的不足，以及可能造成的风险大小。
- 范围：对网站信息系统风险的获取与研究，以及对其管理缺陷的研究。
- 团队：某团队小组。
- 依据和方法：通过使用计算机对学院网站信息安全风险进行识别，并以此得到的结果作为评估依据。

分别给出如表 6-11 所示的资产识别与估价、如表 6-12 所示的威胁识别与评估和如表 6-13 所示的脆弱性识别与评估。请根据本章所讲的风险识别和计算内容，结合如图 6-7 所示的风险分析函数图，给出风险计算分析结果和管理控制方法。

表 6-11　资产识别与估价

资产类别	资产说明	资产估价(0.1～1.0)
软件	服务器系统软件	0.6
	应用软件	0.5
	源程序	0.6
硬件	系统和外围设备	0.8
	安全设备	0.8
	其他技术设备	0.8
数据	学院通知、新闻等	0.9
服务	信息服务	0.7
	其他技术服务	0.7
	网络通信服务	0.7

表 6-12　威胁识别与评估

分类	说明	评估
软硬件故障	对业务实施或者系统运行产生影响的设备硬件故障、存储介质故障、通信链路中断、系统本身或软件缺陷	2
物理环境影响	对信息系统正常运行造成影响的物理环境问题和自然灾害，如地震、火灾	1
物理攻击	通过物理的接触造成对软件硬件或数据的破坏，如物理接触性损害、物理性破坏、盗窃	3
恶意代码	在计算机系统上能执行恶意任务的程序代码	2
网络攻击	利用工具和技术通过网络对信息系统进行攻击和入侵，如网络嗅探和信息采集	4

表 6-13　脆弱性识别与评估

物理环境	防火	4
	防静电	3
	场地	3
网络结构	边界保护	4
	外部控制策略	2
	内部控制策略	3
系统软件	补丁安全感	2
	用户账号	2
	口令策略	4

续表

应用中间件	协议安全	4
	数据完整性	3
	交易完整性	2
应用系统	审计机制	3
	访问控制策略	4
	鉴别机制	3

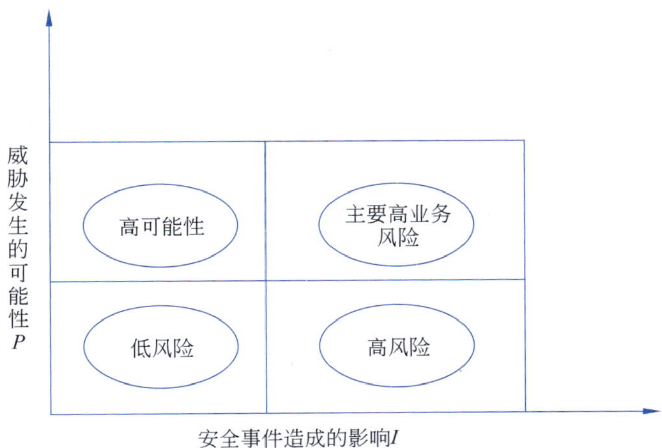

图 6-7　风险分析函数图

【参考答案】

可以得到如表 6-14 所示的风险计算分析结果和管理控制方法。

表 6-14　风险计算分析结果和管理控制方法

安全事件	可能性	影响	风险值	采取方法	具体实现
软硬件故障	低	高	高影响	避免风险	对软硬件进行及时检查和更新换代
物理环境影响	低	高	高影响	降低风险	增加灭火器等简单的降低风险影响的方法
物理攻击	中	低	低风险	避免风险	采取打击威胁的方法
恶意代码	高	中	主要高风险	避免风险	实施安全技术来避免风险
网络攻击	高	中	主要高风险	转嫁风险	交由网络安全专家进行管理

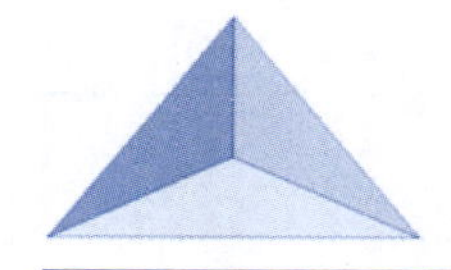

第 7 章 工程信息管理伦理与规范

本章要点

工程师在复杂的工程管理实践中不可避免地面临诸多的伦理困境并承担着无可规避的责任。工程师伦理责任对其识别、解决工程中的伦理问题,以及走出伦理困境提供了方向性指导。本章首先探讨工程信息管理伦理问题以及工程信息管理人员的伦理责任,因为能否有效地协调工程活动中的各种利益冲突,将直接影响工程师能否通过理性的价值判断对既复杂又相互作用的技术行为进行伦理调节,进而将技术合理地应用于工程实践,促进资源的合理分配和利用,减少污染,维护生态平衡,推进人与人、人与自然的可持续发展。本章从协调工程利益相关方信息管理、工程信息管理技术研发和应用过程,以及工程信息管理实践与生态环境关系几部分讨论伦理责任;同时,讨论了工程信息管理规范,包含法律、政策、制度等不同层次、面向不同目标的规范,对工程信息管理过程和安全都给出了明确的说明,有助于工程信息管理高效进行。

7.1 工程信息管理伦理

工程信息管理本身是现代文明、社会经济运行和社会发展的重要组成部分,其管理过程没有一成不变的原则,各种管理原则要根据管理的环境而实时变化。但有几项基本原则,如下所述。

(1) 人本原则:人是管理的重要组成和参与部分,应当强调人在管理中的特殊作用,任何管理都要靠人来实施,人的主观能动性和积极性是参与管理和做好管理的关键。

(2) 系统原则:任何一项管理工作都是一个系统工程,都有它的内在联系,只有对整个系统的运行、发展和变化进行有目的的控制,才能做好某项管理工作。

(3) 职责原则:任何一项管理工作都要有合理的分工,量化责任,确保各负其责,使管理落到实处。只有各项工作、各个环节都得到落实,整个管理才能圆满完成。

(4) 效益原则:管理的目的是出效益,每项管理工作都要有一定的效果。

(5) 反馈原则:用信息来控制系统的运行,实现管理的目标。管理是否成功,关键在于是否有灵敏、准确和有利的反馈,通过信息的反馈,可以使管理系统保持生命力,增强稳定性。

(6) 动力原则:管理过程中充分组合、协调运动物质动力、精神动力、信息动力来推动管理活动的有效运转。

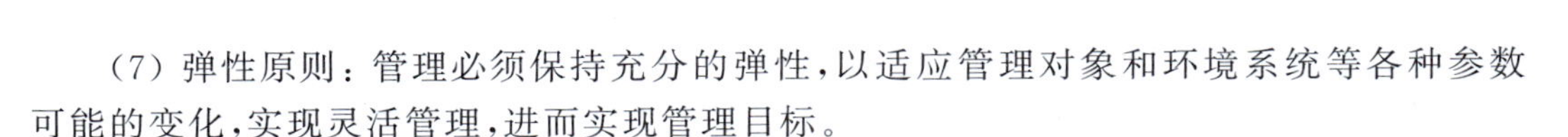

(7) 弹性原则：管理必须保持充分的弹性，以适应管理对象和环境系统等各种参数可能的变化，实现灵活管理，进而实现管理目标。

但需要注意的是，在进行工程信息管理的过程中不能只重视技术而忽视文化传统和社会责任，因此本节将重点讨论工程信息管理中的伦理问题，将讨论上升到哲学理论的层面。

工程信息管理伦理的讨论离不开具体问题的具体分析，且伦理逻辑和管理实践是相辅相成的关系，一方面，可以从伦理到工程信息管理，以伦理道德引导和约束工程信息管理实践的发展；另一方面，也可以从工程信息管理到伦理，探索工程信息管理发展对伦理道德的影响，以梳理新的伦理思想。本节将结合具体案例讨论工程信息管理伦理问题和背后的伦理逻辑。

根据法约尔的管理理论，管理包含五项职能：计划、组织、指挥、协调、控制。工程信息管理伦理是以上述工程信息管理实践活动影响为主要研究对象的应用伦理学科，也涉及工程信息管理人员的伦理。在工程信息管理活动中，它讨论工程信息管理设计、建设以及工程信息管理系统运转和维护过程中的道德原则和行为规范。与工程伦理所不同的是，这里的伦理问题强调信息作为管理目标时，与信息和信息管理相关的各项工程伦理问题。其中，信息发挥的作用包括：

- 信息是一切管理组织系统的基本构成要素和中介。信息的有序传递和处理、协调流通和交换、合理利用与开发是管理的基础、资源、对象和手段。
- 信息是决策与计划的依据。
- 信息是管理组织的脉络，是组织各部门沟通的桥梁与纽带。信息的良好交流是一双无形的手，将各方面各层次的思想、行动、感情、氛围、气质等紧密联系在一起。
- 信息是控制的前提。前馈作用是指在事务目前状态的基础上，预先规定在未来某一时刻系统应处的状态。反馈是指将测得的事务状态的信息作为输入信息来决定采取何种调节措施。

工程信息管理伦理对协调和处理工程利益相关方的各种冲突具有重要的指导意义，而能否有效地解决这些冲突，不仅关乎工程实践能否顺利开展，更关乎工程的成败。大量的实践表明，作为工程技术研发和应用主体的工程师在工程信息管理实践中，只有按照伦理章程的规范要求遵循职责义务，在面临道德冲突、利益冲突、伦理悖论等问题时通过变通、调整践履责任的行为方式，不断地探索和总结正确行动的手段和途径，才能很好地实现工程利益相关方之间冲突的化解、绿色技术的开发和应用、工程信息管理实践与环境保护之间矛盾的解决，推动“工程—工程信息—人—自然—社会”的和谐永续发展。因此，工程信息管理伦理一般涉及对管理人员三大方面的伦理责任讨论，即协调工程利益相关方信息管理的伦理责任、工程信息管理技术研发和应用过程中的伦理责任，以及工程信息管理实践与生态环境关系的伦理责任。

7.1.1 协调工程利益相关方信息管理的伦理责任

正如第5章所讨论过的，工程是由不同组织和群体组成的多方参与的活动，即包含不同的利益相关方。而不同的利益相关方所产生和需求的信息均不相同，工程信息管理人员在这个集合体中起到了承上启下的桥梁作用，对信息的流通和使用起着至关重要的作用。因此工程信息管理人员，一方面，始终要把公众的安全、健康、福祉放在第一位，不仅要对当前的行为负责，而且要对实践的后果负责；另一方面，要具备识别各种伦理问题以及协调工程利益相关方关系的能力，才能在集体的智慧力量和其他工程共同体的配合协作下推进工程实践的顺利开展。

虽然工程师（包括工程信息管理人员）的职业宗旨是为雇主、客户以及公众提供专业服务，最大化保护他们的利益，但工程师在协调各种利益冲突时，必须把工程活动的社会责任放在首位。工程师以及其他利益相关方在工程实践中都有自身的双重追求，一是履行自身的社会责任，二是获得利益回报，这两种追求看似冲突，实则是一种平衡体。正如博弈论中纳什均衡所阐述的对立与平衡关系那样，虽然在某些情况下违背自身需要承担的社会责任而短暂获得部分利益，但如果工程师或者其他利益相关方成员在面对各种利益承诺时都放弃自身所承担的责任，对工程实践中各种违背伦理的行为视而不见，很可能为了一己私利而损害社会利益，而一旦这种平衡被打破，必将对工程质量、信息安全、公众安全、社会稳定、自然资源等产生严重的损害，从长远来看，对于工程利益相关方自身来讲也是一种利益损失。

在面对工程外在诱惑时，工程师要坚定地明确自己的社会责任。除此之外，对于工程师来说还有一些无可避免的内部诱惑。由于工程是按照商业模式运行的一种经济行为，反映了众多参与者的经济利益关系，因此，每个经济体，为了能够获得利润最大化，尤其是在自身实力相对比较弱的情况下，会采取一些不正当的手段来“拉拢”工程师，如采取送礼、贿赂、回扣等手段。在面对这种利益冲突时，如果工程师不能用伦理规范约束自己，无法抵御这种经济诱惑，表面上看起来获得了短暂的利益，但其在雇主或客户方所展现的信誉已大打折扣，工程利益相关方将很难信任该管理群体可以提供良好判断和管理服务，使工程师所拥有的专业技能或判断遭到雇主、客户和公众的质疑，最终使企业之间自由、公平的竞争环境遭到破坏，同时对工程信息管理者本身也是长远的利益损害。因此，工程师要有自身的底线和原则，不应受到外在的诱惑而降低标准，才能确保自身专业服务的客观性和可信性。

事实上，工程信息管理人员可以在工程信息管理项目可行性论证的初期，就从伦理的角度，在平衡经济利益与利益相关方以及可持续发展之间关系的基础上，对工程信息管理项目的安全性和可行性作出专业的评价，尽可能规避掉可能会出现利益冲突的方面。例如，在对工程信息管理模块进行筛选的过程中，工程信息管理人员可以按照自己的专业知识全面分析各模块对各利益相关方（公众、雇主、社会、自然环境等）具有安全隐患的项目并加以剔除。

在新的经济环境下，随着科技的不断创新、不断发展以及新技术在工程实践中的应用，新的伦理问题将随之产生，如何解决新的伦理问题，对工程师提出了更高的要求。与第5章的内容相对应，工程利益相关方信息的使用关键在于融合和沟通，如果没有有效的手段进行信息传递和融合方面的管理，就会导致信息不流通，形成“信息孤岛”，极大地影响工程的交互性和效率。事实上，信息融合的过程也会涉及大量的与利益相关方有关的伦理问题。尽管信息融合技术本身可以提高工程效率，但由于信息被不同组织掌握，代表

了不同组织的利益，那么当信息融合的过程不受第三方的监控或者中央政府（对于大型工程来说）的监管和指导时，如何保证信息融合过程能够遵循其本身的使用目的？例如对于我们生活中常见到的人脸识别服务，由于人脸信息载有生物特征，并具有唯一性，当不法分子掌握公民人脸信息和个人隐私数据后，可以远程窃取公民信息并造成损害。《中华人民共和国民法典》对个人隐私有明确规定，人脸识别数据的管理作为个人隐私的重要组成部分，也应该受到更加严格的管理，现仅有少量内容对信息采集进行规范，仍缺乏保障数据安全的法律及实施细则和指引，指导行业企业强化数据安全管理。美国华盛顿州于2018年签署了一项由微软公司支持的法律，其中包含了美国最详细的面部识别法规。但经过调查，并不是每家公司都对人工智能应用的立法这件事感到满意，因为立法本身会限制大型科技公司对信息的利用和挖掘程度，也就意味着限制它们从信息中获取利益的能力。毕竟在大数据时代，数据就意味着行业资源和商业财富。除此之外，还有一些不道德的信息使用者在使用信息的过程中不够客观，动机不够纯粹。例如某些健康保险公司在销售车险的过程中会调取购买者的个人信息，判断其是否具有怀孕的可能性，并将这类身体状况列入“疾病”而予以拒绝，最大限度地获取利益。

北京市朝阳区人民法院曾审理一起网络招聘平台员工参与倒卖个人信息案。该案涉及公民个人信息达16万余份，一份简历标价5元左右。这一案件引发网民对个人信息安全保护的担忧。相信我们在日常生活中也常接到各类骚扰、广告推销、诈骗等类电话，电话中甚至可以精确地报出我们的个人信息，甚至精准向我们投递广告，不得不让我们开始对个人信息已被泄露并被过度使用感到怀疑和担忧。《网络安全法》明确规定，网络运营者不得收集与其提供的服务无关的个人信息；未经被收集者同意，不得向他人提供个人信息。显然，从法律角度来说，收集哪些信息、信息怎么用，应该由网民自己做主。

然而，现实中实现“用户做主”却非常困难。一方面，用户在使用互联网软件时，通常需要阅读一份冗长的“隐私条款”，用户很难识别这些条款中的“小心机”；另一方面，如果不同意这些“隐私条款”或是不开通相关权限，用户将无法使用这些应用。这就近乎在用一种霸王捆绑的方式强制用户同意对自己信息的使用。商业利益驱动着各类互联网平台收集海量用户数据，并进行商业开发。

有媒体曾统计2015—2018年工信部公布的检测发现问题的应用软件名单，有695款手机应用存在违规收集使用用户个人信息等行为。中国消费者协会的测评报告则显示，参与测评的10类手机应用普遍存在涉嫌过度收集个人信息的情况，例如，约六成涉嫌过度收集用户位置信息。这些软件存在对外提供个人信息时不单独告知并征得用户同意，未明确告知用户如何更正个人信息和撤回同意等情况。尽管各大科技公司宣称会对用户画像进行“匿名化处理”，并与合作公司“签署严格的保密规定”，但将这些信息提供给广告主等“合作伙伴”的行为是否有违《网络安全法》，显然有待查证。

面对当前信息安全管理的各种乱象，应当从技术、监管和自律三方面解决这类伦理问题。从技术的角度来说，可以加强应用审核，持续升级网络安全系统，稳固网络后台，保护用户信息隐私。从监管的角度来说，我国在监管层面由中央网信办、工业和信息化部、公安部、市场监管总局四部门联合出动，例如组织开展了应用程序违法违规收集使用个人信息专项治理行动。通过对百余款用户投诉量大、社会关注度高的应用程序进行检查评估，发现存在强制授权、过度索权、未经同意收集个人信息和对外提供个人信息等典型问题，并督促企业及时整改。同时印发了《电信和互联网行业提升网络数据安全保护能力专项行动方案》(工信厅网安〔2019〕42号)，该方案明确提出"基本建立行业网络数据安全保障体系"的目标，要求当年10月底前完成全部基础电信企业(含专业公司)、50家重点互联网企业以及200款主流App数据安全检查。同时，还明确了5方面的重点任务，包括加快完善网络数据安全制度标准、开展合规性评估和专项治理、强化行业网络数据安全管理、创新推动网络数据安全技术防护能力建设、强化社会监督和宣传交流等。从自律的角度来说，则是发挥行业协会和企业主体作用，提升开发者自律意识，提升网民信息保护意识，加强网络生活自我保护。

上述讨论对工程师在复杂的工程管理实践中如何协调利益冲突、摆脱伦理困境、承担相应的伦理责任起到了重要的指导作用，也为其在以后的工程管理实践中平衡权、责、利三者之间的关系打下坚实的基础。

7.1.2 工程信息管理技术研发和应用过程中的伦理责任

技术伦理有助于工程师和其他工程共同体认识到技术实践可能带来的风险，以避免技术的误用、滥用和不当应用给社会造成的不良后果。工程师作为技术的主要创造者和应用者，在工程信息管理实践中应该在技术伦理的规约下严格遵守技术标准、规范，同时还要使技术的应用合乎目的性、价值性和道德性，最大限度地减少新技术在工程实践过程中所带来的风险。

首先，工程师在整个技术活动中要严格遵守技术规范的科学性和适用性，防范技术风险的发生。技术产品的质量、安全与技术研发的整个过程密切相关，而技术研发的整个过程是由多要素构成的复杂实验活动，其中也必然隐含着不确定的风险因素，所以，工程师在工程信息管理实践的全过程中应严格地遵守各种技术规范和技术标准，并对其加以伦理规约，只有这样才能在一定程度上降低技术风险，促使技术风险最小化。通过对技术在工程信息管理实践中的作用进行深入分析，挖掘其中的伦理问题，可以体现出工程师自身的诚实品质在技术试验中的重要作用。从古至今，在伦理学中诚实问题一直备受关注，诚实是维系人与人、人与自然可持续发展的有力纽带。工程师必须在诚实的基础上执行技术规范和标准，树立技术风险防范意识，不仅有助于提高工作效率，而且还能够保证工程人员的人身安全。

其次，工程师应该将技术伦理的思想和原则运用到具体的技术实验中，确保技术实验成果的科学性、真实性、可靠性，减少技术风险隐患。技术伦理在工程师的技术研究过程中不仅可以作为一种规范来规约其行为，而且还可以使公众更多地了解新技术可能带来的风险。因为，公众在面对一项新技术时，比较注重其应用价值和经济效益，由于缺乏对技术本身的了解，往往容易忽视其可能产生的危害；所以，技术伦理的价值就是让公众更多地了解技术本身，了解技术可能带来的风险，维护自身权利。如电气与电子工程师学会(Institute of Electrical and Electronics Engineers，IEEE)的伦理准则的第三条守则，鼓励所有成员"在发表声明或基于已有的数据做出估计时要诚实和真实"，其第七条守则要求工程师"寻求、接受和提供对技术工作的诚实的批评"。因此，工程师只有把技术伦理原则

完全运用到技术实验中，才能保证技术研究成果的真实可靠，避免抄袭数据、凭空捏造数据现象的发生，为消除技术风险隐患，避免各种形式技术风险的发生奠定坚实基础。

最后，要学会引入技术评估，消除或减轻技术应用的负面效应。近年来，先进科学技术在工程实践中的应用，一方面促进了重大工程的顺利开展，另一方面又对人、社会、自然环境产生了一些难以预见的负面影响，即不能合理地利用和分配自然资源、不利于后代人与自然的可持续发展；新技术在促进经济发展的同时，对自然环境产生了严重的污染，破坏了生态平衡。毋庸置疑，工程师在工程管理实践中对人与人、人与自然的可持续发展起到了重要的助推器作用。如果工程师在新技术开发、应用前就对技术可能产生的经济效益和负面效应作出预测和评估，将会在一定程度上减少新技术对社会和环境产生的负面影响。因为，技术评估的主要功能是预测新技术在具体的应用过程中可能对社会、经济、环境产生的影响，进而为工程师的技术研究、技术决策起到有效地指导作用，即指导工程师在科技创新的过程中，如何从伦理的视野进行试验、研究，如何才能生产出安全的产品，进而促进科技成果在工程实践中向先进生产力的转变，因为工程是技术与发明的集成和实施。正如德国社会学家科劳恩所言，科技是“包含风险”的，特别是近年来随着技术创新的加速，科学知识的运用过程日益变成了在实验室外对包含风险的技术的检验过程。实际上，社会本身变成了实验室，实验结果所固有的不确定性直接提高了社会的风险水平。通过技术评估，将进一步规范工程师实践行为，明确工程师技术研究的方向和目的，预测和分析技术未来发展的态势，引导技术向合乎人类需要的方向发展。

以信息管理过程中现阶段最常用的人工智能的方法为例进行介绍。人工智能的巨大推手谷歌公司也曾提出，人工智能技术甚至比核武器还要危险。因为人工智能技术与人不同，其具有一种“天生的愚蠢”，即不具备精神惯性，无法成为一个完全意义上的有意识和负责任的人，于是导致该技术可以像人一样思考，但不具备人的道德约束。而如今的大数据时代对人工智能的需求则是弥补人类大脑算力有限的重要手段，那么如何负责任地使用这项技术来造福社会，也是工程信息管理技术研发和应用中的一个重要议题。

首先，负责任地使用人工智能技术需要始终如一的可控性。尽管在某些应用中，偶尔出现的人工智能技术故障和误判可能不会产生任何后果。但在和人类生命息息相关的工程中，例如，在军事用途中或者自动驾驶中，必须保证严格的安全要求并承担所有法律后果。2018 年 3 月 18 日晚十点左右，美国亚利桑那州一名女子被 Uber 自动驾驶汽车撞伤，之后不幸身亡。这是全球首例自动驾驶车辆致行人死亡的事故，而这样的事故带来的损失是无可承担的痛。

其次，对于人工智能的监控要部署有意义的人为控制，不能仅要求人在或者人在技术环节中。例如，德国空军官方文件中的表述“对于无人驾驶飞行器，必须始终确保人在回路的原则以及操作员干预的直接可能性”需要确保在执行时的效率性。正如上面示例中的无人驾驶汽车撞人事件，事发时，尽管有一名司机坐在方向盘后面，但是这辆车当时正处于自动控制模式。因此，“人在”并不能保证人工智能技术可控，而应当让人对人工智能技术在信息管理中的应用起到有效的监管作用，可随时接手取代。

而强大的人工智能算法往往是基于大量数据得到的统计模型，数据的数量和质量对人工智能算法的可靠性有着举足轻重的作用。在研究中发现，少量的统计信息、受干扰和污染的低质量信息得出的模型对现实并不具有代表性,学习出来的算法也不具有可信性。因此工程师应当把控制数据质量,提升统计数据量作为行动指南之一,以把控和提高人工智能技术在工程信息管理中的运用。

具体来说,控制数据质量一般可以分为信息收集前和收集后两个阶段进行处理。在信息收集前,信息质量管理的目标是避免虚假信息的收集。作为数据质量管理中的第一道措施,信息质量管理可以应用各种身份验证方法,包括滑块拖动、验证码输入、分类照片选择或登录提示问题等对信息提供者的身份进行验证,以防止外来恶意信息源入侵。一个真正的用户可以很快给出正确的答案,而一个程序如果没有特定的编码就会失败。在过滤出恶意信息侵入源之后,可以在信息收集的终端上部署信息质量评估系统。该系统旨在通过对终端收集到的信息进行预处理来提高上传数据的质量,其中只能选择满意的信息进行传输。为了有效地应用于移动设备,这个系统应该是轻量级的,在处理过程中只需要很少的计算资源。一个轻量级的综合验证系统在一个算法中优化并集成了多个评估操作:聚类、分类、变化检测和频繁模式分析。该算法还应设计为适用于不同类型的设备,可以自定义与电池电量、CPU 使用量、数据流速率和其他系统设置相关的参数。

信息收集后,对错误数据的检测(也称为真值发现或异常值检测)以及对它们的纠正都有助于提高收集数据的质量。在检测方面,将采集的信息与真实信息进行比较,可以检测出冗余或缺失的数据。以照片信息质量评估为例,如果收集到的照片属于某一区域,那么可以在数据库中找到该区域已存好的一些高质量照片,通过计算进行比较以过滤冗余和不相关的照片。一种简单的比较方法是应用计算机视觉技术,通过评估两张照片的相关性确保它们之间的相似性低于阈值。一些机器学习模型运行时需要消耗巨大的成本,包括模型训练的时间消耗、CPU 和 GPU 操作消耗,同时传输完整图像或下载真实照片信息的带宽占用不容忽视。学者研究出只通过分析照片的"元信息",就可以推断其对目标区域的覆盖范围和相应的质量值。这些元信息包括移动设备中的 GPS、加速度计和磁场传感器捕获到的相机位置、方向和视图。将它们视为一系列浮点数,那么这些浮点数的传输、计算和存储过程相对于整个图像的传输轻量级且经济高效。除此之外,相邻区域之间或短暂时空上临时收集数据具有相似性,也可以作为信息质量评估的依据。例如,一个地区内各分区之间的天气相似,一家超市的商品价格在短期内也相似。因此,学者可以利用历史图形比较来纠正明显的信息错误并检测缺失的记录。在比较短时间内收集的信息后,该技术可以筛选出重复的记录。还有一种手段则借助了更多的信息来源进行辅助信息质量验证。例如,有学者研究指出除了收集照片信息外,还能通过收集相关的蓝牙扫描结果来显示当前设备所属的蓝牙通信区域。首先,框架手动或自动验证一些照片的可信度。这一步可以通过人眼或图形识别算法来操作,该算法以可信的实验者收集的地面实况照片为基线。这些经过验证的照片的位置和时间将作为参考数据,以同时扩展验证附近收集的点结果。在这里,蓝牙扫描结果用于证明附近数据的正确性。分析照片的位置,如果照片位于参考区域,则视为真实信息。

上述提到的方法一般基于真实信息已知的情况,评估后续收集到的信息质量。然而在一些场景中,真实信息并无法提前获取,当前收集到的信息为第一手信息。那么如何评估这类信息的质量呢?核心思想在于将已有信息进行聚类,利用实体之间的相关性,基于

大多数信息是正确的这个前提，让信息内部彼此进行真实性验证。具体来说，可以将收集到的整个信息群划分为不同的独立集，其中相关信息被划分为同一集群。将目标函数应用于每个聚类，以测量收集的信息与其未知真相之间的差异，有些研究者还考虑将参与者的可靠性作为其额外权重加入考量。基于此函数的优化过程，将估计和更新真实值，相关正则化项将惩罚相关实体之间距离真实值的偏差，直到满足覆盖标准。

在人工智能技术的工程信息管理应用过程中，一个被反复多次讨论的问题是：当引入了人工智能技术后，人工智能技术是不是会取代大量的人力，导致部分工人失业？对于这个问题的讨论已经不是一个简单的伦理问题，它与历史发展、社会发展、经济发展的趋势都息息相关。事实上，好的人工智能将增加工人而不是取代他们，但前提是增加了解人工智能背景的工人，而不是仅依赖传统工业体系的工人。所以问题的关键不是去争论是否应当引入人工智能技术，随着这些年的发展，我们已经看到了人工智能技术在一些领域中起到的推动作用，而是应当关心如何顺应时代的发展，相应提高工人的素质，培养具备专业技术的人才。这对个人的发展虽然是困难的，但势必是为了生存发展需要迈出的一步。

7.1.3　工程信息管理实践与生态环境关系的伦理责任

工程实践的开展离不开自然环境，工程师正确的伦理行为必然要顺应自然规律，维护自然的“权益”，而不是依据工程师个人的主观意志随意进行，因为自然伦理不是自然物的伦理，而是人把自然物作为“伦理关涉者”而产生的“人”的伦理。所以，环境伦理的实现不仅需要工程师具备生态化素质，而且还需要对自然规律的了解和遵守。因此，工程师在工程信息管理实践中必须遵循可持续发展的原则，实现人与自然关系中权利与义务的统一。

第一，工程师正确履行其应承担的生态责任在推进工程与环境的良性互动中起到了“桥梁”作用。根据当今社会经济发展的特点和人类自身利益的要求，要促进人与自然的可持续发展，需要人类改变自身传统的自然价值观，即人类在利用自然的同时忽略了自然对人类的制约性，正如罗尔斯顿所言：“在人与自然相互作用的过程中，人类必须兼顾‘有利于人类生存’和‘有利于生态系统的动态平衡’这两个最基本的原则。”因此，要不断提升工程师在工程设计、工程实施、工程验收阶段信息管理时的道德敏感性和解决伦理问题的能力。工程活动的整个过程离不开自然环境，因为自然环境为工程活动的开展提供所需要的各种物质资源；离开自然环境，工程活动的开展不仅缺乏“立足之地”，而且有可能是“无米之炊”；所以，首先在工程的设计方案选择阶段，工程师应该选择风险小、安全系数高、对环境友好的设计方案；其次在工程的实施阶段应该全程监督，通过收集到的信息实时监督工程对环境的保护，在保证工程质量的同时也要减少对环境的破坏；最后在工程的验收阶段及时通过信息处理发现产品的缺陷和问题并及时改进，同时及时向雇主或其他管理者汇报可能给社会安全、生态平衡带来的风险。

第二，工程师高尚的伦理素质以及正确的伦理道德行为在平衡经济发展与环境保护之间的关系上起到了重要的纽带作用。由于工程实践的开展与商业企业密不可分，商业组织为工程师提供资金和组织依托，所以“工程师的良心”将会受到“管理者良心”的挑战。由于工程师和管理者在企业的层级组织中扮演的角色不同，因此他们各自的关注点也不同，管理者比较关注组织福利以及如何才能降低成本、提高经济利润。美国经济学家米尔顿·弗里德认为“利润最大化”是企业最重要的社会责任，所以股东不愿意投入更多的人力、物力、财力去防治污染。而工程师则会从职业道德准则的角度考虑问题。一方面要对雇主忠诚。工程师应在技术和法律规定的范围内实现管理者、雇主的目标。另一方面也要对职业忠诚。工程师应利用所掌握的专业知识研发出对环境友好的、安全的产品，自觉地承担起维护生态平衡的责任。事实上，经济发展与环境保护本质上并不是一对矛盾体，相反地，经济的发展将会促进生产力的发展，生产力的发展又会在不断地改善自然环境、降低污染物产生的同时，满足经济发展的物质需求。因此，工程师应责无旁贷地将专业知识和技能应用于经过“道德筛选”，对人类、社会、环境有价值的项目上，而不是与伦理道德相悖的项目上，进而为推动人与环境的可持续发展奠定坚实的基础。

第三，工程师在工程信息管理实践中必须从伦理的角度审视工程与自然的关系。我国仍处于并将长期处于社会主义初级阶段，这一国情决定了我国在推进经济快速发展的同时，必须走可持续发展的道路，也决定了我国工程活动要严格贯彻可持续发展这一战略决策。但是，近年来随着科技的迅速发展、工业化程度的不断提高、各类大型工程项目的实施，人类对自然资源的强行索取已经超越了环境自身的承载力，对环境造成了严重的破坏和污染，即由最初的污染发生期发展到中期的加剧期再到后期的泛滥期。日益严重的环境问题不仅威胁到人类的生存和子孙后代的幸福，而且还对工程实践提出了更高的要求：工程实践在造福人类的同时，也要更加关注自然环境，尤其在科学技术的研发阶段，由于与用户环境相分离，工程师对自然环境的保护意识逐渐淡薄并容易忽略掉这个因素，更加注重产品的经济效益，并且随着产品在工程实践中的应用，造成环境的不断恶化、资源的不断枯竭就在所难免了。近年来工程界已经逐渐认识到问题的严重性，以美国为例，《美国土木工程师学会准则》指出土木工程师的一种特殊责任，就是开发出保护自然资源和环境的技术。因此，工程师在工程的设计和决策中，不仅要考虑经济因素，而且更为重要的是从伦理的角度审视工程对自然的影响，杜绝高投入、高能耗、高污染的工程；在工程信息的管理和实施过程中严格监督工程活动的进展，不断完善保护环境的措施，不断加强工程施工人员的伦理道德教育，提升工程共同体的环境责任感，进而在一定程度上减少资源的浪费以及避免污染环境的事件发生，最终实现工程活动的最高宗旨——实现人与自然的和谐发展。

近年来，随着区块链技术在信息管理领域的发展，区块链的主要应用“比特币”在“挖矿”过程中的耗电量已经受到了社会的广泛讨论。2021 年 5 月 13 日，特斯拉公司 CEO 埃隆·马斯克在社交媒体上表示，因对比特币“挖矿”导致化石燃料使用量增加的担忧，特斯拉公司已暂停接受比特币购买其车辆。一石激起千层浪，马斯克发布上述言论后，加密货币集体下挫。比特币一度跳水超 17%，1 小时内从高位跳水 10 000 美元。与此同时，国内一些地方因能耗考虑也对虚拟货币“挖矿”采取了限制措施。5 月 18 日，内蒙古自治区发改委发布了《关于设立虚拟货币“挖矿”企业举报平台的公告》，明确全面清理关停虚拟货币“挖矿”项目，并针对四类企业受理信访举报，包括虚拟货币“挖矿”企业（含其他多种隐藏形式“挖矿”企业和主体），伪装成数据中心享受税收、土地、电价等方面优惠政策的虚拟货币“挖矿”企业，为从事虚拟货币“挖矿”企业提供场地租赁等服务的企业，通过非法

手段获取电力供应，从事虚拟货币“挖矿”业务的企业。根据剑桥大学替代金融研究中心的数据，截至2021年5月17日，全球比特币“挖矿”的年耗电量大约是134.89TW·h。据该中心统计，比特币“挖矿”的耗电量位居全球各国耗电量前30位。如果把比特币视作一个“经济体”，其电力消费量甚至超过12个非洲国家之和。而且，随着比特币越来越“难挖”，耗电量一直处于“水涨船高”的状态。一些研究还显示，“挖矿”不仅产生大量能耗，而且可能抵消我们在致力于碳达峰、碳中和进程上的努力。2021年4月6日，来自中国科学院大学、清华大学的学者在《自然通讯》上就发表了一篇题为《中国比特币区块链运行的碳排放量与可持续性的政策评估》的论文。该论文称，在没有任何政策干预的情况下，中国比特币区块链的年能耗预计在2024年达到峰值296.59TW·h，产生1.305亿t碳排放，将超过捷克和卡塔尔的年度温室气体排放总量。由此看出，在我们关注先进技术应用的情况下，务必要密切关注其对生态环境的影响，坚持可持续发展。

通过上面的讨论我们发现，与工程伦理不同，信息伦理问题涉及信息开发、传播、管理和利用等方面的伦理要求、准则、规约，以及在此基础上的新型伦理关系，这些贯穿整个信息活动过程。信息伦理是信息技术的价值指导，它为信息技术的运用设定完善的价值坐标。信息伦理受其所规范的对象及其非强制性、社会文化的多元性影响，呈现出与信息政策和信息法律截然不同的特点。

（1）信息伦理具有开放多元性：社会伦理道德规范不是故步自封、因循守旧的，而是与整个信息社会紧密联系，在互动发展中指导和规范人们的行为。开放的信息社会也是一个多元的社会，它的多元性为人们道德选择和道德判断提供了多种选择和评价标准。

（2）信息伦理具有普遍共享性：信息具有普遍共享性，在全世界范围内共同分享，因此信息伦理也应与此相适应。

（3）信息伦理具有自主自律性：在信息化程度高的网络时代，网络交流出现了自由、非限制、匿名等特点，只有遵循自觉性才能达到目的。

以上讨论了从工程师角度出发的各种伦理责任和逻辑，当工程师发现经理的某些决策为雇主带来巨大经济利益却违背了职业道德时，可以选择向上司、雇主、经理反映情况，提出解决对策；也可以选择终止合同退出该项目。但在实际工程管理实践中，当伦理责任没有做到深入人心的程度时，这种个人做法无法从根本上解决问题，因为即使一人讲道德退出该项目，拒绝同流合污，雇主还会聘请另外的工程师来接替工作，总会有人在利益的驱使下，选择执行经理违背职业道德的命令。正如美国工程教育家塞尔瓦多所说：“即使我拒绝，别人也会做。”这也是为什么当下社会中还有层出不穷的假冒伪劣产品、质量不过关的建设工程或者盗窃知识产权的项目等。实际上，工程师以用户需求作为信息工程设计、实施的依据，而用户需求应合法、合理、合规且具备可操作性，这样的信息工程才是可持续发展且具备生命力的。因此，我们要做到的不仅是研究和讨论工程信息管理过程中的各类伦理问题、责任和逻辑，还要借鉴其他国家在工程信息管理伦理建制方面的成功探索，通过制定国家工程信息管理规范、推动国家工程专业认证、开展工科院校伦理教育等方式将工程信息管理伦理思想渗透到我国的工程推进发展过程中。在7.2节，我们将讨论工程信息管理规范方面的各种探索。

7.2 工程信息管理规范

在工程信息管理过程中，应当制定一定的规范性文件，以在一定范围内获得最佳秩序。这些文件经工程利益相关方协商一致制定并由公认机构批准。共同使用和重复使用的规范性文件，一般包括工程信息管理过程中涉及的相关法律、政策、制度等。

7.2.1 工程信息管理规范概述

信息法是信息环境即信息生产、转换和消费环境中产生并受国家力量保护的社会规范和关系的体系，信息法律调节的主要对象是信息关系，即实现信息生产、收集、处理、积累、存储、检索、传递、传播和消费过程时产生的关系。信息法与民法既有联系又有区别，其许多理论和制度是与民法的理论和制度联系在一起的。民法调整的是平等的民事主体之间的权利和义务关系；而信息法针对的是信息主体的市场准入规则，是国家对市场主体的规范。信息法与知识产权法的关系是十分密切的，知识产权法解决的是信息的所有权问题，但信息法中的大众传播法的内容则对信息表达和传播的内容进行了一系列的规范，二者具有互补性。与其他大量法律类似，信息法的作用主要体现在评价、教育、强制、预测和管制作用上。评价作用，即社会其他人可以根据法律对行为者的行为作出评价。教育作用是指通过信息法律的实施对特定当事人和其他人今后的行为产生影响，起到一种警示的作用。可以依据法律制裁违法行为，也可以根据信息法律，预先估计社会舆论和国家机关对自己和他人行为将有什么反应，增进人们在信息活动中的相互信任和维护人们的合法权利、义务及社会秩序，并在管理公共事务中实现社会管制作用。

信息政策则是指一切用以鼓励、限制和规范信息创造、使用、存储和交流的公共法律、条例和政策的集合。信息政策一般需要对以下问题做出声明和规范。

(1) 法规问题：包括个人隐私、版权、其他知识产权、法律义务、信息保护和信息自由等。

(2) 宏观经济政策：包括信息产业发展、信息经济制度、信息基础设施建设、人力资源投资等。

(3) 组织问题：包括信息处理过程和信息技术发展等。

(4) 社会问题：包括个人信息获取能力和计算能力、信息富有者和信息贫困者的差距。

相应地，信息政策一般具备层次性、目的性、整体系统性、动态性和约束性。具体来说，层次性指既有全球性、全国性的信息政策，又有地区性、部门性的信息政策，以及针对某一具体问题的信息政策。目的性指信息政策的目标不仅在每一项信息政策的制定中占有重要地位，也在信息政策的实践中起着唯一的导向作用。整体系统性是指一项信息政策是由信息规划、政策实施、政策评估等各环节构成的整体过程。动态性是指随着社会信息环境的变化，信息政策必须根据变化的情况，经常调整、改革和完善，以适应信息产业的发展需要。约束性指信息政策作为国家制定的信息活动规范，组织、机构、个人在开展信息活动中必须严格遵守。

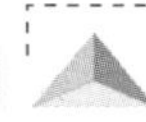

因此，信息政策能够确立信息产业的地位和作用，并明确信息产业的发展目标和任务。这些政策可以调动和约束各方力量，合理配置和充分利用信息资源。它们为社会信息活动提供了具有导向性和约束力的行动准则，有利于信息产品的生产和经营。同时，这些政策还有助于协调信息系统内部各子系统以及与外部社会系统之间的关系，从而确保信息系统的健康发展。

信息政策与法律之间是辩证统一的关系，二者既相互紧密联系，又相互区别。二者在本质上具有同一性，它们都属于国家进行信息管理的重要调控手段，具有很强的规范性。首先，信息政策是信息法律制定的依据，信息法律执行以信息政策为指导。其次，信息政策依靠信息法律贯彻实施。没有法律的强制作用而仅依靠信息政策，不可能达到一定的政治经济目的。二者也具备以下区别。

(1) 性质不同：信息法律是一种法律手段，代表国家利益，具有强制力；信息政策是一种行政手段，它只代表政治组织的利益和意志，不具有强制力的属性。

(2) 指定的机关和程序不同：信息法律由国家专门的立法机关或者拥有立法权能的机关依照信息法律程序而创制，其立法权限和创制程序也均有严格而复杂的规定。信息政策可以由多个机构制定，程序并不严格。

(3) 表现形式不同：现代信息法律通常采用制定法的形式，信息政策则通常采用诸如纲领、决议、指示、宣言、命令、声明、会议纪要、党报社论、领导人讲话或报告等形式制定。

(4) 调整的范围、方式不同：信息政策所调整的社会关系比信息法律广泛，它不但要应对既有的问题，而且还要预测正在形成或将要发生的问题，于是从处理方式上看就比信息法律更加灵活。而信息法律调整的对象往往是对国家和社会有较大影响的、较为稳定的社会关系，注重对社会和公众长期利益的社会关系进行确认、保护或控制，内容也相对更加稳定。

工程信息管理制度与法律和政策相比，面向的范围更具体，规范的内容也更有针对性，其主要是规范工程信息收集、汇总和分析过程的行为准则，通常要求工程信息管理过程中保证负责、高效、及时、规范、真实和保密。

以某市建设的出租汽车服务管理信息系统为例，该信息系统的设计和内容编制遵循以下标准规范。

(1)《计算机软件工程国家标准汇编》，中国标准出版社，2011年；

(2)《信息技术　软件工程术语》(GB/T 11457—2006)；

(3)《计算机软件可靠性和可维护性管理》(GB/T 14394—2008)；

(4)《计算机软件文档编制规范》(GB/T 8567—2006)；

(5)《计算机软件需求规格说明规范》(GB/T 9385—2008)；

(6)《质量管理和质量保证标准　第3部分：GB/T 19001—1994　在计算机软件开发、供应、安装和维护中的使用指南》(GB/T 19000.3—2001)；

(7)《软件工程　产品质量》(GB/T 16260—2006)；

(8)《信息安全技术　网络安全等级保护安全设计技术要求》(GB/T 25070—2019)；

(9)《音视频、信息技术和通信技术设备　第1部分：安全要求》(GB 4943.1—2022)；

(10)《信息安全技术　信息系统安全工程管理要求》(GB/T 20282—2006)；

(11)《数据中心设计规范》(GB 50174—2017)；

(12)《交通信息基础数据元　第1～7部分》(JT/T 697.1～7—2007)；

(13)《交通运输信息资源目录体系　第4部分：公路水路信息资源分类》(JT/T747.4—2020)；

(14)《交通运输信息资源目录体系　第3部分：核心元数据》(JT/T 747.3—2020)；

(15)《道路运输车辆卫星定位系统　终端通信协议及数据格式》(JT/T 808—2019)；

(16)《道路运输车辆卫星定位系统　平台数据交换》(JT/T 809—2019)；

(17)《道路运输车辆卫星定位系统　平台技术要求》(JT/T 796—2011)。

上述标准规范中，除了标准(12)～(17)属于道路交通信息范畴，适应于该示例信息管理系统，标准(1)～(11)均可考虑被其他领域的工程信息管理系统采纳和使用。

7.2.2　工程信息管理过程规范

2019年国家发布了《国家政务信息化项目建设管理办法》，它是在政务项目领域的信息管理规范的典型范例。该管理办法分为五章，分别为总则、规划和审批管理、建设和资金管理、监督管理以及附则。在总则中，该方法总述了制定该方法的目的、适用的信息系统、管理原则、负责单位以及监督单位几部分内容，明确了信息管理的目标、范围以及利益相关方。

而在具体的工程信息管理实践中，通常通过建立管理实施手册，确保工程信息管理标准化和规范化运作。这样的手册不仅为工程信息管理人员提供了明确的工作指导，也促进了工程利益相关方之间的信息共享和协作，从而全面提升工程信息管理水平。

管理实施手册的制定，必须紧密结合工程管理手册、工程实施策划指南等总体文件，确保信息管理的各项要求与工程的整体规划和管理目标相一致。通过梳理现有的信息管理制度、规范、流程等，手册能够形成一个完整、系统的信息管理体系，为工程信息管理提供全面的指导。

在具体内容上，手册应覆盖工程信息管理的全生命周期，包括信息的收集与加工、存储与检索、分析与输出以及安全管理等各个环节。例如，在信息收集与加工规范模块，应明确收集信息的范围、方式、标准以及加工信息的流程、方法等，确保信息的准确性和完整性。在信息存储与检索规范模块，应规定信息的存储格式、存储位置、备份策略以及检索方式等，便于信息的快速获取和有效利用。在信息分析与输出规范模块，应说明信息分析的方法、指标、模型以及输出报告的格式、内容等，为决策提供有力支持。在信息安全管理规范模块，应强调信息安全的重要性，制定信息安全策略、措施和应急预案，保障信息的安全性和保密性。

此外，手册的编写应注重实用性和可操作性。不仅要明确各项规范的具体内容，还要给出相应的实施方法和操作步骤，使管理人员能够轻松上手，快速掌握信息管理技能。同时，手册还应具备灵活性，允许各利益相关方或各业务系统根据实际情况进行适当的调整和补充。

为了保持手册的时效性和适用性，各利益相关方或各业务系统应每年制订持续改进计划，对手册内容进行定期审查、更新和修订。这不仅可以确保手册与工程实际管理需求保持同步，还能及时发现并解决信息管理中存在的问题和不足，推动工程信息管理水平的不断提升。

因此在工程信息管理实践中，手册制定需要考虑范围与内容界定、受众需求、制度梳理与标准化、灵活性、信息精度与成本效益、实用性与可操作性、持续改进与更新、信息安全与保密性、跨部门协作与沟通等多个方面。通过全面考虑这些问题，可以确保手册的质量和实施效果，为工程信息管理提供有力的支持和保障。

具体来说，在范围与内容界定方面，首先要明确手册的适用范围和内容涵盖范围，确保手册能够全面覆盖工程信息管理的各个环节和方面。根据项目的具体情况，界定手册应包含的项目背景、组织结构、目标、阶段划分、资源分配等内容。

在受众需求方面，手册的编写需要考虑到不同层次的受众，如项目管理人员、执行人员、监督人员等，确保内容能够满足不同角色的需求。分析目标受众的信息管理需求，以便在手册中提供有针对性的指导和建议。

在制度梳理与标准化方面，手册的编写要对现有的工程信息管理制度、流程、规范等进行全面梳理，确保手册内容与现有体系相协调。识别现有制度中的不足和需要改进的地方，为手册的编写提供参考。同时需要权衡标准化与灵活性的需求。既要确保信息管理的统一性和规范性，又要考虑到不同项目的特殊性和实际情况，提供一定的灵活性和可调整空间，以适应不同项目的具体需求。

在信息精度与成本效益方面，手册中的信息需要具有必要的精度，以满足使用要求。但要避免不必要的精度带来的成本增加。综合考虑信息收集和处理的成本以及信息使用带来的收益，寻求最佳的平衡点。

在实用性与可操作性方面，手册的编写应注重实用性和可操作性，提供具体、明确的操作指南和步骤。使用易于理解的语言和图表，避免过于复杂或晦涩难懂的表述。考虑到工程信息管理的动态性和变化性，手册应建立持续改进与更新的机制。定期对手册进行审查，根据新的经验和需求进行修订和补充。另外，在手册中特别强调信息安全与保密性的重要性，制定相应的安全措施和保密规定，确保手册中的信息不会泄露给未经授权的人员或机构。

为了保证手册内容能够顺利实施，还需要考虑跨部门协作与沟通。在手册制定过程中，需要与多个部门和团队进行协作和沟通，确保手册内容得到各方的认可和支持。要建立有效的沟通机制，及时解决手册制定过程中的问题和分歧。手册制定完成后，需要经过严格的审核流程，确保内容的准确性和完整性。同时应制定清晰的发布流程，确保手册能够及时、有效地传达给相关人员，并对相关人员进行必要的培训。

以下给出一个简化版的工程信息管理实施手册的结构模板供读者参考，具体的内容需要根据实际项目的需求、组织的特点以及信息管理的具体情况进行定制和扩展。在实际制定手册时，建议组织相关专家、项目管理人员以及一线操作人员共同参与，确保手册的内容既符合工程信息管理的专业要求，又能够贴近实际操作的需要。同时，手册的制定过程也是一个持续改进的过程，需要随着项目进展和实践经验的积累不断进行修订和完善。

工程信息管理实施手册

一、前言
- 手册目的与适用范围
- 手册更新与维护说明

二、工程信息管理概述
- 工程信息管理的定义与重要性
- 工程信息管理的基本原则

三、工程信息收集与加工
- 信息收集渠道与方法
- 各类文档、报表、图纸的收集
- 实地勘察与调研
- 第三方数据来源
- 信息加工处理流程
- 数据清洗与整理
- 信息分类与编码
- 信息存储格式与标准

四、工程信息存储与检索
- 信息存储策略
- 存储介质与备份策略
- 存储位置与访问权限
- 信息检索工具与方法
- 检索系统介绍
- 检索关键词与逻辑运算符

五、工程信息分析与输出
- 信息分析方法
- 统计分析
- 趋势预测
- 风险评估
- 报告输出格式与内容
- 报告模板
- 报告审核与发布流程

六、工程信息安全管理
- 信息安全策略
- 数据保密与完整性保护
- 访问控制与权限管理
- 信息安全事件处理流程
- 安全事件识别与报告
- 应急响应与恢复措施

七、手册使用说明
- 手册查阅与使用指南
- 常见问题与解答

续表

八、附录 • 相关法律法规与标准 • 工程信息管理流程图 • 联系方式与反馈渠道

7.2.3　工程信息安全管理规范

除了上述提到的信息管理过程规范，还有一部分重要的内容涉及信息安全管理规范。国际信息安全管理标准体系 BS7799(ISO/IEC 17799)包括 BS7799.1《信息安全管理实施细则》和 BS7799.2《信息安全管理体系规范》。BS7799.1 包括十大管理要项，36 个执行目标，127 种控制方法。这一部分的体系结构如图 7-1 所示。为方便参考，表 7-1 列举了 BS7799.1 标准的部分内容。

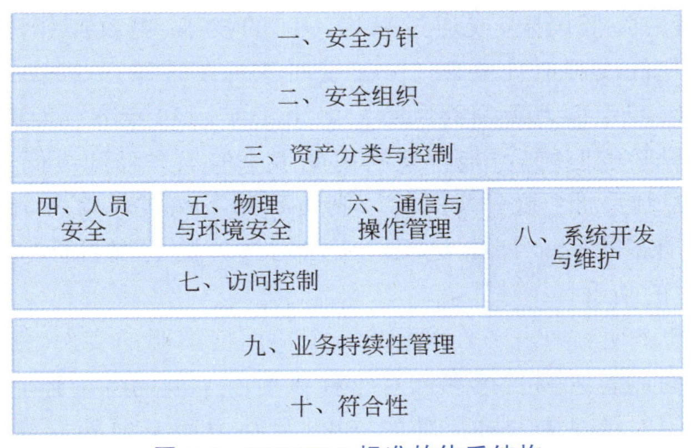

图 7-1　BS7799.1 标准的体系结构

表 7-1　BS7799.1 标准的部分内容

标　　准	目　　的	内　　容
安全方针	为信息安全提供管理方向和支持	建立安全方针文档
安全组织	建立组织内的管理体系以便安全管理	组织内部信息安全责任：信息采集设施安全、可被第三方利用的信息资产的安全、外部信息安全评审、外包合同的安全
资产分类与控制	维护组织资产的适当保护系统	利用资产清单、分类处理、信息标签等对信息资产进行保护
人员安全	减少人为造成的风险	减少错误、偷窃、欺骗或资源误用等人为风险；保密协议；安全教育培训；安全事故与教训总结；惩罚措施
物理与环境安全	防止对关于 IT 服务的未经许可的介入、损伤和干扰	阻止对工作区与物理设备的非法进入，业务机密和信息非法的访问、损坏、干扰，组织资产的丢失、损坏或遭受风险，桌面与屏幕管理组织信息泄露
通信与操作管理	保证通信和操作设备的正确和安全维护	确保信息处理设备正确和安全的操作；降低系统失效的风险；保护软件和信息的完整性等

BS7799.2 标准详细说明了建立、实施和维护信息安全管理体系的要求，规定了建立、实施信息安全管理体系的文档。该标准指出，建立信息安全管理体系包括如下几个步骤。

（1）定义信息安全策略：信息安全策略是组织信息安全的最高方针，需要根据组织内各个部门的实际情况来相应制定。例如，规模较小的组织单位可能只需要一个策略适用于所有部门，而规模较大的组织单位需要一套策略，为不同子公司和不同分支机构分配相应的子策略。组织单位在制定信息安全策略时应确保策略简单明了、通俗易懂，形成书面文件，分发给组织内的所有成员，并对成员进行相应的培训。

（2）定义信息安全范围：首先需要确定重点进行信息安全管理的领域，不同组织根据自己的实际情况，在整个组织范围内或个别部门、领域内构建信息安全框架。

（3）信息安全风险评估：风险评估主要对安全管理范围内的信息资产进行鉴定和估价，然后对信息资产面对的各种威胁进行评估，同时对已存在的或规划的安全管制措施进行鉴定。

（4）风险管理：对风险的处理主要分为降低、避免、转嫁和接受四种方式。在考虑转嫁风险前，应首先考虑降低风险，或通过采用不同的技术、更改操作流程等来避免风险。通常当风险不能被降低或避免且被第三方接受时才可以转嫁。转嫁一般用于低概率但是一旦发生时会对组织产生重大影响的风险。但出于实际和经济方面的原因，既无法降低又无法避免和转嫁风险的时候，只能尽量将由此带来的损失降到最低。

（5）选择管理控制目标：这一步骤的原则是费用不超过风险所造成的损失。由于信息安全管理是一个动态的系统工程，组织应实时对选择的管制目标和管制措施加以校验和调整，以适应变化的情况。

（6）准备适用性声明：如表 7-2 所示的一个适用性声明的实例，信息安全适用性声明记录了组织内相关的风险管制目标和针对每种风险所采取的各种控制措施。其作用一方面是向员工声明组织对信息安全和风险的态度，另一方面是向外界表明组织全面系统的安全措施和态度。

表 7-2 适用性声明的实例

控制（ISO/IEC 27001:2005 附录 A）	是否选择	说　明
A5.1.1 信息安全方针文件	是	信息安全方针文件应由管理者批准、发布并传达给所有员工和外部相关方
A5.1.2 信息安全方针的评审	是	应按计划的时间间隔或当重大变化发生时进行信息安全方针评审，以确保它持续的适宜性、充分性和有效性
A6.1.2 信息安全协调	是	信息安全活动应由来自组织不同部门并具备相关角色和工作职责的代表进行协调
A6.1.5 保密性协议	是	应识别并定期评审反映组织信息保护需要的保密性和不泄露协议的要求
A7.1.1 资产清单	是	应清晰地识别所有资产，编制并维护所有资产的清单
A8.1.2 角色和职责	是	雇员、承包方人员和第三方人员的安全角色和职责应按照组织的信息安全方针定义并形成文件

与此同时，我国为了保障工程信息安全管理，也出台了大量相关法律法规：国家法律层面包括《中华人民共和国保守国家秘密法》《中华人民共和国标准化法》《中华人民共和国国家安全法》《中华人民共和国产品质量法》《全国人民代表大会常务委员会关于维护互联网安全的决定》等；相关行政法规有《中华人民共和国计算机信息系统安全保护条例》《中华人民共和国计算机信息网络国际联网管理暂行规定》《商用密码管理条例》等；部门规章及规范性文件如《计算机信息网络国际联网安全保护管理办法》等；还有一些相关行业（电信、银行等）制定的行业法规。

7.3 课后思考

PDCA 循环是管理学中一种重要的管理方法，其中 PDCA 主要指计划—执行—检查—处理（plan-do-check-act）四个环节。该方法一般通过迭代循环的方式动态制定并优化某项规章政策，使其更符合现实情况。例如，某车间想要制定行为规范，首先通过计划列举出可能的错误行为，把历史遇到的问题尽可能都包含进去，然后在日常实践的过程中对照记录，通过周例会进行复盘，若发现重复出现的问题，则给出可能的解决办法。对于已经不存在的问题，则将其从原来的列表中删去。同时在下周的管理过程中密切关注所发现问题的解决情况和新增情况，从而在反复多次的迭代中确定针对不同问题可能采取的行为规范和解决方法。

本章介绍了工程信息管理伦理与规范的内容。按照 PDCA 循环的管理学思想，如果你是制定信息安全管理规范的人员，你将以怎样的方式提升该规范的可操作性和实际性，并使该规范保持更新的活力？

【参考答案】

根据 PDCA（计划—执行—检查—处理）循环，如果我是制定信息安全管理规范的人员，我将采取以下方式提升该规范的可操作性和实际性，并确保其持续更新。

1. 计划（plan）：确定信息安全管理目标，明确需要解决的具体问题和潜在风险；结合最新的安全威胁和行业标准，制定详细的策略和规定；通过收集和分析历史数据，识别过去的安全事件和漏洞，确保新规范能覆盖所有相关问题。

2. 执行（do）：在制定的规范基础上实施信息安全管理措施，确保所有员工和相关人员了解并遵循新的规范。可以通过开展培训和宣传活动，增强员工的信息安全意识，提升其遵循规范的能力。

3. 检查（check）：定期评估和检验信息安全管理措施的效果。通过内部审计、监控系统和用户反馈收集实施情况的数据，并在定期会议中进行复盘，讨论实施过程中的问题和挑战，记录出现的安全事件和违规行为。

4. 处理（act）：根据检查阶段的反馈，调整及改进信息安全管理规范，识别有效措施并继续推广，同时淘汰或修正不适用的部分。还可以建立动态更新机制，关注行业动态和技术进步，定期对规范进行修订和补充，以保持其时效性和适用性。

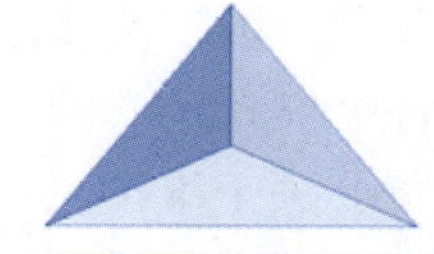

第 8 章 工程信息管理系统

本章要点

在前面的理论分析、过程管理、安全管理、伦理与规范等讨论之后，本章介绍工程信息管理系统的内容，偏向于将理论付诸实践，构建管理系统的形态。本章将从工程信息管理系统开发的角度，分别介绍实现该系统需要的分析、设计、实施、维护、评价与应用几方面的内容。本章在系统分析方面，主要介绍系统组织结构与业务流程分析，系统数据流程分析以及系统开发逻辑模型分析；在系统设计方面，主要介绍系统概要设计和详细设计；在系统实施、维护与评价方面，主要介绍用户测试、人员培训和系统转换；在系统应用方面，主要介绍建筑工程和制造工程中信息管理系统应用的实例，帮助读者具象化理解本章内容。

8.1 工程信息管理系统开发概述

纵观工程信息管理系统的发展历史，整个工程信息管理系统发展阶段可以建模为如图 8-1 所示的诺兰模型。该模型的横坐标表示如下含义。

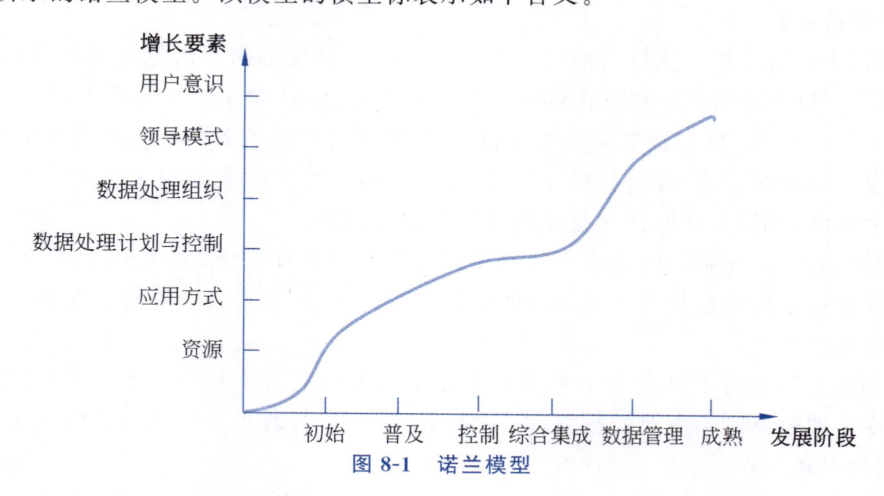

图 8-1 诺兰模型

- 初始阶段：工程信息管理系统一般是在财务或统计部门应用，此时只有少数人使用计算机。
- 普及阶段：从少数部门扩展到各个部门，但同时又出现了数据冗余、无法共享等问题。

- 控制阶段：针对已开发的应用系统的不协调和数据冗余等问题，建立统一的计划。
- 综合集成阶段：建立了集中式的数据库和能够充分利用及管理组织各种信息资源的系统。
- 数据管理阶段：数据成为组织的重要资源。数据得到集中管理和充分利用。
- 成熟阶段：可以满足组织中各管理层次的要求，能适应任何管理和技术的新的变化。

对应地，纵坐标表示如下含义。

- 资源：主要是指计算机的软硬件资源。
- 应用方式：如批处理方式和联机方式。
- 数据处理计划与控制：从开始随机的、短期的计划到长期的、战略的计划。
- 数据处理组织：指信息管理系统功能在组织中所占的地位。
- 领导模式：在前两个阶段，是以技术领导为主的，随着用户和上层管理人员的深入了解，在后两个阶段，上层管理部门开始与信息管理系统管理部门一起决定发展战略。
- 用户意识：人们心目中的信息管理系统用户从操作管理级的用户发展到中、上层管理级的用户。

诺兰模型总结了工程信息管理系统发展的经验和规律。一般认为，模型中的各阶段都是不能跳跃的。因此，无论是在确定开发信息管理系统的策略时，还是在制定信息管理系统规划时，都应首先明确信息管理系统使用对象当前处于哪一发展阶段，进而根据该阶段的特征指导信息系统的建设。

8.1.1　系统开发方法

工程信息管理系统本质上是一种软件，所以涉及的开发方法即软件开发的流程，一般包括以下几个阶段：

- 总体设计阶段：以需求分析的结果作为出发点构造一个具体的系统设计方案，考虑系统的模块结构、模块划分和模块间的数据传送及调用关系。
- 详细设计阶段：在总体设计的基础上考虑每个模块的内部结构及算法，最终产生每个模块的程序流程图。
- 编程阶段：利用某种编程语言产生一个能够被机器理解和执行的系统。
- 测试阶段：通过人为设定的多种测试样例进行实验室测试，提前发现和排除程序中的错误。
- 试运行阶段：将系统投入实际应用场景中考查其运行效果，在运行过程中发现问题并及时进行解决。
- 用户培训阶段：培训专业操作人员，使其熟悉该系统的使用方法。
- 验收和正式运行阶段：由甲方依据招标文件和合同等进行竣工验收。通过验收后，软件系统投入正式运行使用。
- 软件维护阶段：对软件系统运行中发生的错误进行原因查找并改正错误，或因甲方需求有变化对软件进行同步调整修改。

同时，工程信息管理系统的开发方法与大多数信息系统开发方法相同，基本可以分为结构化系统开发方法与面向对象的系统开发方法。

通常所说的结构化系统开发方法包括三阶段、五阶段和六阶段开发方法。图 8-2(a)展示了系统分析、系统设计和系统实施三阶段开发方法；图 8-2(b)在上述三阶段之外又多了系统规划和系统运行与维护两个阶段；图 8-2(c)展示了可行性研究与开发计划、系统分析、系统设计、系统实施、系统调试与测试以及系统运行六阶段开发方法。

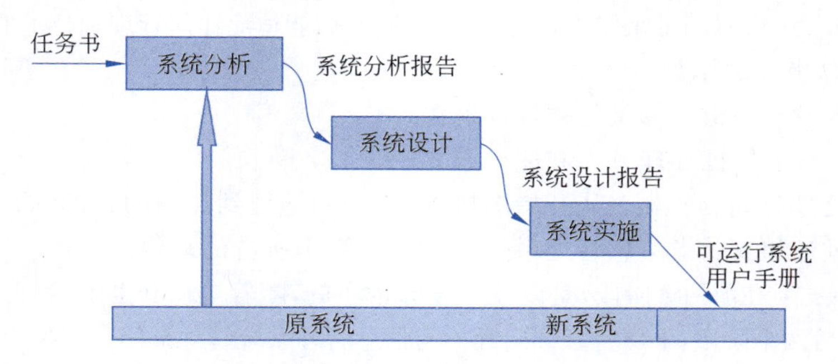

(a) 结构化系统三阶段开发方法

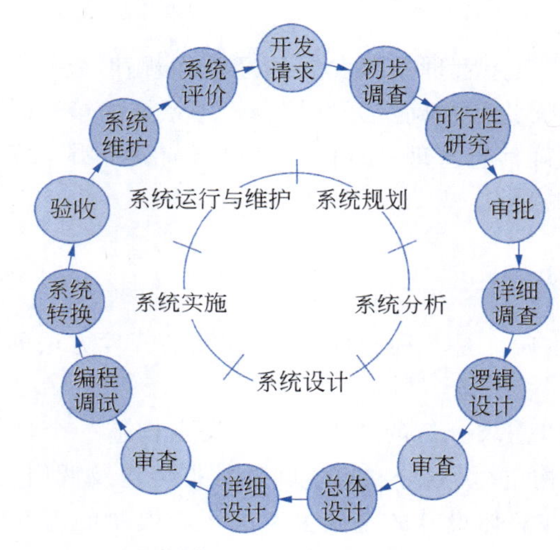

(b) 结构化系统五阶段开发方法

阶　段	基本任务
可行性研究与开发计划	初步调查　系统开发的可行性研究 编写可行性报告　审批立项　制订开发计划
系统分析	详细调查　分析用户环境、需求、流程、数据结构 确定系统目标与功能　开发新系统逻辑模型
系统设计	总体设计(模块、硬件配置设计) 详细设计(代码、数据库、输入、输出、处理过程)
系统实施	完成程序编制
系统调试与测度	程序模块测试　功能模块测试　子系统测试 系统联调　系统测试　试运行
系统运行	移交运行　硬件软件维护　系统评价

(c) 结构化系统六阶段开发方法

图 8-2　结构化系统开发方法

上述结构化系统开发方法被应用到工程信息管理系统的开发时，可以被归纳为信息战略规划阶段、业务分析阶段、系统设计阶段和系统制作阶段。具体来说，信息战略规划阶段的目的是使所开发的信息系统能支持企业领导的经营管理及其决策，能支持企业经营管理的方针和策略，保证系统在统一的目标和要求下按计划开发。具体工作包括系统前期调研分析，这里需要初步调查拟开发该信息管理系统的企业内外环境、优势和劣势、经营方针、目标，明确实现方针、目标的条件及关键要素。其他工作则是根据这些初步调查和分析，进行对应的信息战略规划。在战略规划中决定系统开发的目的和开发规划、总体框架及体系结构、企业基本模型、数据基本模型、业务处理模型、技术规范、系统开发的优先次序、人员、开发进度等内容。业务分析阶段的工作内容是从知识库中取出信息战略规划阶段存入的信息，对业务处理的数据和处理过程进行分析，总结出详细的数据模型和处理模型及两者之间的关系存入知识库中。系统设计阶段是从知识库中取出业务分析阶段存入的有关信息，进行数据流程、数据结构、输入/输出设计，并将结果存入知识库中。系统制作阶段是从知识库中取出系统设计阶段存入的有关信息，用程序生成器自动生成程序代码，并进行调试和测试。这种结构化开发方法强调以模块为中心，采用模块化、自顶向下、逐步求精的设计过程。这种方法结构清晰、可读性强，但由于用户的需求和软硬件技术不断发展变化，后期改动频繁，较为复杂。

除了开发阶段外，开发结构还可以是面向对象的，如图 8-3 所示。这种方法模拟人类的思维习惯，认为客观世界的问题都是由实体以及实体之间的关系构成的，任何事物都是对象，复杂的对象也可以由简单的对象以某种方式组合而成。面向对象的开发分为分析、设计、演化和维护阶段。其中，分析阶段是从问题域中选出词汇，建立类和对象的模型世界，设计阶段是对问题域的行为进行关键抽象再分解的过程，演化阶段是面向对象程序设计、测试和集成组合在一起的阶段，维护阶段是系统提交运行之后的变更活动。

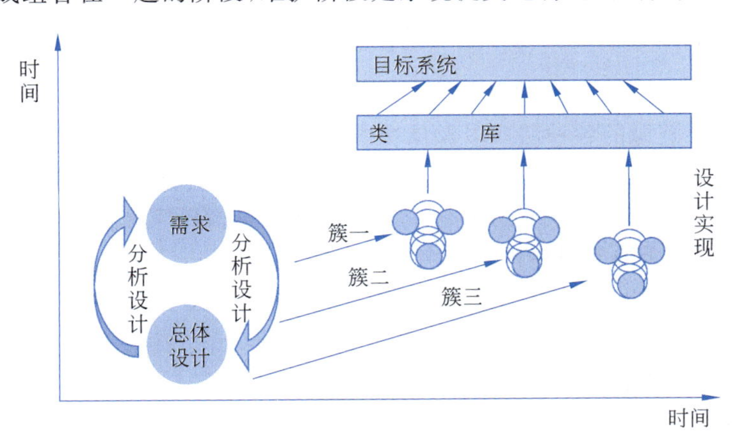

图 8-3　面向对象的开发结构

面向对象方法是近年来备受关注的系统开发的新方法。面向对象建模是应用面向对象方法进行系统开发的基础。它以对象（对应现实中的实体）和类（对应现实中的抽象）作为构筑系统的基本材料。对象是以类为模板生成的，其主要特点是封装性和继承性。封装是指将一个数据和与这个数据有关的操作集合在一起形成一个有机的实体即对象。封装带来的直接好处是将对象的定义和实现分离开来，使对象实现的改变不影响客户对象对它的访问。继承表达的是对象类之间的层次关系。它使系统结构自然、简洁，便于系统开发人员理解和交流。同时它允许类之间的信息共享，从而大量减少了系统的冗余代码并使得系统具有更好的可重用性、可维护性和可扩充性。考虑到面向对象方法的上述特点能够使它较好地适应工程信息管理系统的开发要求，这里可以用它来建立系统的领域模型。

面向对象方法中所有对象可以进行分类，划分为各种对象类，每个类定义一组数据和一组方法，其中数据用于表示对象的静态属性。按照子类与父类的关系，多个类之间又可以建立继承联系，组成一个层次结构的系统。对象彼此仅能通过传递消息互相联系，其他局部于该对象的私有信息都被封装在该对象类的定义里，外界是看不见的。因此，有一个简单的公式可以表示这种方法的组成：

面向对象方法＝对象＋类＋继承＋类间消息通信

这种开发方法相较于传统结构化开发方法，其优点在于能够解决客观世界描述工具与软件结构不一致的问题。它与人类习惯的思维方法一致，缩短了开发周期，解决了从分析到设计再到软件模块多次转换的繁杂过程，稳定性更好，可重用性、可维护性也更好。但其缺点在于，对大型的系统可能会造成系统结构不合理、各部分关系失调等问题。

领域的框架模型用以表现系统中所包含的高层次实体间存在的物流和信息流。然后在该模型形成的框架中建立表现低层次实体间关系的领域模型，其中为表达所建立的领域模型，可以采用模型图示技术 EXPRESS-G。它是国际标准化组织发布的产品模型数据交换标准性数据交换语言，目前在面向对象的图形表示中得到了广泛的应用。其表示方法是用实线方框表示类，用粗实线连线表示类之间的种属关系，用一般实线连线表示类之间的其他关系；其中连线一端带有圆圈的类表示子类或被使用(包括“包含”关系)的类。为了方便理解框架模型的建立，这里给出某建筑施工项目中面向资源、施工活动、产品、项目管理组织和项目管理活动的几个构成模型。

1. 资源构成模型

图 8-4 反映了资源的各种层次以及层次内部的构成关系。为便于衡量建筑施工项目生产成果与生产消耗之间的定量关系，依据建筑工程定额的分类，可以将项目中用到的资源分为消耗资源和周转资源两种。其中消耗资源有进场构件原材料以及某些混合材料如混凝土等；周转资源主要有机械设备和劳动力。其中，实线箭头表示物质流的流动方向，虚线箭头表示信息流的流动方向，该构成模型图清晰地反映了工程内部和外部之间各类资源流动的关系，用以指导后续相关信息系统的开发。

2. 施工活动构成模型

一般地，可以将施工活动分为单位工程、分部工程以及分项工程三种。其中，单位工程包含多个分部工程，而分部工程又由多个分项工程组成。毫无疑问，对应不同的建筑结构类型(如砖混结构、钢结构和钢筋混凝土结构)，它们各自的具体构成是不同的。这里以目前广泛采用的现浇钢筋混凝土结构为例建立起施工活动的构成模型，如图 8-5 所示。这里，分部工程可以是主体工程、地基基础工程、装饰工程等，而分项工程可以是模板工程、钢筋工程、混凝土工程等。这里以结构专业的分项工程为例，其他专业的施工活动采

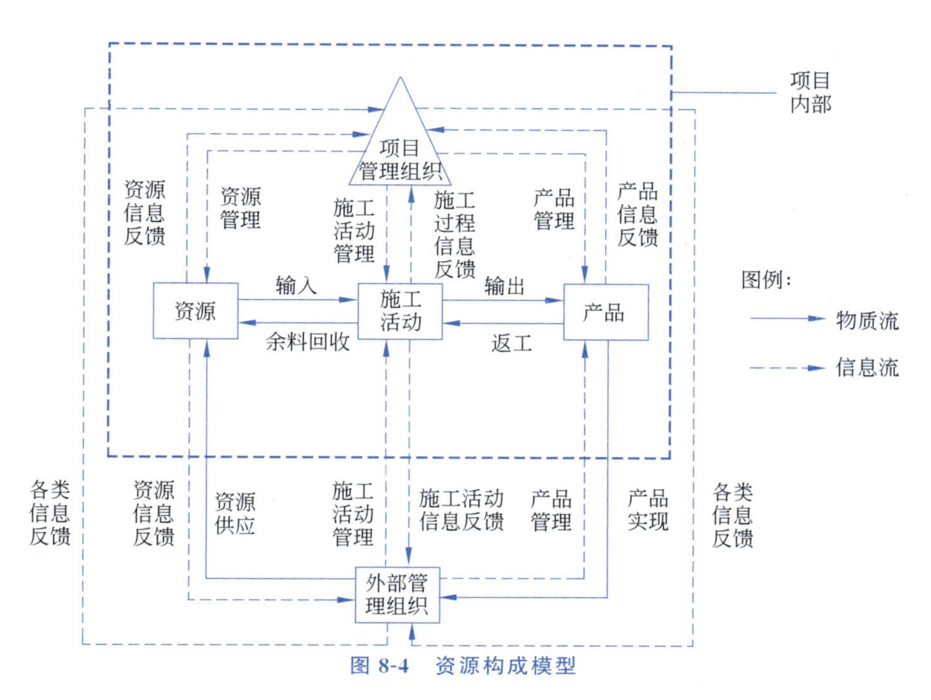

图 8-4　资源构成模型

用“其他”这个实体来统一抽象表示。对于其他的建筑结构类型，可以仿此方法建立对应的模型。例如，对于砖混结构，包含的分项工程应该为砌砖、砌石等；而对于钢结构，其对应的分项工程为钢结构制作、钢结构焊接和钢结构安装等。

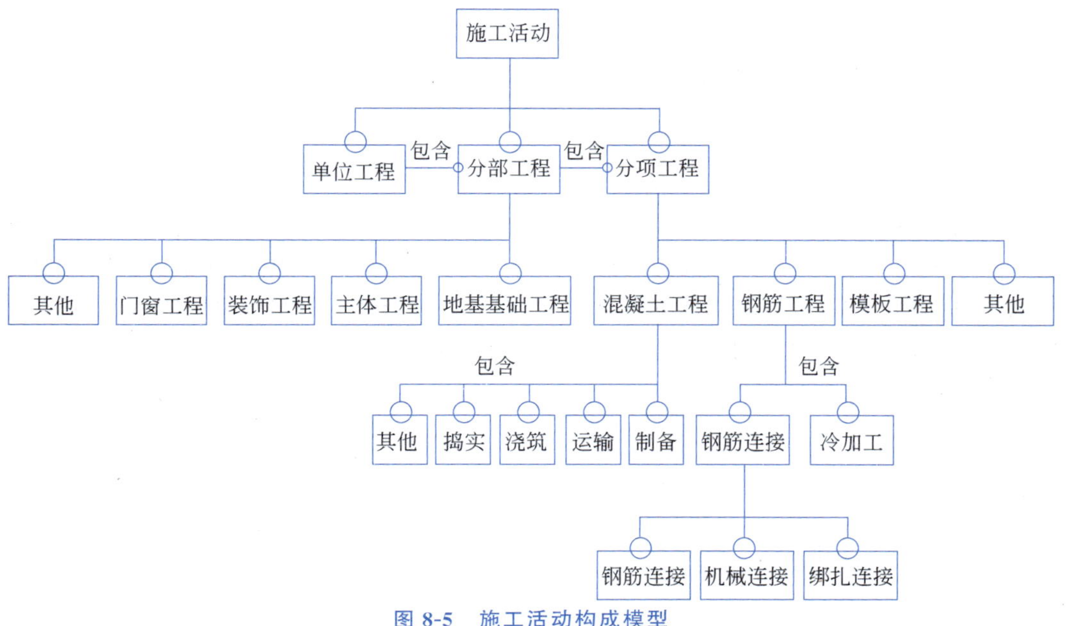

图 8-5　施工活动构成模型

3. 产品构成模型

建筑施工的最终目的是实现施工图的设计意图，完成具有一定功能的产品。产品通常有构件以及由构件组成的部件。这里的构件也有两种形式：一种是简单构件（如梁、板、柱、墙等），另一种是由简单构件组成的复杂构件（如房间、阳台等）。值得说明的是，由于建筑工程某些分部工程（如门窗工程、装饰工程等）形成的产品仅是一些简单的构件，我们将产品意义上的部件定义为一个完整的楼层。这里的"完整"指的是它的形成是各有关分部工程综合的结果。例如，主体楼层不仅包括主体工程形成的结构层，还包括装饰工程形成的装饰层以及门窗工程形成的门、窗等。图 8-6 所示的产品构成模型表示产品的这种构成关系。

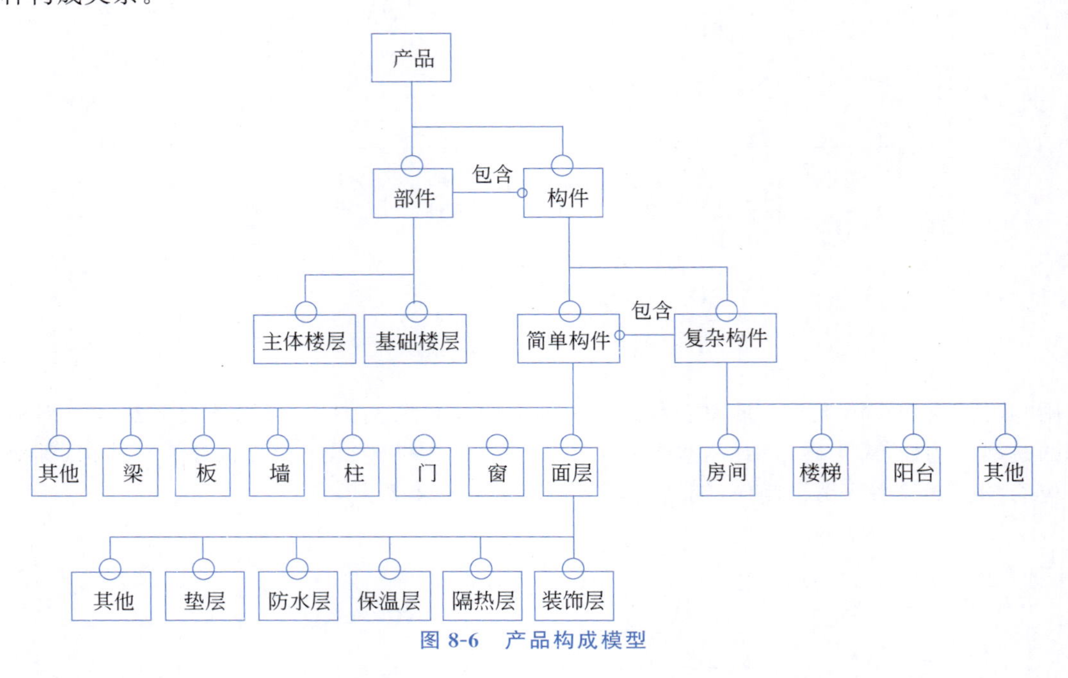

图 8-6　产品构成模型

4. 项目管理组织和项目管理活动构成模型

不同的企业甚至不同的项目可能采取不同的管理方式，因而管理组织的构成也就有所不同。图 8-7 所示是一个一般的项目管理组织构成模型。该模型是基于对我国中建一局四公司、中建二局一公司、城建集团四公司、北京建工集团三公司等单位的广泛调研，依据管理职能在一定程度上对各要素的管理活动抽象提取出来的。

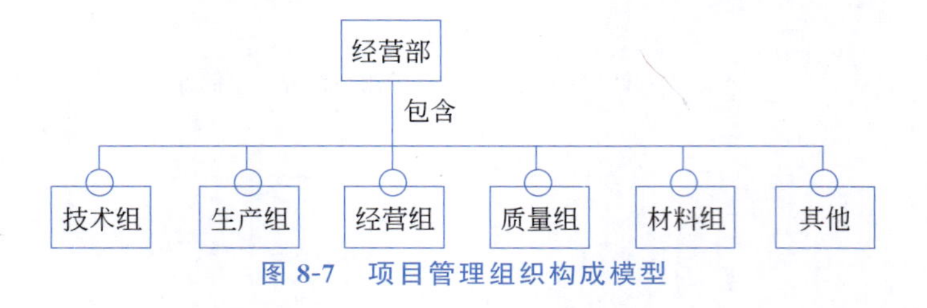

图 8-7　项目管理组织构成模型

按面向对象方法抽象出来的管理活动主要有三种：针对资源的管理活动、针对施工活动的管理活动和针对产品的管理活动，如图 8-8 所示。其中，针对施工活动的管理活动有两类：一是施工活动前期的管理活动，如生产准备、计划准备、技术准备和物资准备等；

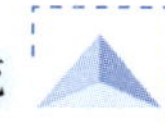

二是施工活动后期的管理活动，如隐检/预检、交接检和分项质检等。

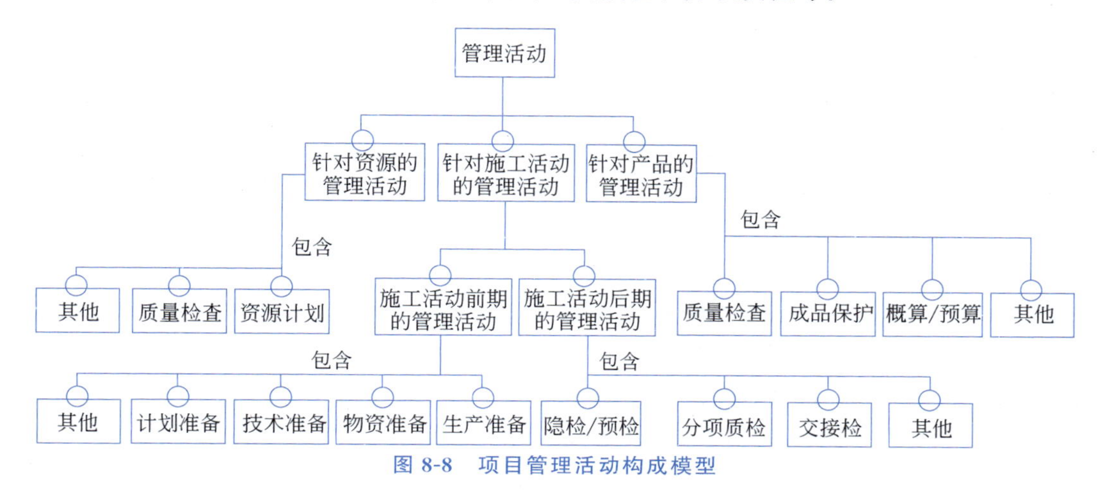

图 8-8　项目管理活动构成模型

模型带来的好处不但体现在面向对象的系统设计与编程方面，而且它对系统数据库(信息化管理系统的核心)的规划和设计也产生积极的影响。确立比较好的信息系统编码原则，是规划系统数据库的重要环节，是节省存储资源、快速访问查询、实现信息的便利维护的最强有力保证。

8.1.2　系统开发可行性研究

可行性研究是确定项目开发、规定下阶段工作范围、编制工作计划、协调各部门动作、分配资源和系统开发的依据和准则。一般是由各职能管理部门对不同阶段的可行性方案提出意见或建议。按照各种有效的方法和工作程序，对拟开发系统在技术上的先进性、适用性，经济上的合理性、盈利性，以及系统实施条件等方面进行深入的分析，确定目标，提出问题，制定方案并评估，从而为系统开发提供科学的依据。因此，需要讨论工程信息管理系统开发的必要性，以及经济、技术、组织管理、环境和操作方面的可行性。

其中，系统开发的必要性可以从“显见”“预见”和“隐见”三方面进行讨论。随着企业的发展，信息量越来越大，或者由于精确度要求的提高，或者由于本身的复杂性，非信息系统已不能解决问题，这属于系统开发显而易见即显见的必要性。同时，随着技术的进步，可以预见未来信息处理手段必须更新，否则不能适应未来信息处理的需要，不能适应竞争的环境，这就属于基于对未来的预见而讨论的系统开发的必要性。而有些传统信息管理系统服务效率很低，间接影响社会效益和经济效益，这种影响不是直接看得见、摸得着的，而是隐式的，这就属于系统开发隐式的必要性。

经济方面的可行性则需要对投入费用和系统产出进行估算。投入费用包括设备费用、人工费用、材料费用、运行费用等。而系统产出则包含直接经济效益的估算和间接经济效益的估计和判断。直接经济效益的估算是调整和控制投入后的系统直接经济量变化，例如，加强费用控制使费用降低的比例，加强成本分析与控制后成本节约的比例，加强库存管理后库存投入降低的比例，或减少人工工作量对应降低的人工费用量。而间接经济效益的估计和判断所受到的影响是多角度的，比如提高管理工作水平、提高企业信誉、提高决策的及时性和正确性、增加信息处理能力和速度所带来的综合效益。

技术方面的可行性需要讨论新系统所需的各种技术要求在当前条件下能否达到。例如，各种数学模型是否完善和已达到实用程度，计算机的内、外存容量，联网能力，主频速度，输入、输出设备，可靠性，安全性等方面是否满足管理系统数据处理的要求，数据传送与通信能否满足要求，网络和数据库的可实现性如何等。另外还需要讨论新系统开发与运行维护所需的技术力量是否具备。例如，信息管理系统在系统开发、使用、维护各阶段需要系统分析员、系统设计员、程序员、操作员、录入员及软硬件维护员等各类专门人员。各类人员能否满足要求，如果不满足要求，在一定时间内经过培训能否满足要求。如果在一定时间内经过培训还不满足要求，则认为系统开发在技术上是不可行的。

组织管理方面的可行性需要从管理组织结构上自上而下分析每位负责人的实际态度和能力。比如，企业领导、部门主管对新系统开发是否支持，态度是否坚决；管理人员对新系统开发的态度如何，配合情况如何；管理基础工作如何，现行管理系统的业务处理是否规范等；新系统的开发运行导致管理模式、数据处理方式及工作习惯的改变，这些工作的变动量如何，管理人员能否接受等。

环境方面的可行性则主要是系统以外环境对系统的影响或者反向影响。具体来说包括股东、客户或供应商对新系统开发是否支持，新系统能否为他们带来利益，负面效应如何；新系统开发是否会引起侵权或其他法律责任的问题；新系统是否符合政府法规或行业要求；外部环境的可能变化对新系统的开发的影响如何（如经济危机的出现对项目实施的影响）等。

操作方面的可行性是指建立的系统能否在组织内实现，并高效率地执行预期的功能，组织内外是否具备接受和使用新系统的条件。

对上述几方面的可行性研究可以遵循以下几个步骤：

- 成立可行性研究的专门小组。
- 分析用户的信息需求。
- 提出各种可能的系统方案。
- 说明备选系统的主要特性。
- 确定和评价备选系统的性能及成本/效益情况。
- 选择最优的备选系统。
- 准备可行性研究报告（其框架如图 8-9 所示）。

可行性研究报告是在了解用户要求及系统环境、资源条件等的情况下，从技术、经济和社会因素等方面研究并论证用户提出的信息系统开发项目的必要性和可行性。可行性研究报告一般包含以下几个模块。

（1）引言。

- 摘要：指出报告目的和预期读者。
- 背景：信息系统的名称、项目的任务提出者、开发者、用户、本系统和其他系统之间的关系。
- 定义：报告中用到的专业术语定义，以及外文全称和首字母缩略语。

（一）引言
1. 摘要
2. 背景
3. 定义
4. 参考资料
（二）可行性研究的前提
1. 要求
2. 目标
3. 条件、假定和限制
4. 进行可行性研究的方法
（三）对现行系统的初步调查与分析
1. 企业的目标和任务
2. 企业的组织机构及管理机制
3. 现行信息系统的概况
4. 现行业务流程和子系统划分
5. 新系统的开发条件
6. 存在的主要问题和薄弱环节
7. 对用户提出的开发任务和要求的分析

（四）新系统的初步方案
1. 新系统的目标
2. 新系统的规模
3. 计算机系统的配置
4. 新系统开发的进度计划，包括各阶段的人力、资金、设备需求等
5. 新系统实现后对组织机构、管理模式的影响
（五）可行性研究
1. 开发新系统的必要性
2. 开发新系统经济性方面的可行性
3. 开发新系统技术方面的可行性
4. 开发新系统组织管理方面的可行性
5. 开发新系统环境方面的可行性
6. 开发新系统操作方面的可行性
（六）可供选择的其他方案
（七）可行性分析的结论

图 8-9　可行性研究报告框架

- 参考资料：项目经核准的计划任务书或合同，上级机关的批文，属于本项目的其他已发表的文件，本文件中引用的文件、资料、软件开发标准等，列出文件资料的标题、编号、发表日期、出版单位和来源。

（2）研究前提：需要开发的信息系统的要求、目标、条件、假定和限制等。

（3）进行可行性研究的方法：明确如何进行可行性研究，如何评价系统。

（4）评价尺度：说明对系统进行评价时所使用的主要尺度，如费用的多少、各项功能的优先次序、开发时间的长短以及使用的难易程度。

（5）分析内容：需要分析先行系统，阐明开发新系统或修改现有系统的必要性。需要说明建议的系统目标和要求将如何被满足。需要说明可选择的其他系统方案，是否有可以直接进行购买的系统。需要进行投资和效益分析，即对所选择方案说明所需的费用，并说明该方案能够带来的收益。需要说明社会因素方面的可行性，包括法律和使用方面的可行性。

（6）分析结论：结论一般有以下四种：

- 可以立即开始进行。
- 满足某些条件后开始进行。
- 对系统开发目标进行某些修改后开始进行。
- 不能进行或不必进行。

8.2 工程信息管理系统分析

对应 8.1 节提到的系统三阶段开发方法，本节将介绍第一阶段系统分析的方法。

工程信息管理系统分析的任务是要了解信息管理的需求，从而确定系统逻辑模型，形成系统分析报告，用以指导后续的系统设计、开发、实施、维护与评价等流程。分析步骤包括现行信息管理系统的系统调查、组织结构与业务流程分析、数据流程调查、建立新系统逻辑模型以及给出系统分析报告。

其中，系统调查遵循真实性、全面性、规范性、启发性的原则，通过开调查会、发调查表征询意见、访问或者直接参加业务实践的方式，对系统做定性和定量的调查。其中，系统的定性调查包括组织结构的调查、管理功能的调查、业务流程的调查、数据流程的调查、处理特点的调查、系统环境的调查。而系统的定量调查包括收集各种原始凭证、收集各种输出报表、统计各类数据的特征、收集与新系统对比所需的资料。

组织结构分析中，一个组织（企业、公司、部门等）的机构，自上而下一般是按级别、分层次构成的，呈树状结构，表示各组成部分之间的隶属关系或管理与被管理的关系。图 8-10(a)展示了常见的某种组织结构的树状分析图。由于每个组织都是一个功能机构，都有各自不同的功能，因此功能分析图也往往呈树状结构，以组织结构为背景来识别和分析。图 8-10(b)则展示了常见的某种管理功能的树状分析图。将二者进行对应结合可以绘制出如图 8-10(c)所示的组织与功能关系表，其中圆点表示该项功能是对应组织（主持工作的单位）的主要功能；圆圈表示该单位是参加协调该项功能的单位；而对钩表示该单位是参加该项功能的相关单位。

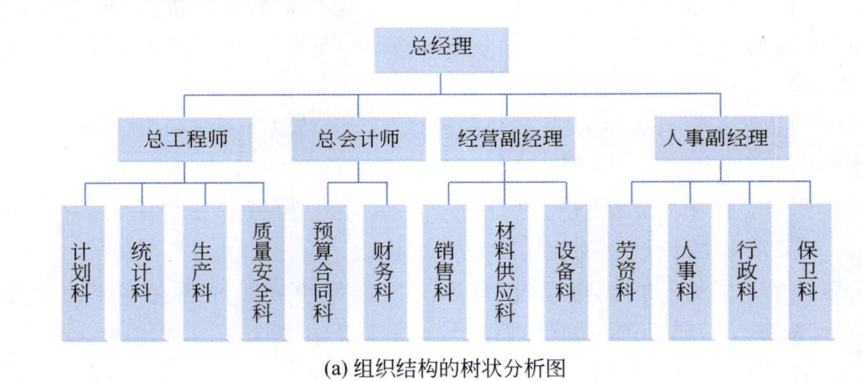

(a) 组织结构的树状分析图

(b) 管理功能的树状分析图

图 8-10　机构树状分析图与表

功能	组织												
	计划科	统计科	生产科	质量安全科	预算合同科	财务科	销售科	材料供应科	设备科	劳资科	人事科	行政科	保卫科
经营	○	√	○		○		●	○					
生产	√	√	●	○	○		√	○	○				
财务		○				●							
生产服务			●					○	○				
人事行政										○	●	√	√

(c) 组织与功能关系表

图 8-10 （续）

业务流程分析是调查系统中各环节的管理业务活动，掌握管理业务的内容、作用以及信息的输入、输出、数据存储和信息处理的方法与过程等，为建立信息管理系统数据模型和逻辑模型打下基础。某企业物资管理部门的业务流程如图 8-11 所示，其展示了该企业物资管理部门中生产部门、仓库负责人、报关员、有关部门、采购员和供货单位几个业务处理单位收集和统计的各类数据、业务功能以及需要制作的表格和报表等信息，实线箭头明确地表示了各种信息在各业务处理环节的流动过程。

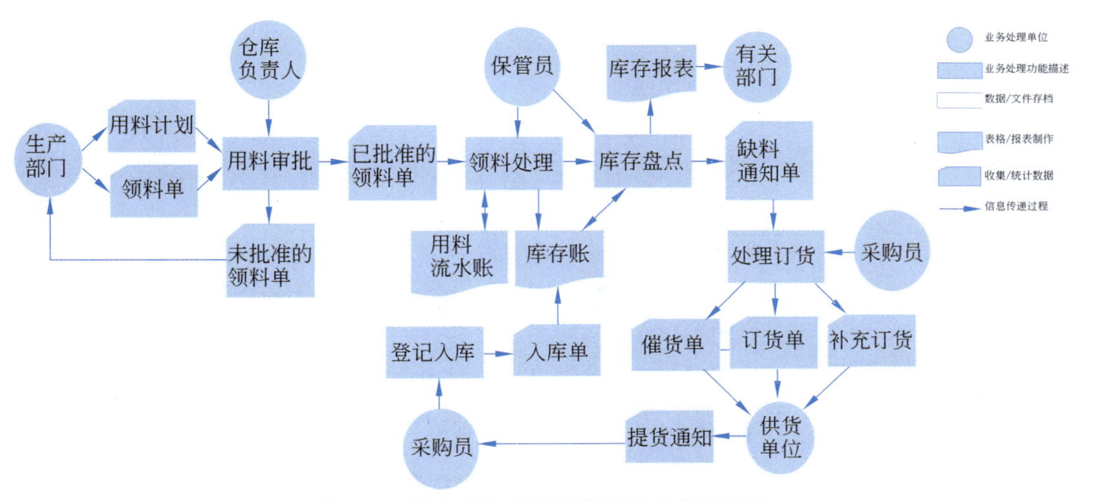

图 8-11 某企业物资管理部门的业务流程图

数据流程调查需要收集大量的数据信息：各部门的正式文件，如各种卡片、报表、各种会议记录；现行系统的说明文件，如各种流程图、程序；各部门外的数据来源，如上级文件、计算机公司的说明书、外单位的经验材料等。涉及的数据收集类型包括各种报表内容和各种统计数字。数据流程分析可以按照自顶向下、逐层分解、逐步细化的结构化分析方式进行，通过分层的数据流图(data flow diagram，DFD)来实现。数据流图是一种描述新系统数据输入、数据输出、数据存储及数据处理之间关系的强有力工具，同时也是与用户进行紧密配合的有效媒介。数据流图包含加工、文件、数据流和外部项四个组成因素，如图 8-12 所示，加工由圆圈表示，文件由开口矩形表示，数据流由箭头表示，外部项由方块表示，图的右边给出了一些关联实例。数据流图可以分为总数据流图、顶层数据流图和其余各层数据流图，如图 8-13 所示，其中，顶层数据流图中从源点到终点信息仅会进行一次大的加工，一层数据流图则会增加一层加工过程，二层数据流图则会在一层的基础上对每个大类加工再分出一层子类加工。绘制数据流图之前，需要确定系统的外部项、系统的输入/输出及对系统的查询要求，从左侧开始标出外部项，且整个数据流图只反映数据流向。需要注意的是，数据流图中不反映循环、判定和控制条件，要避免线条交叉，且每层的处理逻辑不超过 8 个，上下层间的输入/输出要相匹配。

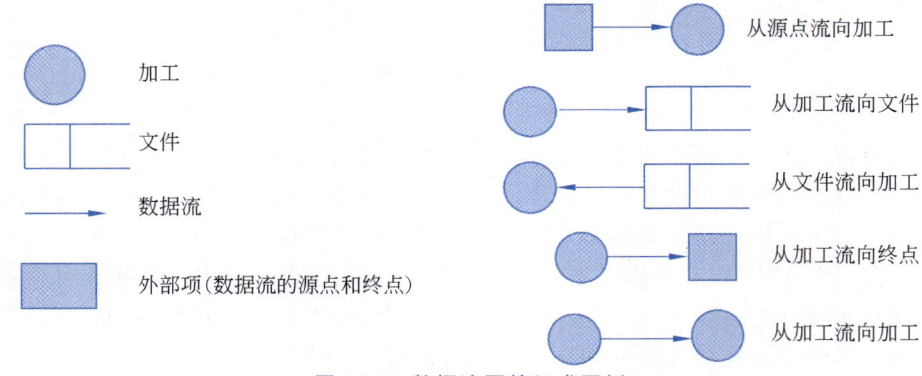

图 8-12　数据流图的组成图例

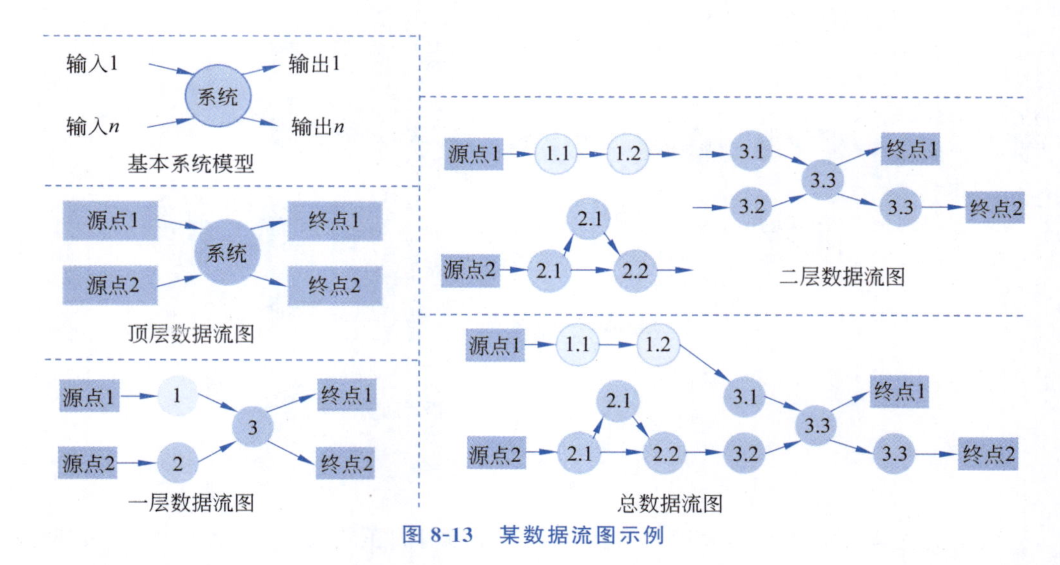

图 8-13　某数据流图示例

数据词典是关于数据信息的集合，是在数据流图的基础上，对其中出现的每个数据流、加工、文件和数据项、外部项进行定义的工具。其作用是在软件分析和设计的过程中提供关于数据的描述信息。其中包括数据流条目、加工条目、文件条目、数据项条目和外部项条目，如图 8-14 所示。

编号	名称	来源	去处	组成	流量	说明
D1	材料出入库单	仓库管理员	处理事务	材料编号	60份/天	
				材料名称		
				事务类型		
				数量		

(a) 数据流条目

编号	名称	输入	处理逻辑	说明
P1.2	更新库存信息	①材料出入库信息 ②库存清单	对每一种材料在现有库存清单的基础上，加上入库量、减去出库量，再根据单价计算出库存金额	D1库存清单 P1.3处理定货
P1.3	处理定货	库存信息	更新后的库存信息若少于库存量临界值，则确定应该再次定货	D2定货信息

(b) 加工条目

编号	名称	输入数据流	输出数据流	组成	组成形式
F1	订货信息文件	D6(P1.3-F2)	D7（F2-P2）	材料名称	按材料类别排序
				材料编号	
				定货量	
				目前单价	
				主要供应者	
				次要供应者	

(c) 文件条目

数据编号	名称	数据类型	长度	取指范围
0001	材料编号	字符型	4	0001 ~ 9999
0002	材料名称	字符型	20	10个汉字
0003	库存量	数字型	9	

(d) 数据项条目

编号	名称	简述	输出数据流	输入数据流
01	仓库管理员	对材料入出库进行登记	库存增减信息	提料单、入库单
02	采购员	根据定货报表组织定货	材料采购单	定货报表

(e) 外部项条目

图 8-14　数据词典示例

建立新系统逻辑模型，首先需要确定系统目标。系统功能目标是指系统所能处理的特定业务和完成这些处理业务的质量，也就是系统能解决什么问题，以什么水平实现。系统技术目标是指系统应具有的技术性能和应达到的技术水平，通过一些技术指标给出，如系统运行效率、响应速度、存储能力、可靠性、灵活性、操作使用方便性及通用性等。而系统经济目标是指系统开发的预期投资费用和经济效益。其次需要给出新系统信息处理方案，包括确定合理的业务处理流程、数据处理流程，确定新系统功能结构和子系统的划分，确定新系统数据资源分布及确定新系统中的管理模型。最后要确定系统计算机资源配置,即从系统分析的需要出发提出新系统对计算机配置的基本要求,也称计算机资源的逻辑配置,不涉及计算机硬件的具体型号,而是提出具体方案,作为系统设计阶段确定新系统计算机物理配置的依据。

最后,给出系统分析报告,其内容包括:

(1) 现行系统情况简述:现行系统的主要业务、组织机构、存在的问题和薄弱环节,现行系统与外部实体之间物资及信息的交换关系;用户提出开发新系统请求的主要原因等。

(2) 新系统目标:总目标、子目标、计划进度安排等。

(3) 现行系统状况:现行系统业务流程图和现行系统数据流程图。

(4) 新系统的可行性研究报告:可行性研究报告的撰写可以包含引言、研究前提、初步调查与分析、新系统的初步方案、可行性研究、可供选择的其他方案及结论几部分内容。

(5) 新系统的逻辑方案。

(6) 新系统开发费用与时间进度估算。

8.3 工程信息管理系统设计

对应 8.1 节提到的系统三阶段开发方法,本节将介绍第二阶段系统设计的方法。

对整体系统进行分析之后,需要对其进行详细的系统设计。系统设计分为系统概要设计和系统详细设计。系统概要设计是根据上述系统分析所得到的系统逻辑模型,如数据流图和数据字典,借助一套标准化的图、表工具,导出系统的功能模块结构图。而系统详细设计则包括具体的输入输出设计、信息存储方式设计、代码设计等。

8.3.1 系统概要设计

正如上面所提到的,系统概要设计常用的工具是模块结构图,它主要由模块、调用、数据、控制信息和转换符号组成。在结构图中,一个模块可以由一个矩形表示,通常指用一个名字就可以调用的一段程序语句,如 FoxPro 中的过程或命令文件。一个模块应具备输入和输出、功能、内部数据和程序代码四要素。连接两个模块的箭头表示调用。箭头总是由调用模块指向被调用模块,执行后又返回调用模块。需要注意的是,每个模块都有特定的任务,只有上级模块才能调用下级模块;模块的通信仅限于上下级模块之间,任何模块不能与其他上下级模块或同组模块进行直接通信联系;某一模块要与其相邻的同组模块进行信息交换,必须通过各自的上级模块;模块调用的次序是从上而下,自左向右。如图 8-15(a)所示,直接从一个模块指向另一个模块的是直接调用,从菱形指出来的是判断调用,而带弧线的则是循环调用。当一个模块调用另一个模块时,调用模块可以将数据传送到被调用模块供处理,被调用模块又可以将处理结果送回调用模块。模块间传递某些控制信息用以指导程序下一步的执行,控制信息只反映某种状态,不必进行处理。当模块结构在一张图面上画不下,需要转接到另外一张图面上,或为了避免图上线条交叉时,都可以使用转接符号(见图 8-15(b)中的符号 1)。

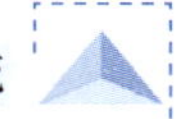

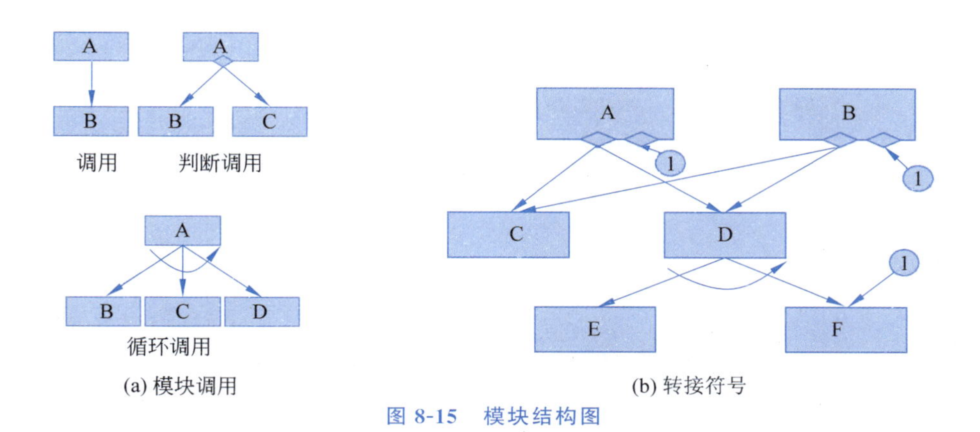

图 8-15　模块结构图

除了上述概念外，模块结构图还有其他几个概念。比如，统帅和从属表示模块的上下级关系；深度表示结构图的层数；宽度表示结构图同层的模块数；扇出数表示某模块的从属个数；扇入数表示某模块的统帅个数。如图 8-16 所示，其中 A 统帅 B、C、D、E、F，也可以说 B、C、D、E、F 从属 A，于是有 A 扇出数为 5，同样还有 B 扇出数为 3，F 扇出数为 2，而 M 扇入数为 2，N 扇入数为 3。整个结构图的总深度为 4，总宽度为 6，单第二层宽度为 5，最后一层宽度为 2。

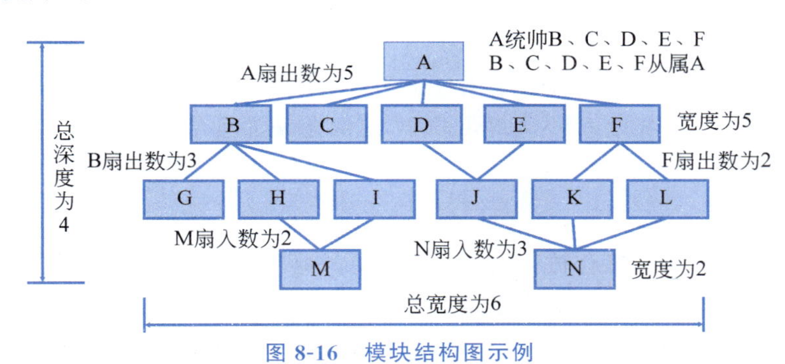

图 8-16　模块结构图示例

系统概要设计的常用方法有三种：关键成功因素(critical success factor，CSF)法、战略集合转移(strategy set transformation，SST)法、企业系统规划(business system planning，BSP)法。

1. 关键成功因素法

关键成功因素法的主要思想是“抓主要矛盾”，这是一种用以弥补在广泛的全面调查中，难以获得最高领导信息需求的不足的有效方法和技术，并且在访问谈话中解释这一方法和进行信息需求调查所需的时间较少。关键成功因素是指在一个组织中的若干能够决定组织在竞争中获胜的区域(或部门)。如果这些区域(或部门)的运行结果令人满意，组织就能在竞争中获胜，否则，组织在这一时期的努力将达不到预期的效果。不同的行业或同一行业中的不同组织可以有不同的关键成功因素。通过对关键成功因素的识别，可以找出弥补所需的关键性信息集合，去建立那些重点的信息系统。图 8-17 展示了关键成功因素法的关键步骤和顺序。

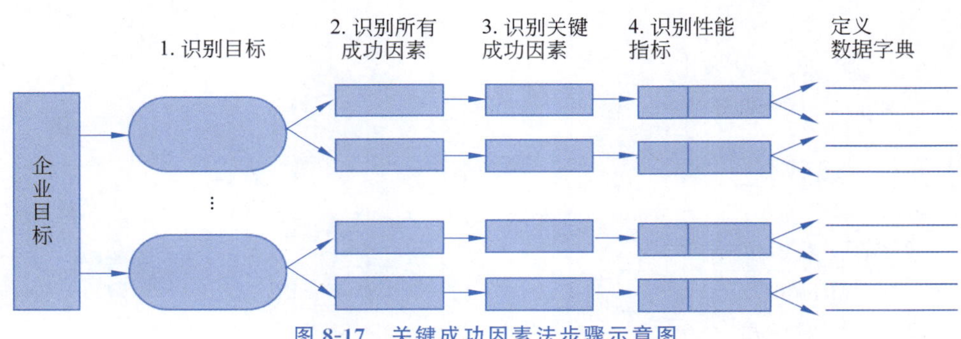

图 8-17　关键成功因素法步骤示意图

关键成功因素的来源如下。

(1) 行业的特殊结构：行业的性质可能会决定某些关键成功因素。如汽车工业中，制造成本控制;或者超市行业里产品的组合和产品价格。

(2) 竞争策略、行业地位和地理位置：特殊行业的竞争策略也会决定关键成功因素。例如，对于相似的两家百货公司，一个会将优质的客户服务、商品的新潮款式以及质量控制作为关键因素;而另一个是以商品的定价、广告效力等作为关键因素。

(3) 环境因素：经济形势、国家政策等。例如东南亚发生的金融危机，促使许多国际企业改变了其关键成功因素。

(4) 暂时性因素：企业内部的变化也会引起企业暂时性的关键成功因素。例如，某企业的一些管理人员因对上级不满提出辞职，这时重建企业管理班子立即成为该企业的关键成功因素。

2. 战略集合转移法

如图 8-18 所示，战略集合转移法把组织的总战略看成一个“信息集合”，包括使命、目标、战略以及其他战略变量(如管理的复杂性、对计算机应用的经验、改革的习惯以及重要的环境约束等)，信息管理系统的战略规划就是要把组织的这种战略集合转换为信息管理系统的战略集合，该战略集合由系统目标、环境约束和战略计划组成。

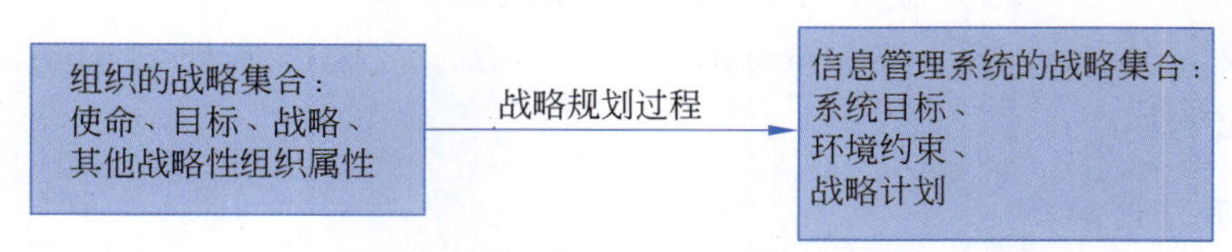

图 8-18　战略集合转移法概念示意图

战略集合转移法首先识别组织的战略集，包括刻画出组织的关联集团、确定关联集团的要求、定义组织相对于每个关联集团的任务和战略，以及解释和验证组织的战略集。最后需要将组织的战略集转换成信息管理系统的战略集。图 8-19 展示了某企业运用战略集合转移法进行管理信息系统(management information system，MIS)战略规划的过程。在该企业中，关联集团包括公众 P、顾客 Cu、股票/股东 S、政府 G、债权人 Cr、雇员 E 和管理者 M。接下来在组织战略集中具体展示了组织目标、战略和属性信息，以及对应相关的集团团体。例如，组织目标中希望实现年增收入 10%，则对应的是股东、债权人、管理者的希望，而高质量产品生产，则是政府和顾客更希望看到的目标。为了实现这些目标，可以采取如重新设计产品的战略，这对应实现了保持顾客的满意度、对社会的义务以及高质量产品生产这三个组织目标，因此在括号中会对应标注 O_3、O_4、O_5 三项。同样地，对不同的关联集团也会有不同的组织属性分析，比如该企业中管理者的管理水平高，大部分管理者有使用计算机的经验等属性也会列在表格中。这样一来就可以对应地分析出针对该企业所承担各项工程中信息管理系统的开发目标、约束以及战略手段。

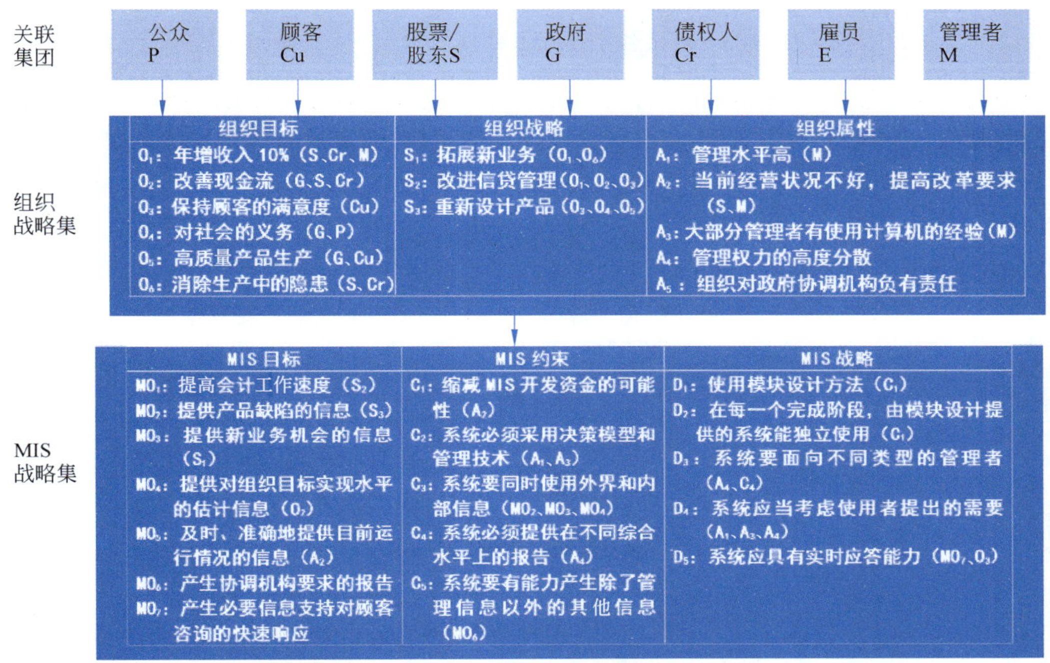

图 8-19　某企业运用战略集合转移法进行管理信息系统战略规划的过程示意图

3. 企业系统规划法

企业系统规划法是美国 IBM 公司在 20 世纪 70 年代初用于企业内部系统开发的一种方法。这种方法首先是自上而下地识别系统目标、业务流程、组织信息、数据，然后再自下而上地设计系统目标，最后把系统目标转换为信息管理系统规划的全过程。如图 8-20 所示 V 形图，规划阶段是自上而下的过程，而实现阶段则是自下而上的过程。

企业系统规划法包含以下几条主要原则：

（1）信息系统必须支持企业目标。

（2）系统的规划应当表达出企业各管理层次的需求。

（3）信息系统能向整个企业提供一致的信息。

（4）信息系统对组织机构和管理体制的变化具有适应性。

（5）信息系统的战略由信息系统总体结构中的子系统开始实现。

根据上述原则，企业系统规划法的工作步骤如图 8-21 所示。从规划开始到结束需要

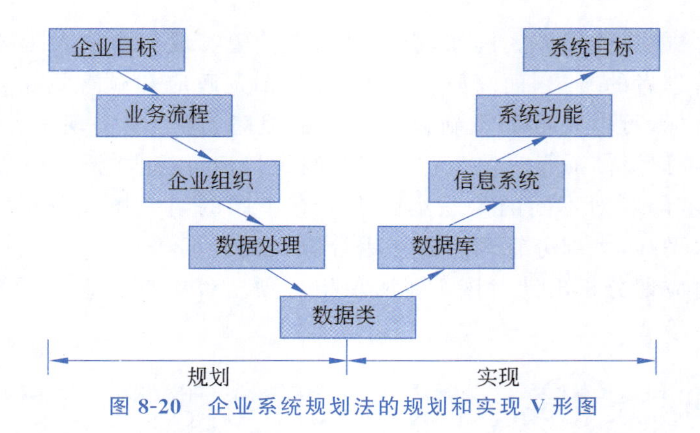

图 8-20　企业系统规划法的规划和实现 V 形图

经历定义业务过程、定义数据类、分析现行系统、确定管理部门对系统的要求、评价企业问题和收益、评价信息资源管理、定义信息系统总体结构、确定子系统开发优先顺序并最终生成开发建议书和行动计划等步骤。

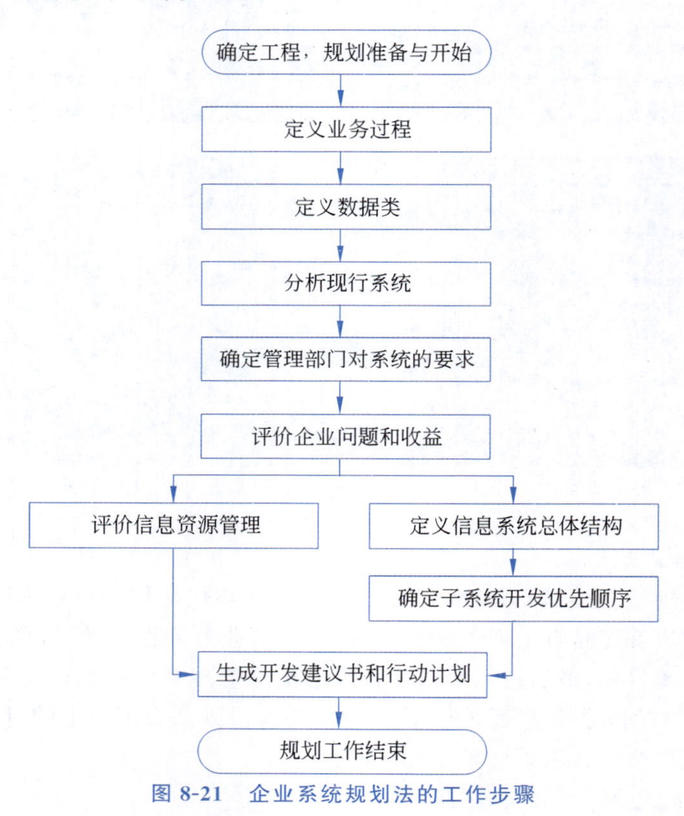

图 8-21　企业系统规划法的工作步骤

其中，定义业务过程步骤需要确定资源及其生命周期。这里的“资源”是一个广义的概念，是指被管理的对象。资源共分三类，即关键性资源（产品和服务）、支持性资源（为了实现企业目标所必须使用和消耗的人、资金和设备等）和协调性资源（协调性资源无产品形式，是指企业的计划和控制）。资源生命周期指一项资源从获得到退出所经历的阶段，

一般分为产生、获取、服务和归宿四个阶段。表 8-1 给出了生命周期与支持性资源过程的关系，而表 8-2 则给出了过程和组织的关系。

表 8-1　生命周期与支持性资源过程的关系

生命周期	支持性资源过程			
	材料	资金	人员	设备
产生阶段	• 需求计划	• 财务计划 • 成本计划 • 投资计划	• 人事计划 • 工资管理	• 设备计划 • 设备更新
获取阶段	• 材料采购 • 进库	• 资金接收 • 贷款	• 招聘 • 转业	• 设备采购 • 设备接收 • 基建
服务阶段	• 库存控制 • 材料调配	• 成本核算 • 管理会计 • 银行业务	• 人员培训 • 人事管理	• 设备维修
归宿阶段	• 材料回收 • 应付款项	• 分配管理 • 应付款项	• 终止合同 • 解雇 • 退休	• 设备折旧 • 设备报废

表 8-2　过程和组织的关系

组织	过程														
	市场			销售			人员			财务		材料			…
	研究	预测	计划	地区管理	销售	订货服务	人员计划	培训	考勤	财务计划	成本计算	采购	库存控制	发运	…
财务科	×		×		/		×		/	※	※	×		/	
技术科		/							/						
销售科	※	※	※	※	※	※			/				×		
规划科	×		×				※								
人事科				/	/		※	※	※	×					
…															

注：※表示主要负责；×表示主要参加；/表示一般参加

定义数据类中，数据类是指支持业务过程所必需的逻辑相关的数据。识别数据类的目的在于了解企业目前的数据状况和数据要求，以及数据与企业实体、业务过程之间的联系，查明数据共享的情况，建立功能/数据类矩阵，为定义信息系统总体结构提供基本依据。具体来说，首先要分解数据类。根据资源的管理过程可以将数据分解成四类，每个实体可以由四种数据类型来描述，包括反映目标等计划值的计划型数据类，反映企业的综合状况的统计型数据类，反映实体的现状的文档型数据类，以及反映生命周期各阶段相关文档型数据的变化的业务型数据类。将实体和数据类按数据的四种类型绘制在一个表内，就得到如表 8-3 所示的实体/数据类矩阵。其次是数据/信息转换，如图 8-22 所示。然后需要绘制功能/数据类矩阵，即 U/C 矩阵。绘制方法如图 8-23 所示。功能/数据类矩阵示例如表 8-4 所示。

表 8-3　实体/数据类矩阵

实体	数据类			
	计划型	统计型	文档型	业务型
产品	生产计划 质量计划 新产品开发计划	产品质量汇总 产成品入库汇总	产品质量标准 成品质检报告	订货合同 提货单 产品检验单
客户	市场计划 销售计划	销售合同汇总 营销历史数据	客户档案 客户订货数据	发运记录
设备	设备计划 维修计划	设备利用率	设备使用数据 设备维修数据	固定资产盈亏报表 设备购进记录
材料	原材料需求计划 原材料采购计划	材料月消耗表 库存材料汇总表	原材料质量日报 用料计算表	材料采购记录 入库出库单据
资金	财务计划	资产负债表 企业财务报表	会计报表 产成品价格表	应收应付业务 采购借款单
人员	工资计划 培训计划	劳动生产率 职工人数统计	职工档案	人事调动记录 劳动定额通知
其他	工作计划	工伤事故统计	企业规章制度	样品调拨单

客　户
产　品
销售区域
市场计划
销售分析报告
财　务
客　户
产　品
财务分析
利润分析报告
材料库存
厂　商
订　货
材料采购
采购合同

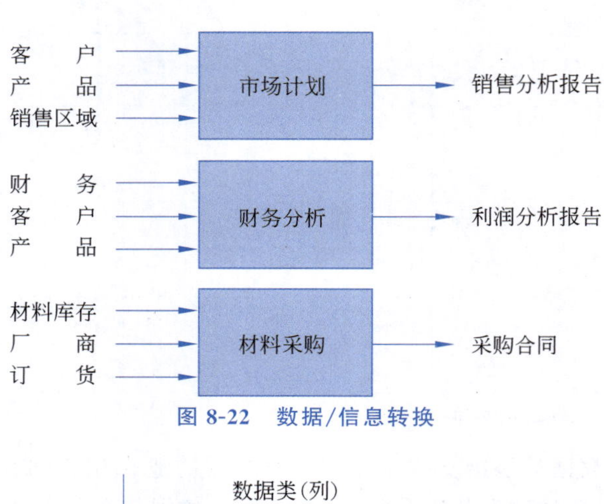

图 8-22　数据/信息转换

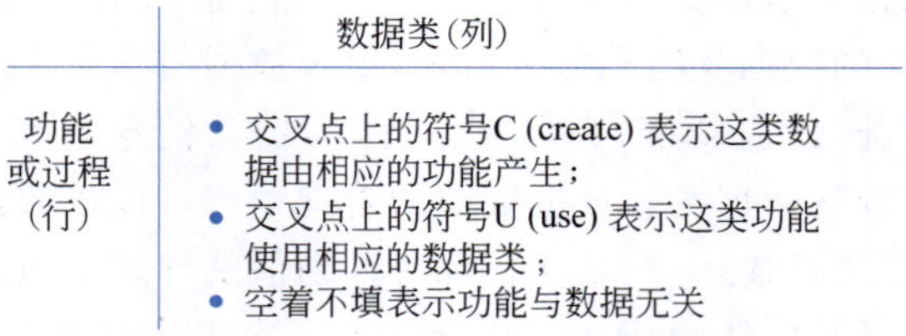

数据类(列)
功能
或过程
(行)
• 交叉点上的符号C (create) 表示这类数据由相应的功能产生；
• 交叉点上的符号U (use) 表示这类功能使用相应的数据类；
• 空着不填表示功能与数据无关

图 8-23　功能/数据类矩阵绘制方法

表 8-4　功能/数据类矩阵示例

功　能	数　据　类															
	客户	产品	订货	成本	操作顺序	材料表	零件规格	材料库存	职工	成品库存	销售区域	财务	机器负荷	计划	工作令	材料供应
经营计划				U								U		C		
财务计划				U					U			U		C		
资产规模												C				
产品预测	U	U									U			U		
产品设计	U	C				U	C									
产品工艺		U				C	C	U								
库存控制								C		C					U	U
调度		U											U		C	
生产能力计划					U								C			U
材料需求		U				U										C
操作顺序					C								U		U	U
销售区域管理	C	U	U													
销售	U	U	U								C					
订货服务	U	U	C													
发运		U	U							U						
通用会计	U	U							U							
成本会计			U	C												
人员计划									C							
人员考核									U							

分析现行系统需要与相关业务部门合作，了解现有系统的功能、模块、流程以及其使用情况。也可以与现有用户、系统管理员进行访谈，收集反馈，识别客户的需求和痛点。通过数据收集和分析，整理现行系统中存在的问题和不足之处，包括技术缺陷、功能缺失等。

确定管理部门对系统的要求可以通过召开需求讨论会、制定需求文档、优先级评估的方法，邀请管理部门的代表参与，讨论他们对新系统的需求、期望及目标，将其提出的要求进行整理，形成详细的需求文档，包括功能需求、非功能需求（如性能、安全性等），并协商确定各项需求的优先级，为后续开发提供参考。

评价企业问题和收益包括问题识别、收益分析、成本效益分析几个步骤。通过分析和整理从现行系统中识别出的各种问题，明确它们对企业运营的影响。评估新系统实施后可能带来的收益，如提高工作效率、降低成本、增强决策支持能力等。同时，进行详细的成本与收益比较，考虑初始投资、运营成本以及预期收益，为决策提供依据。

评价信息资源管理遵循四种资源分配的评价标准。

（1）潜在效益：在近期内项目的实施是否可节省开发费用，长期看是否对投资回收有利，是否可明显增强竞争优势。

（2）对组织的影响：是否是组织的关键成功因素或亟待解决的主要问题。

（3）成功的可能性：从技术、组织、实施时间、风险情况以及可利用资源等方面考虑项目成功的可能性程度。

（4）需求：用户的需求、项目的价值以及它与其他项目间的关系。例如，有些项目是其他项目实施的前提，则这些项目就应该优先实施。

定义信息系统总体结构即划分子系统的过程。该步骤首先需要调整功能/数据类矩阵，将功能这一列按功能组排列，功能组是指同类型的功能，如经营计划、财务计划、资产计划等属计划类型，归入“经营计划”功能组。然后，调换“数据类”的横向位置，使得矩阵中的符号C最靠近对角线。画出功能组对应的方框，并给方框起一个名字，每个方框就是一个子系统。其次需要确定子系统之间的关系，用箭头把落在框外的符号U与子系统连接起来，表示子系统之间的关系，于是表8-4就可以转换为表8-5，并最后简化为表8-6。

表 8-5　功能/数据类矩阵子系统关系标注

功能		数据类															
		计划	财务	产品	零件规格	材料表	材料库存	成品库存	工作令	机器负荷	材料供应	操作顺序	客户	销售区域	订货	成本	职工
经营计划	经营计划	C	U													U	
	财务计划	C	U													U	U
	资产规模		C														
技术准备	产品预测	U		U									U	U			
	产品设计			C	C	U							U				
	产品工艺			U	C	C	U										
生产制造	库存控制						C	C	U		U						
	调度			U					C	U							
	生产能力计划									C	U	U					
	材料需求			U		U					C						
	操作顺序								U	U	U	C					
销售	销售区域管理			U									C		U		
	销售			U									U	C	U		
	订货服务			U									U		C		
	发运			U				U							U		
财会	通用会计			U									U				U
	成本会计														U	C	
人事	人员计划																C
	人员考核																U

确定子系统开发优先顺序可以通过上述确定的需求优先级，确定开发的先后顺序。同时，考虑现有资源（技术、人力、预算）和时间限制，对每个子系统实施的可行性进行评估。

生成开发建议书和行动计划即明确各个阶段的目标、任务和里程碑。具体来说就是，结合以上步骤的分析结果，撰写开发建议书，包括项目背景、目标、可行性分析、具体建议和预期效果等。在开发建议书的基础上，制订详细的行动计划，明确各项任务的执行人员、时间安排、资源配置等。必要时，可以将开发建议书和行动计划与相关利益者进行沟通，收集反馈，并据此进行调整和优化。

企业系统规划法是最易理解的信息系统规划技术之一，相对于其他方法的优势在于其强大的数据结构规划能力。该方法可以确定出未来信息系统的总体结构，明确系统的子系统组成以及子系统开发的先后顺序，并对数据进行统一规划、管理和控制，保证信息的一致性。利用企业系统规划法进行系统规划能保证所开发的信息管理系统独立于企业的组织机构。然而，企业系统规划法本身也有一定缺陷，它的实施需要大量的时间和财力支持，且该方法不能将新技术与传统的数据处理系统进行集成。

表 8-6　功能/数据类矩阵子系统简化结果

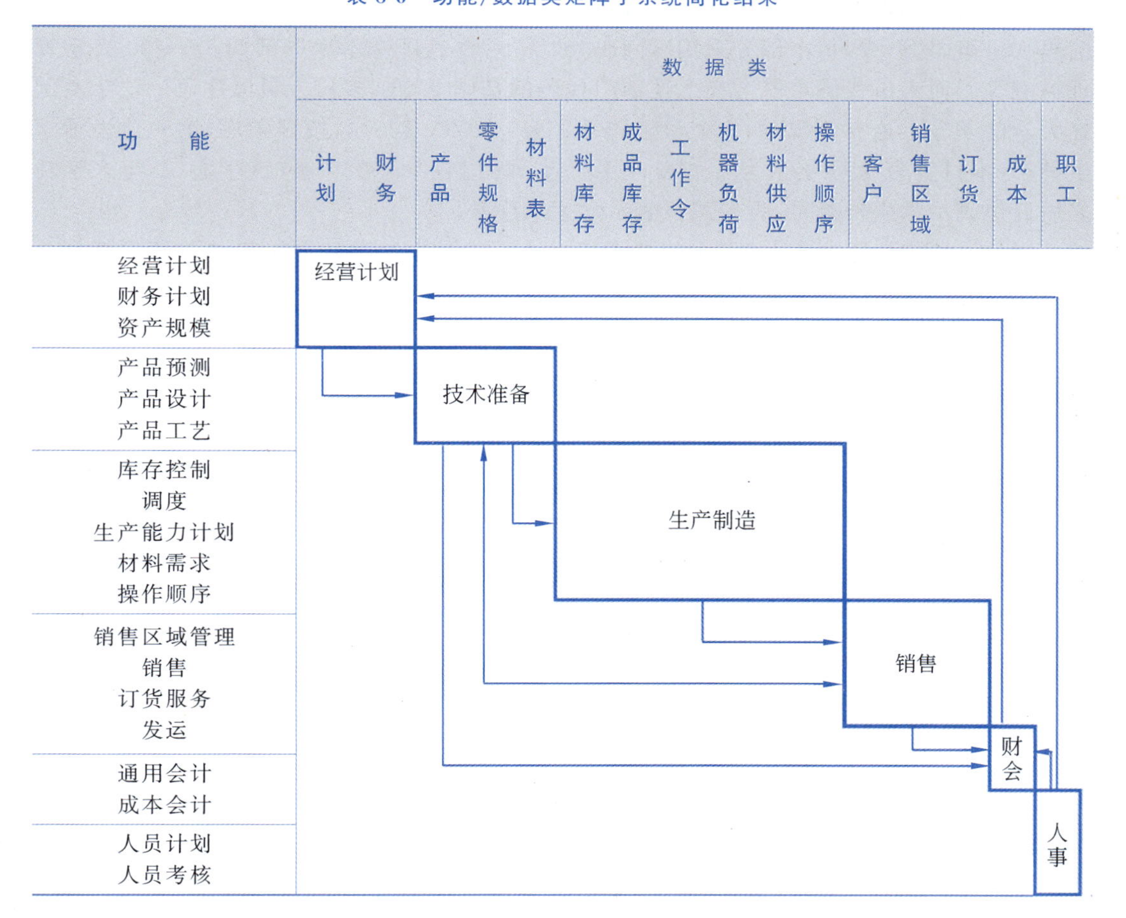

8.3.2 系统详细设计

系统详细设计包括代码设计、划分子系统、输出设计、输入设计、数据存储设计、处理过程设计、编写系统设计说明书几个步骤。

代码设计使数据表达标准化，简化程序设计，加快输入，减少出错，便于计算机处理（记录、检索、排序等），节省存储空间，提高处理速度。具体来说，代码设计可以包含以下几个步骤：

（1）明确代码目的。

（2）确定代码对象。

（3）确定代码的使用范围和期限。

（4）分析代码对象特征，包括代码使用频率、变更周期、追加及删除情况等。

（5）决定采用何种代码，确定代码结构及内容。

（6）编制代码表。

（7）编制相应的代码，使用管理维护制度，保证代码使用。

常用的代码种类包含顺序码、层次码、十进制码和助记码。如部门代码一般按照“部门码＋班组码”形成，每个部分采用区间码，如 00～49 表示基本生产部门，50～99 表示管理科室等。而人员代码可能会在上述部门代码的基础上增加多位人员顺序码。这个实例在大学的学号上也有体现，如一个学生的学号为 022033910001，按照顺序，第一位表示学生种类（本科生为 0、硕士生为 1、博士生为 2），后两位表示学生年级（该生为 22 年入学），之后五位表示学生班级号，再后四位表示学生顺序号。

划分子系统是简化设计工作的重要步骤。将系统划分为若干子系统，再把子系统划分为若干模块，使得每一个子系统或模块，无论是设计或是调试，基本上可以互不干扰地进行。同时，输出设计是要针对不同用户的特点和要求，以最适当的形式，输出最切合需要的信息。输入设计是在保证输入信息正确性和满足输出需要的前提下，做到输入方法简便、迅速、经济。如表 8-7 所示输入输出图划分示例，表明输出 2、4、5 来自文件 A，其中输出 4 还来自文件 C，输出 2 和 5 还来自文件 D，于是 ACD-245 可以构成一个子系统，而另外的 BE-136 构成另一个子系统，两个子系统之间，输入输出不发生关系，因此可以独立开发和维护。

表 8-7　输入输出图划分示例

输　　入	输　　出					
	1	2	3	4	5	6
A		×		×	×	
B	×					×
C				×		
D		×			×	
E	×		×			

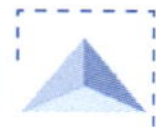

数据存储设计包括数据存储结构规范化、文件分类和设计、数据库设计。为将其转换成规范化的关系，需将表 8-8 所示的“职工档案”数据结构分解成表 8-9 所示的若干二维表记录。

表 8-8　“职工档案”数据结构

职工号	姓名	性别	出生日期	简　历		
				日期	工作单位	职　务
0001	丁一	男	1945.10.5	1952.9	永红小学	学生
				1958.9	二十二中学	学生
				1964.9	哈建大	学生
				1969.8	哈二建公司	助工、工程师
…	…	…	…	…	…	…

表 8-9　二维表记录

(a)职工基本情况文件

职工号	姓名	性别	出生日期
0001	丁一	男	1945.10.5
…	…	…	…

(b)职工简历文件

职工号	日期	工作单位	职务
0001	1952.9	永红小学	学生
0001	1958.9	二十二中学	学生
0001	1964.9	哈建大	学生
0001	1969.8	哈二建公司	助工、工程师
…	…	…	…

处理过程设计是系统设计的最后一步，也是最详细的涉及具体业务处理过程的一步，是下一步编程实现系统的基础。最后，编写系统设计说明书则是把上述内容总结到一份材料里，如图 8-24 所示。

1. 概述
(1) 系统的功能、设计目标及设计策略；
(2) 项目开发者、用户、系统与其他系统或机构的联系；
(3) 系统的安全和保密限制。
2. 系统设计规范
(1) 程序名、文件名及变量名的规范化；
(2) 数据字典。
3. 计算机系统的配置
(1) 硬件配置：主机、外存、终端与外波、其他辅助设备、网络形态；
(2) 软件配置：操作系统、数据库管理系统、语言、软件工具、服务程序、通信软件；
(3) 计算机系统的分布及网络协议文本。
4. 系统结构
(1) 系统的模块结构图；
(2) 各个模块的IPO图。
5. 代码设计
各类代码的类型、名称、功能、使用范围及要求等。

(a) 系统设计说明书1

图 8-24　系统设计说明书

6. 输入设计

(1) 各种数据输入方式的选择;

(2) 输入数据的格式设计;

(3) 输入数据的校验方法。

7. 输出设计

(1) 输出介质;

(2) 输出内容及格式。

8. 文件(数据库)设计

(1) 数据库总体结构: 各文件数据间的逻辑关系;

(2) 文件结构设计: 各类文件的数据项名称、类型及长度等;

(3) 文件存储要求、访问方法及保密处理。

9. 模型库和方法库设计

关于模型库和方法库设计的相关说明。

10. 系统安全保密性设计

关于系统安全保密性设计的相关说明。

11. 系统实施方案及说明

实施方案、进度计划、经费预算等。

(b) 系统设计说明书2

图 8-24 (续)

8.4 工程信息管理系统实施、维护与评价

对应 8.1 节提到的系统三阶段开发方法,本节将介绍第三阶段系统实施的方法,并同时介绍系统维护与评价的方法。

信息管理系统的实施是指用新的信息管理系统代替原有系统的一系列过程,其最终目的是将信息系统完全移交给用户使用。主要工作包括用户测试、人员培训和系统转换三项内容。其中用户测试是指验收测试必须由用户参加或者以用户为主进行。它是用户在实际应用环境中所进行的真实数据的测试。

人员培训涵盖了对事务管理人员、系统操作人员和系统维护人员的相关培训。事务管理人员需要了解新系统的目标和功能,掌握系统结构及运行过程,认识到新系统对企业组织机构和工作方式的影响,以及对员工掌握新技术的要求,学习如何评估任务完成情况。系统操作人员需要接受必要的计算机硬件和软件知识培训,包括键盘指法和汉字输入训练,理解新系统的工作原理,掌握输入和操作方式,同时学习简单错误的处理方法和运行操作的注意事项。系统维护人员需要有效参与到系统的开发工作中。

而系统转换则是从原有系统向新系统的演变,包括直接转换、并行转换、分段转换三种方式。如图 8-25 所示,直接转换是不考虑原有系统已有的功能,重新开发新系统;并行转换需要考虑原有系统的部分功能,在更新原系统的同时开发新系统;分段转换则是在新系统开发的各个阶段都考虑原有系统的一些特征。

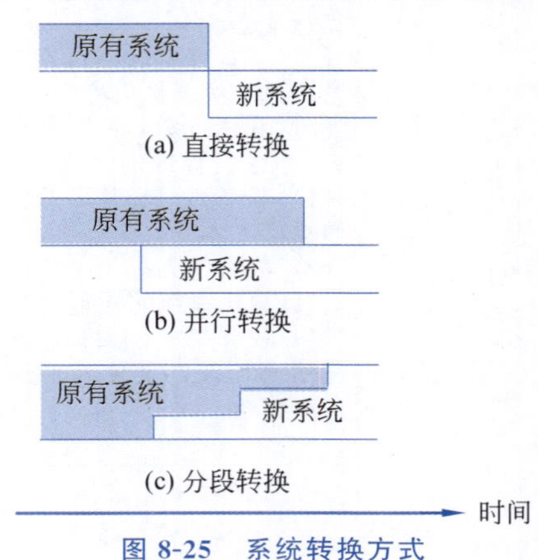

图 8-25 系统转换方式

信息系统的维护包括:

(1) 改正性维护:诊断和改正软件错误的过程。

（2）适应性维护：为适应软硬件等新的变化进行修改。

（3）完善性维护：为满足用户提出增加新功能、修改已有功能以及一般改进要求和建议而进行的工作。这类维护占软件维护工作的大部分。

（4）预防性维护：为进一步改进系统的可维护性和可靠性等进行的修改，在系统维护中这类维护相对来说是很少的。

具体维护流程如图 8-26 所示。根据上述几类信息系统的维护，确定不同的维护目标，并在对系统理解的基础上建立维护方案，该方案要考虑到维护过程中的波及影响。例如，关闭服务器与外部的连接进行本地维护时，需要考虑关闭的时间段，以最小化对服务质量的影响，避免出现严重的经济损失。在确定了合适的维护方案后，就需要通过修改程序、调试等软件维护手段对信息管理系统进行维护，最终通过修改日志文档的方式记录维护内容。

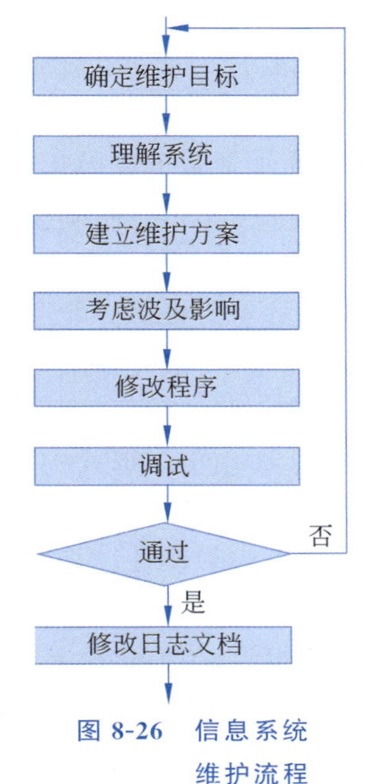

图 8-26 信息系统维护流程

系统评价是为了检查系统的目标、功能及各项指标是否达到设计要求，检查系统的质量和系统使用效果，以及根据评审和分析结果，找出系统的薄弱环节，提出改进意见。评价指标主要包括以下三部分。

（1）系统性能评价指标：完整性、正确性、可靠性、灵活性、可维护性、适应性、安全保密性、响应时间、文档完备性。

（2）直接经济效益指标：一次性投资、系统运行费用、新增效益、投资回收期。

（3）间接经济效益指标：管理体制合理化、管理方法科学化、管理基础数据规范化、管理效率提高程度、企业形象改善情况。

8.5 工程信息管理系统应用

企业级工程信息管理系统面向制造业、商业企业、建筑企业、信息技术企业等，主要进行企业承担工程信息的加工处理，一般应具备对工程信息收集、分析、预测和决策支持的功能。企业级工程信息管理应用形式可以划分为企业信息化应用平台、企业信息管理系统和工具软件三大类。企业信息管理系统依托企业信息化应用平台，以信息采集、知识共享、数据分析和过程管控为手段，并辅助各类工具软件，提高企业运营能力，降低管理风险，每一种应用形式包含的具体应用实例如图 8-27 所示。

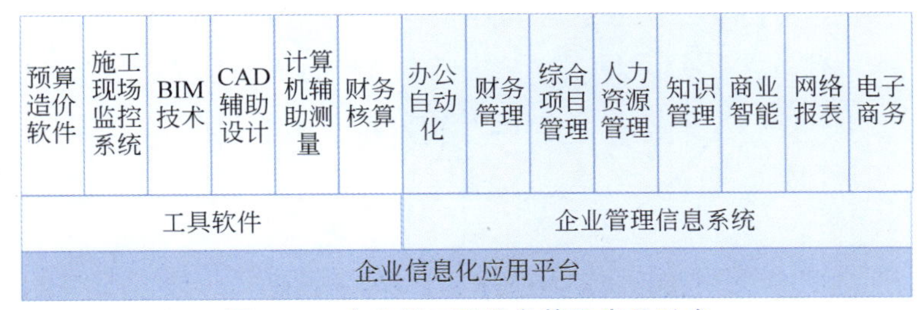

图 8-27 企业级工程信息管理应用形式

企业级工程信息管理按业务类别划分为经营性业务、生产性业务和综合性业务三大类。其中，经营性业务包括市场经营管理、全面预算管理、财务会计管理、资金管理、固定资产管理、电子商务。生产性业务包括投标、招标、成本、合约、进度、物料、设备、质量、安全职业、协同、工程资料、科技与试验、辅助设计管理。而综合性业务包括风险、人力资源、办公、网站及企业内网门户、档案资料、企业知识和综合报表管理。

企业级工程信息管理总体发展战略以系统化、集成化和智能化为发展重点，坚持“规范、标准、共享、协同、复用”的工作方针，在企业各项工作中全方位、全过程应用信息技术，整合、提升与建立集成应用系统，覆盖更大业务范围的应用系统和协同工作平台，开发利用信息资源，提高综合管理水平和集中管控能力，支撑设计、采购、施工、项目管理、运营管理等主要业务的高效运作。与此同时，企业级工程信息管理需要逐步整合与提升网络平台体系，夯实信息基础设施，支撑应用体系的有效运行；大力建设企业核心业务系统，构建基于网络的新型共享协同工作平台，大幅度提高工作效率、管理水平、核心竞争力和总体效益，并努力推进企业层面信息系统建设，提高辅助管理与决策水平。

这里，我们先给出一个**建筑企业工程信息管理系统**的应用。建设工程信息管理工作涉及多部门、多环节、多专业、多渠道，工程信息量大，来源广泛，形式多样。建设工程项目信息主要由下列形式构成：

(1) 文字图形信息，包括勘查、测绘、设计图纸及说明书，计算书，合同，工作条例及规定，施工组织设计，情况报告，原始记录，统计图表、报表，信函等信息。

(2) 语言信息，包括口头分配任务、下达指示、汇报、工作检查、介绍情况、谈判交涉、建议、批评、工作讨论和研究、会议等信息。

(3) 新技术信息，包括通过网络、电话、计算机、电视、录像、录音、广播等现代化手段收集和处理的一部分信息。

如图 8-28 所示，建筑工程信息管理系统以数据库为信息存储依托，管理资金流、物资流和工作流中涉及的信息内容，从而对不同阶段和领域的信息进行管理和控制。可以看

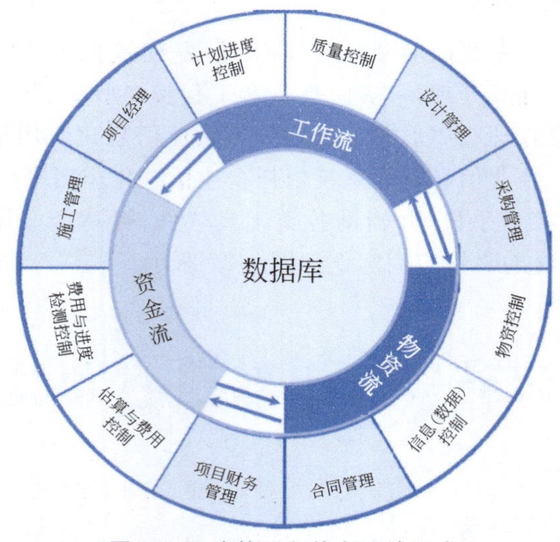

图 8-28 建筑工程信息系统组成

到，建筑工程信息包括的模块有对应于资金流的估算与费用控制、费用与进度检测控制和施工管理，对应于物资流的合同管理、信息（数据）控制和物资控制，对应工作流的计划进度控制、质量控制和设计管理。在资金流与物资流中间进行流转调控的是财务管理模块，在物资流和工作流中间流转调控的是采购管理模块，而在工作流和资金流中间流转调控的是项目经理模块。建立这样一个工程信息管理系统及基础环境需要在项目启动阶段，策划工程项目信息管理系统开发方案，制订工程项目信息管理和沟通管理计划。建立完整的信息管理系统则需要以工程公司网络为基础，按项目需求，适当扩充或建立工程项目网络与通信系统，以及配备相应基础软件，并按需配备或建立各种信息管理模块。

还有一个工程信息管理系统应用是在制造工程，主要指的是制造执行系统（manufacturing execution system，MES）的构建。MES 能通过信息传递对从订单下达到产品完成的整个生产过程进行优化管理。当工厂发生实时事件时，MES 能对此及时做出反应、报告，并用当前的准确数据对它们进行指导和处理，有效地指导工厂的生产运作过程，从而使其既能提高工厂及时交货能力，改善物料的流通性能，又能提高生产回报率。MES 还通过双向的直接通信在企业内部和整个产品供应链中提供有关产品行为的关键任务信息。

MES 采用强大数据采集引擎，并整合数据采集渠道（RFID 标签、条码设备、传感器、计算机等），覆盖整个工厂制造现场，保证海量现场数据的实时、准确、全面采集。通过打造工厂生产管理系统数据采集基础平台，MES 具备良好的扩展性。其采用先进的 RFID、条码与移动计算技术，打造原材料供应、生产、销售物流闭环的条码系统，并具有全面完整的产品追踪追溯功能、生产制品区工作（work in progress，WIP）状况监视功能、库存管理与看板管理，能够实现实时、全面、准确的性能与品质分析。大多数 MES 基于 Microsoft .NET 平台开发，支持 Oracle/SQL Sever 等主流数据库。系统是 C/S 结构和 B/S 结构结合，安装简便，升级容易。通过构建个性化的工厂信息门户或浏览器，可以随时随地掌握生产现场实时信息。在强大的 MES 技术队伍支持下，能够保证项目快速实施，降低项目风险。目前 MES 厂商可以分为五类。第一类借鉴国外自动化厂商的成功经验，背靠国内垄断行业发展自身优势产品，如石化盈科、上海宝信、哥瑞利软件等，主要服务石化、烟草、半导体、太阳能高科技制造等偏流程的工业。第二类是与大陆市场紧密相连的台资软件公司，如甲上科技、明基逐鹿、中冠咨询、台湾羽冠等，主要服务电子、汽车等离散工业。第三类是与本土企业结合发展的国内软件企业，如大连华铁海兴、绘微软件、万友软件、和利时等，具有很强的本土优势，这类企业的 MES 很适合本土制造企业使用。第四类是以航空、航天、电子制造为背景依托，而成功发展的国内软件公司，如中江联合，有行业特性。第五类则是一些条码设备厂商或者小企业。

除了上述举例的大型企业信息管理系统外，还有一些专注于某项信息管理的子系统，例如人员信息管理系统。各类大型工程往往涉及大量人员信息的管理，这对工程的顺利开展起着至关重要的保障作用。为了提高人员信息管理的效率，这里介绍一个人员信息管理系统的开发实例。

从工程进展情况和人员日常管理两个角度出发，人员信息管理系统可以分为动态信息管理和静态信息管理两大类。动态信息管理是指记录人员在工程内完成的工作量、部门调动情况、工资变动情况或者是奖惩情况等动态变化情况。静态信息管理则是指记录人员的基本信息，包含姓名、性别、政治面貌、民族、籍贯、家庭成员等。而该系统涉及的目标群体包含工程技术人员、行政人员、管理人员、监督人员等。

传统的管理模式主要是由各管理部门分流，手动录入和维护人员信息。这种管理模式缺乏统一的信息综合管理平台，加之数据处理工作量大，信息管理分散，信息整理速度慢，数据易丢失，统计易出错，查询不便，这些问题导致管理人员花了很多金钱、时间和精力，对信息管理方面的其他工作产生了一定的影响。因此，大型工程的管理需要一个统一的人员信息管理系统。该系统的建立不仅可以实现信息共享，方便查询和管理，加快相关信息的导入，精简人力，将管理人员从烦琐的数据处理任务中解放出来，加强各部门之间的联系、不同部门人员的信息交流，上层对下层人员动态情况的了解，也有助于在工程实施过程中动态调整策略，甚至对建立工程责任制度有着深远的意义。

在开发该系统之前，先对已有人员信息记录管理系统进行分析，看是否具有可迁移的基础。事实上，这类人员信息管理系统的开发容易但耗时，市面上也具备免费的开发工具和软件。由于该系统在未来可以长期稳定运行，提高了效率，为工程管理人员信息带来了极大的便利，因此，该系统的开发在经济上是完全可行的。

该系统主要需要设计登录表、密码修改表、人员基本信息管理表、人员职能、分工及薪酬管理表等，需要实现的主要功能包括登录用户、修改密码、查询、删除、修改、添加等。在基本功能之外，该系统还需要保证人员信息的足够安全。例如，可以采取分级权限设置，对终端用户进行分类控制。例如，可以粗略地将系统用户分为人员自身、管理员和决策者三大类，于是就可以设定三级权限。针对不同的用户，通过网络安全控制、应用密码和应用权限控制、数据库用户密码和数据操作控制三级保留措施控制其数据访问权限，以确保系统完整可靠运行，并对非法用户进行警告。除了访问权限的控制外，还需要保证信息存储的硬件设备得到足够的监管和实时的维护，限制信息传递的途径（比如仅限局域网访问），传递过程中可对信息进行加密处理，或者考虑结合安全管理新技术如可信计算等手段进一步提高信息安全保障等级，也要为可能出现的信息泄露、篡改、丢失等风险制定及时的对抗和后备方案。

作为一种数据管理系统，本系统可以基于市面上常用的数据库管理系统进行二次开发，例如利用 SQL Server 数据库安全服务器端，操作者可以通过浏览器向服务器发送 Tomcat 请求访问数据库进行相应的操作。在数据库中可以建立如表 8-10 所示的表格（该表格可根据工程实际情况增删条目）。

可以看出，人员动态和静态信息表均采用工号作为唯一主键进行关联，因此可以通过查询人员工号获取其个人信息或者工程中对应的职务信息。

对应上述三个表格，本系统则需要构建三个基本管理模块，即用户信息管理模块、人员动态信息管理模块和人员静态信息管理模块。其中，用户信息管理模块侧重于显示基本用户信息。用户登录后，该模块对用户进行身份验证，验证通过后即可获取并显示用户的个人信息，支持用户在操作模式下对信息进行修改和保存，同时支持用户对密码进行修改。人员动态和静态信息管理模块则需要支持查询、编辑、删除、添加人员动态信息。关于查询，可以根据人员的工号进行指定人员动态信息的查询，并将查询结果完整地集成导出。编辑界面可以获取当时在数据库中填写的所有信息，并内置直观展示功能，还提供各

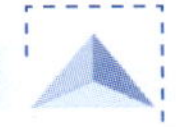

种修改选项，删除则是在人员离职或离世等情况下，通过工号删除数据库中对应的信息条目。添加则指针对新进人员，可以通过赋予新工号，并按照预定的内容格式填写对应信息，创建新条目。如有问题，则系统会发出提醒，不会保存。

表 8-10　示例表格

管理员表			
条目名称	数据种类	读写权限	描　述
Username	Varchar	只读	用户名
Password	Varchar	只读	密码
人员动态信息表			
Number	Int	只读	工号
Department	Varchar	只读	部门
Career	Varchar	只读	职位
Duty	Varchar	只读	分工
Salary	Int	只读	薪酬
Award	Varchar	只读	奖励
Punishment	Varchar	只读	惩罚
Join_time	Int	只读	入职时间
Departure_time	Int	只读	离职时间
人员静态信息表			
Number	Int	只读	工号
Name	Varchar	只读	姓名
Sex	Varchar	只读	性别
Age	Varchar	只读	年龄
Birthday	Int	只读	出生日期
Domestic	Varchar	只读	政治面貌

上述实例展示了一个简单人员信息管理系统的开发过程，重点提及了可行性分析、系统设计与开发几个环节的内容。更大型的工程信息管理系统的开发则需要考虑更多因素，同时需要对本章所讨论的系统分析、设计、实施、维护与评价几个阶段进行更加严格的监管，以保证系统开发后能为工程的正常运行提供强有力的支撑。

上面的几个实例侧重于传统行业的经典信息管理手段，这里给出新时代基于物联网技术构建的工程信息管理系统实例，即物联网信息系统。根据物联网信息系统组成部分的功能、定位、分布、服务对象的不同，如图 8-29 所示，物联网信息系统通常可以划分为六个区域，分别为用户域、目标对象域、感知控制域、服务提供域、运维管理域、资源交换域。

(1) 用户域是不同类型物联网用户和用户系统的实体集合。物联网用户可通过用户

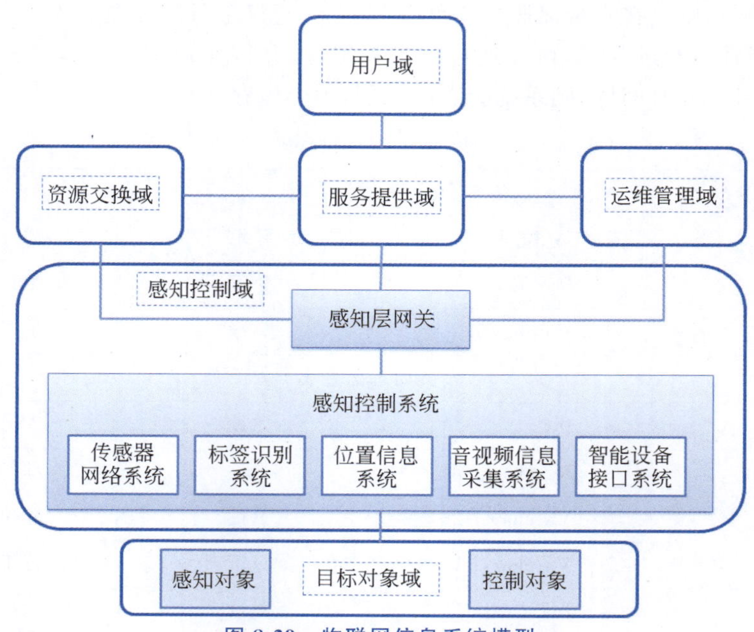

图 8-29 物联网信息系统模型

系统及其他域的实体获取物理世界对象的感知和操控服务。

(2) 目标对象域是物联网用户期望获取相关信息或执行相关操控的对象实体集合，包括感知对象和控制对象。感知对象是用户期望获取信息的对象，控制对象是用户期望执行操控的对象。感知对象和控制对象可与感知控制域中的实体(如传感器网络系统、标签识别系统、智能设备接口系统等)以非数据通信类接口或数据通信类接口的方式进行关联，实现物理世界和虚拟世界的接口绑定。

(3) 感知控制域是各类获取感知对象信息与操控控制对象的软硬件系统的实体集合。感知控制域可实现针对物理世界对象的本地化感知、协同和操控，并为其他域提供远程管理和服务的接口。

(4) 服务提供域是实现物联网基础服务和业务服务的软硬件系统的实体集合。服务提供域可实现对感知数据、控制数据及服务关联数据的加工、处理和协同，为物联网用户提供对物理世界对象的感知和操控服务的接口。

(5) 运维管理域是实现物联网运行维护和法规符合性监管的软硬件系统的实体集合。运维管理域可保障物联网的设备和系统的安全、可靠、高效运行，以及保障物联网系统中实体及其行为与相关法律规则等的符合性。

(6) 资源交换域是实现物联网系统与外部系统间信息资源的共享与交换，以及实现物联网系统信息和服务集中交易的软硬件系统的实体集合。资源交换域可获取物联网服务所需外部信息资源，也可为外部系统提供所需的物联网系统的信息资源，以及为物联网系统的信息流、服务流、资金流的交换提供保障。

其中，感知层网关是物联网信息系统的重要组成部分。在物联网信息系统中，感知层网关运行于感知网络的边缘，是连接传统信息网络(有线网、移动网等)和感知网络的桥梁，支持一种或多种有线/无线短距离通信协议（蓝牙、Wi-Fi 等）与广域网通信协议之间的数据编码和转换功能，如图 8-30 所示。感知层网关通常由软件、硬件两部分构成，所具备的功能与部署环境有较强的相关性，在户外部署时，易受物理环境包括温度、湿度、供电、电磁、人为破坏等因素的影响。

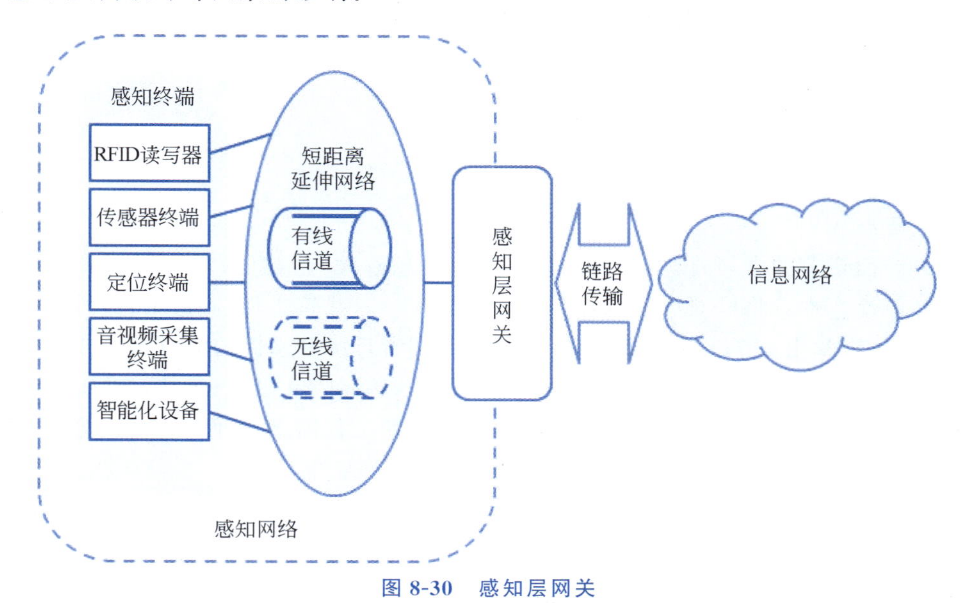

图 8-30　感知层网关

该物联网信息系统模型为融合物联网的各类工程实例提供了一种可借鉴的信息管理系统设计思路，明确指出了这类实例中需要考虑的控制对象、实体以及它们之间的关联性。

8.6　课后思考

上海某软件股份有限公司是中外合资股份制企业，员工总数 900 余人，其中博士和专业领域专家 30 名、硕士学历专家 130 名。公司主要承担各大领域的工程信息管理系统开发工作，其开发系统适用领域已经遍及冶金、电力、交通、金融、贸易、医药卫生等各个行业。请结合本章所学内容，为某冶金工程建立一套工程信息管理系统，并说明可能需要的功能模块和系统特色。

【参考答案】

为冶金工程建立的工程信息管理系统主要功能模块包括订单管理、生产管理、质量管理、作业计划管理、物料跟踪与实绩管理、工器具与轧辊管理、仓库管理、发货管理、历史数据管理。该管理系统的设计基于国外现有的信息系统软件的分析，兼容相关工业标准，采用了中间件技术、三层结构技术等先进技术，同时，又兼顾了目前我国冶金企业信息化水平发展的现状和业务特点以及对企业信息系统的具体需求，通过开发具有自主版权的企业应用支撑平台，建立一个高效、安全、可靠的企业应用集成基础框架，为开发、部署、集成和管理企业应用提供支持。

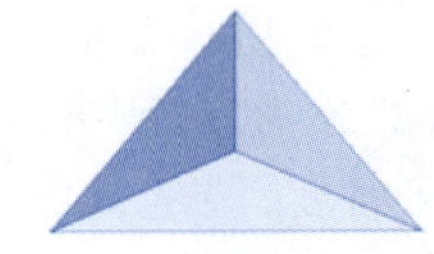

第 9 章 工程信息管理实践与趋势

本章要点

通过前面章节的学习,读者已经深刻认识到信息管理与信息系统在工程管理中的重要性和必要性。本章将针对第 1 章提到的四类工程——建筑工程、制造工程、科学工程和社会工程,分别举出一个工程信息管理的实例,使读者理解和掌握前面章节所介绍的工程信息管理在实际中应用的方法和作用。本章还将从一系列新一代信息技术在工程管理中的应用出发,介绍基于物联网、移动互联网和云计算的工程信息管理发展新趋势。

9.1 工程信息管理实例

由第 2 章的讨论我们了解到,工程信息管理的参与方包括信息源、信息处理器、信息用户和信息管理者。其中,信息源是信息的产生地和收集源;信息处理器负责信息的传输、加工、存储等;信息用户是信息的使用者,并使用信息对工程进行决策;信息管理者则负责信息系统的设计实现、运行和协调。同时,根据管理活动的不同,工程信息管理系统又可以分成战略规划层(战略层)、管理控制层(战术层)、运行和操作控制层(战斗层)。战略层提供企业的总体目标和长远发展规划,其提供的信息是高度概括和综合性的,包含对市场需求的预测,对市场主要竞争对手的实例分析及预测。战术层主要为各个部门负责人提供信息服务,保证其在管理控制活动中能够正确地制订各项计划。战斗层则有效利用现有资源和设备展开各项信息管理活动。

由第 2 章的讨论我们又明白,这类管理系统以合同管理为核心,根据投资、成本、进度、质量四大目标实现动态控制。其主要实现信息处理、预测、计划控制和决策优化功能,对各类信息进行收集和输入、传输、存储、加工处理,要么用于预测未来的情况,比如对投资、成本和工程进度的预测,要么用于对工程实际进展情况进行灵活调控,要么对一些需要决策的事项给出最优化建议。

第 3 章进一步讨论了信息收集、存储、加工的方式。工程信息收集部分注重介绍新技术信息收集的形式,包括基于无线传感网和移动群智感知新技术进行的工程信息收集。而工程信息加工部分则介绍了信息编码和工程信息质量管理的内容,这也为下一步工程信息存储与检索打下了基础。工程信息存储与检索主要利用数据库系统存储与索引的技术,而信息的加工和处理在当下大数据时代主要使用的手段则是基于机器学习、深度学习等新兴技术的数据挖掘技术和基于云计算、边缘计算的新兴数据计算模式。

第 4 章和第 5 章则是从工程信息全生命周期的角度以及利益相关方的角度分别讨论了“信息本身”以及“拥有信息的不同团体”在思考信息管理时的特点。我们感受到，作为工程“血液”，信息的流通对提高工程效率至关重要。我们已经了解到，工程信息在不同层间的流通又可分为纵向交流和横向交流。其中纵向交流分为自上而下和自下而上两个方向。自上而下的流通主要指工程的目标、任务、方针、政策等信息由高一级向低一级传达流动的过程。但由于依赖逐层向下传递信息，这种交流存在互动性较差、传递信息量较少、冗余信息多且精确度下降等问题。自下而上的流通主要指下级部门向上级部门汇报情况、提出建议、愿望与要求的信息流动过程。纵向信息沟通是战略层和战术层获得信息反馈的重要渠道，是掌握工程情况、了解成员状况、实施调整和控制工程进展的重要手段。然而，逐级进行的沟通存在信息传递速度慢和信息变形与失真的问题，因为每个人都会因为自身的情况对信息进行再次筛选和加工。横向交流主要是指工程内部相近或者相似权利与地位者之间的互通情况，如同为战略层决策人员或者同为战斗层执行人员之间的信息互联互通。双方在地位和权利上的一致性，使得两者可以开诚布公、互相理解，因此这种流通方式传输的信息精度更高，有效信息量也更多。那么如何让信息更好地流通，如何让流通后的信息更好地被利用在这两章中都得到了具体的讨论。

除了信息的过程管理外，信息的安全管理也至关重要，这也是面向信息的管理中必须要讨论的一个内容，本书在第 6 章给出了详细的介绍。通过这一章，我们了解了工程信息安全管理的内容，包含信息安全的定义，信息的安全属性，信息安全的发展历程，信息安全管理的目的、原则，以及包括设施安全管理、信息安全管理、运行安全管理及信息风险管理在内的工程信息安全管理的主要对象。之后我们了解了信息安全风险评估以及安全等级保护两部分内容，并了解了对这些内容进行管理的体系和技术，包括基于当下最新的区块链、安全多方计算、联邦学习、可信计算等技术衍生出的许多新型工程信息安全管理方案。

而在第 7 章，我们则明白了作为工程的主体，人的参与至关重要，那么与人的行为相关联的伦理与规范也必将纳入工程信息管理的考量范围。因此，本章从工程信息管理伦理道德出发，讨论了面对许多伦理问题，应当采取的方法和原则，并讨论了为了提高工程效率而对工程参与方行为进行规范的准则。

在具备了这些理论知识后，如何将这些知识应用到实际工程信息管理中呢？在第 1 章中，我们曾讨论过，工程包含的实例范围很广，如建筑工程、制造工程、科学工程和社会工程。因此，本章将会针对这四类工程分别讲解其信息管理系统的实践细节，通过结合具体的工程信息管理系统实例介绍每类工程需要管理的信息内容、管理方法和特点，以将理论与实践相结合，提高读者对工程信息管理的理解和运用能力。

9.1.1　建筑工程

这里以某油气田地面工程为例，讨论其信息管理平台建设与应用方面的实践。工程参与方在调研过程中发现，随着油气田地面工程建设项目的大规模启动，现行的工程设计、采购、施工、检测、验收和运行规范、标准种类繁多，数量超过 3000 本，且在这些规范及标准之间，存在国标、行标、企标之间内容重叠冗余、标准条款要求不一致、技术人员查找和掌握标准困难及标准的更新不及时等问题，增加了油气田地面工程的信息管理难度。

为了解决上述问题，某油田公司根据自己在工程建设领域的实际情况，着手构建油气田工程标准信息管理系统。该系统适用于工程建设及运行维护，是一个能够快速查找、分析并应用的标准平台，实现以大数据应用为核心的工程标准信息化。该标准信息管理系统能够进一步推动油气田地面工程建设管理提档升级，为油田公司地面建设工程的项目管理和质量控制提供技术支撑，也有助于达到油气田地面建设工程的建设与使用增值的目的。

那么，如何建立这样一个标准信息管理系统呢？油田公司给出了以下几个重要的构建思路。

- 可以做到现有标准的拆解，在拆解过程中应当充分考虑油田标准的管理要求和应用需求，按照统一的地面生产业务规则，参考最新的标准管理模式、标准拆解理念以及成熟的拆解方法，完成对油田现行的地面生产标准文档结构化拆解方法和结构化数据管理规范的研究。
- 要做到拆解检查，通过结合管理体系的建设要求，将标准文件各要素的拆解，与油田标准管理体系中的标签形成一一对应关系。
- 统一数据模型设计，实现标准文件、文件要素、要素关系、管理体系信息的统一管理。
- 根据上述模型和信息关系，开发统一的信息化应用平台，全面支撑标准应用及相关业务工作的开展。其中，需要首先建立标准文件存储库，再借助文件数据分析程序进行标准文件的分析及处理并保存分析结果，最后通过 UI 可视化分析结果。
- 该平台的建设应当贯彻以业务为主导，遵循规范性、易用性、开放性、安全性的原则，完成对现行油气田地面建设工程标准文档的结构化拆解和结构化数据管理规范研究。

从上述构建思路可以看出，该采标平台主要具备以下几个主要功能。

(1) 信息检索功能：具有工程标准在线阅读、全文检索、按条款检索、按属性标签类别检索、不同等级工程标准条款的对比等功能。

(2) 信息管理功能：具有标准录入、维护(包括更新、删除、编辑)、搜索、拆分、审核，属性标签维护，系统备份，人员信息管理等功能。

(3) 信息推荐与更新功能：具有智能推荐不同等级标准条款更新，并实现更新标准与原标准的对比与审核功能。

(4) 信息分析与输出功能：具有输出相应统计模块的功能，包括标准使用情况、分类统计(时间、标准采用、浏览)条款应用情况，最终通过对标准文件的集中存储和结构化拆解，对标准、条款体系化的管理，实现标准信息的专业化应用。

为实现上述功能，该采标平台系统的开发主要采用以下信息技术。

- Java 编程技术：主要应用于 Web 客户端、分析拆解程序及数据接口部分的编程实现。同时，网页端集成了 ExtJS 框架及 Lucene 引擎等技术。
- Oracle 数据库：主要应用于该采标平台基本信息库的搭建，集合了现有数据库业务量的精准评估。Oracle 数据库可移植性好，使用方便，功能强，适用于各类大中小微机环境，是一种高效率、可靠性高，能适应高吞吐量的数据库，因此在这里选择这种数据库进行信息存储和检索。

- MongoDB 数据库结构化拆解信息库搭建：拆解的工程标准数据信息为非结构化数据，为加快检索速度及存放更多的拆解边缘信息，可采用 NoSQL 数据库，例如采用 MongoDB 来存放拆解信息，使之搭配采标平台基本信息库的关系数据库实现相关功能。

通过上述信息技术搭建出来的油气田地面建设工程标准采标信息管理系统（平台）主要由以下几部分组成。

- 标准文件分类存放库：主要在存储设备（例如服务器硬盘、磁盘阵列）中分类存放标准文件的原始文件。
- 采标平台基本信息库：基本信息库主要存放各类数据文件，如标准文件的原始数据，结构化拆解后的数据，各流程管理、人员信息管理、权限管理等基本信息数据。
- 分析拆解程序：采标平台基本信息库中标准文件的分析拆解程序。
- 结构化拆解信息库：存放标准文件，即采用分析拆解程序拆解后的数据文件。
- 采标平台 Web 端：本平台管理、使用人员的应用层入口，用户可以通过网页浏览的方式，访问标准文件、进行标准文件对标分析以及管理各业务流程等。
- 采标平台数据接口：该平台可能需要与第三方平台对接。可以通过采标平台数据接口，统一实现对异构平台的对接服务，达到安全交互的目的。

构建好上述信息管理平台后，该平台在长期的实践过程中体现了以下几个优势。

（1）实现了工程标准的集约化：油气田地面工程标准管理平台集中管理油田公司各类地面建设工程的设计、采购、施工、检测、监理、验收和运行标准规范，可使工程利益各相关方按需动态分配服务器资源，最大限度节约工程标准采购成本，开辟了信息化建设的新模式。

（2）实现了信息资源的集成化：依托该工程标准管理平台，整合油气田地面工程标准基础数据和互联网数据，实现统一入库、统一存储、统一标准，并为工程利益各相关方提供工程标准信息共享服务，为油气田地面工程建设大数据应用创造了基础条件。

（3）实现了数据应用的多元化：为提升标准管理和应用的新高度，实现多元异构数据融合平台。依托该工程标准管理平台，实现了工程建设标准的有效关联融合，使工程标准大数据应用由单一应用向多元应用转变。实践证明，依托该平台采用人工智能手段，提升了油气田地面工程建设标准管理和应用的高度。

（4）实现了项目管理的效能化：依托该工程标准管理平台，可满足油田各基建管理单位的工程标准数据实时加工、挖掘和分析及比对需求，为跨区域、跨部门、跨工种的信息共享、数据应用、业务协同提供强有力的支持。

（5）实现了项目管理的精细化：该工程标准管理平台能为基层项目部参建单位提供搜索、比对、碰撞、分析等信息，支持从海量的工程标准数据信息中智能筛选对基础工作有用的信息，并直接推送到基层项目部工程师的个人工作界面，使项目管理趋于精细化。

（6）实现了开发运维的一体化：依托该工程标准管理平台，建立油气田地面工程标准采集平台开发运维一体化体系，改变传统模式的开发周期长、运维效率低等被动局面，实现应用平台升级、上线、运维监控的全生命周期管理，以及工程标准资源的自动分配、更新标准迅速上线等功能。

通过一个构建油气田地面建设工程过程标准信息管理系统的实例，我们再次体会到了第8章所阐述的工程信息管理系统构建的过程，这一过程涵盖了系统分析、系统设计、系统实施和系统评价几个环节，最终实现了通过工程信息的合理管理提高工程效率。下面我们将通过一个建设项目工程造价管理信息系统实例，进一步加深理解。

工程造价管理信息系统就是要把信息管理和信息技术有效地融合到工程造价的管理当中去，通过对信息的收集、传输、再加工和维护等模块，利用收集到的相关数据和资料对工程项目的未来发展进行预测，从而实现对工程造价的有效控制。

这个系统主要运用集中式开发的部署形式，其主要目的是给工程管理的人员建立一个具有集成功能的统一的信息管理平台，实现从基础管理到业务服务一体化的信息网。与此同时，可以摆脱以前烦琐的手工计算数据的模式，更加快速地对数据进行统计，也能够及时地处理遇到的造价方面的问题。根据工程项目的需求分析，该系统应当具备以下几个子系统(模块)。

(1) 信息采集和交互系统：在工程造价管理信息中所涉及的信息主要有造价的定额信息、材料的价格信息、相关的施工单位的资质能力信息等。这个信息系统适用于各个建筑单位，如可以为各单位提供货比三家的能力，帮助他们提前咨询到所需要购买的材料的价格信息，及时对比市场中的材料价格，从而选择更好的材料。另外该平台也支持发布招标信息和要求，方便各个单位及时查找。运用这个系统，可以把建筑行业中的各家企业放到一个平台上，从而建设一个集招标、采购、造价等功能于一体的信息资源网站。

(2) 工程管理、招投标、造价信息筛选和不良信息的预警系统：该系统的建设不仅要按照国家规定的法律条款进行，还要能够根据建设的需要进行信息的筛选。例如，某房地产公司要面向甲级上海市监理公司进行招标，那么在输入搜索关键词后，系统应当帮助筛选掉级别为甲级以下的企业、不是监理公司的企业、隶属于上海市之外的企业，从而得到符合关键词要求的信息资源。

(3) 工程量计算系统：该计算系统需要支持大多数工程常用的工程量计算方法：一种是利用计算机绘图软件通过输入图纸及某些构件相应的尺寸进行自动计算；另一种是利用计算机辅助设计将构建的各种参数提取后，再利用人工智能算法完成后续计算。

需要注意的是，上述工程造价管理系统是对整个工程造价过程进行管理，因此需要体现投资决策、设计控制、招投标管理及实施控制几个主要功能。对于造价工程中涉及的众多信息文件，需要进行编制和管理，包括对基本数据的输入系统和一些子系统的造价的计算等。与此同时，该系统对工程造价资质也要进行严格管理。例如，对于施工方，要对其资质进行登记和变更；对于某些造价咨询机构，也要对其相关资质进行审批、登记和管理；对于从事造价的工作人员，要定期对其进行相关业务培训和继续教育，使他们学会子系统的登记、注册和注销等操作以及网络联系操作。

要想快速地构建工程造价管理信息系统，从而确保其对信息数据录入的准确性和快捷性，就应该构建一个能够进行独立监督的部门，以对信息系统进行相应的管理；安排专门的人员进行管理，以及时地监管信息的发布和更新情况，不断完善工作机制，构建一些与工程造价有联系的信息管理系统，以便进行查询和管理，并给每一位信息管理工作者建

立个人信息库，方便别人进行及时查找。

另外，在构建工程造价信息系统时，不能单纯构建几个模块，而是要实现对数据的深度挖掘和处理，以提升信息的利用率。所以，在对工程造价基本数据输入保存的基础上，要对数据进行相关分析处理，从而使与工程造价相关的领域能够不断获取到最新的信息，保障工程造价信息系统数据库资源的不断完善，满足使用者对工程造价信息的需要。

下面我们给出一个电力工程信息管理系统的实例。该实例明确指出了建筑工程中最常用的工期管理、成本管理和质量管理模块的构建方法。根据实际情况，分析出电力工程信息管理具有复杂易变性、突发情况严重性和特殊不确定性三个特点。具体来说，复杂易变性是指大量复杂的因素会导致电力工程项目在施工过程中出现质量问题，这意味着在电力项目施工过程中对其他环节进行处理的复杂性和曲折性。在社会不断进步的同时，许多电力工程信息问题也将随之变化，从而导致其他系统性因素也会相应产生变化。面对这种问题，我们在处理工程问题时应着重考虑工程事故的不良发展，及时采取可靠的措施。突发情况严重性是指在施工项目中，有些工程质量问题经常发生，因此要不断总结这样的问题，提前预防。电力工程项目对质量要求特别严格，它直接影响着整个工程施工的顺利与否和成本预算。质量不达标的电力工程施工项目，将会给人民群众的公共财产和社会经济的发展埋下隐患，并注定带来巨大的损失。特殊不确定性则是指电力工程发生的问题，通常是非经验性的偶然的问题，在未被人察觉的情况下发生。

为了更好地进行电力工程项目信息管理，主要是对工期、成本和质量三个基本要素进行管理。应对目标三要素分别进行分析，发现各自的影响因素，找到控制的方法和途径，在有限的条件下实现工期短、质量好、成本低的管理目标。

1. 工期管理

电力工程项目的工期管理，要求在保证工程质量、节约成本的原则下能按照预期的时间进度完成项目。要保证工程项目的进度，首先应在项目实施之前根据项目的具体情况对项目的各项工作统筹安排、综合平衡、优化组合，科学地、准确地、合理地安排工期进度，拟订周密的、具有可实施性的工程项目进度计划。应采用网络技术、最佳路线法等方法统筹安排项目施工。在项目的实施阶段，应严格按照进度计划执行，同时应根据实际情况及时修改、调整进度计划，力争在各个环节缩短时间，确保项目的整体工期进度。

电力工程项目大体可以分为以下几个阶段：项目的发起和可行性研究、规划和设计、制造与施工、移交与投产。对这样几个阶段的进度计划，要将各参与单位的工作进行统一安排和部署，按照与项目相关工作的依赖关系以及工期估算，考虑局部与整体、当前与长远以及各个局部之间的关系，利用科学的方法统筹制订合理的进度、资源分配、财务资金需求和时间管理计划，确保电力工程项目从施工设计到投产试运行全过程的各项工作能按照计划安排的日程顺利完成。在制订计划的过程中，计划制订者应对工程项目的资源情况、资金情况、人员情况等进行综合、全面、系统的了解，明确所需的资源和具体的条件限制，综合考量项目工期的估算与项目相关工作之间的依赖关系，解决由此产生的不一致和冲突，并标示出关键工作。

电力工程项目的进度控制要求管理者对项目各建设阶段的工作内容、工作程序、持续时间和衔接关系编制计划，在实际进度与计划进度出现偏差时进行及时纠正，并控制整个计划的实施。在电站的工程项目建设中，进度控制与质量控制、成本控制之间有着相互影响、相互依赖、相互制约的关系。从经济角度衡量，并非要求工程项目的工期越短越好。如果盲目地缩短工期，将造成工程项目财政上的极大浪费。在确定电力工程项目的工期之后，就要根据工程项目的具体情况采取适当的控制措施，保证工程项目在预定工期内完成建设任务，避免工程的延误或延期。要确保电力工程项目的如期完成，光有完美的计划是不够的，必须严格地对项目计划的执行情况进行有效的控制。

2. 成本管理

项目成本管理由资源计划编制、成本估算、成本预算和成本控制构成。进行成本控制时应注意：防止不正确、不适宜或未核准的变更纳入成本基准计划中；将核准的变更通知所有有关人员；确保所有变更都准确记录在成本基准计划中。

电力工程项目的成本管理包括对项目所需成本的估算以及成本控制。成本控制就是在保证工程质量、工期等满足合同要求的前提下，对项目实际发生的成本支出采取一系列监督措施，及时纠正发生的偏差，把各项成本支出控制在计划成本规定的范围内，以保证成本计划的实现。

影响电力工程项目的施工成本的因素很多，主要有工程施工质量、工期长短、材料人工价格和管理水平。这里的管理水平既包括施工企业的管理水平，也包括建设单位的管理水平。管理不善造成预算成本估计不准，或资金、原材料供应不及时造成工期拖延，或施工组织混乱造成材料、人工和设备利用浪费等，都会影响施工成本。

电力工程项目的成本控制方法很多，主要有偏差控制法、成本分析表法、进度与成本同步控制法和施工图预算控制法。其中，在对施工成本进行控制时，按照施工图预算，实行“以收定支”(或者叫“量入为出”)，这是最有效的方法之一。

3. 质量管理

项目质量管理由质量计划编制、质量保证和质量控制构成。它包括确定质量方针、目标和职责，并在质量体系中通过诸如编制质量计划，进行质量控制、质量保证和质量提高等，全面实施管理职能。

电力工程项目的质量需求包括质量目标和标准两方面内容。电力工程项目的建设具有技术密集性的特点，从设备方面看，电力工程项目涉及了从汽轮机、锅炉、发电机到相关的辅助设备，从现场的仪器仪表到控制室内的集散控制系统等数百种相关的技术设备；从技术专业看，电力工程项目包含了从机械、电气、仪表、控制、计算机到土建等多学科、多专业的技术和知识。面对数量如此繁多、技术如此复杂的质量控制对象，项目管理者应进行分类和分析工作，针对不同的质量对象确定质量目标和质量标准。其中质量目标包括项目的总目标以及将总目标分解后的分目标。

电力工程项目的质量保证是保证质量管理计划得以系统实施的全部活动，包括定期评价总体项目执行情况，以确保项目满足质量标准。建立和维护质量管理系统以保证有效的沟通和输出实施质量管理计划的结果。电力工程项目的质量控制是指为了满足工程项目的质量需求而采取的作业技术和活动，具体监控项目活动的进程和结果，以便确定其是否符合相关的质量标准；分析产生质量问题的原因，并制定相应措施来消除导致不符合

质量标准的因素,确保项目质量得以持续不断的改进。

9.1.2 制造工程

在 9.1.1 节,我们介绍了建筑工程信息管理的实例,这里我们介绍制造工程信息管理实例,即智能变电站工程信息管理。

变电站作为电压和电流变换分配的重要场所,与人们的日常生活息息相关,保障社会生产发展正常运行,随着新技术的推动和发展,改造升级传统变电站,大力推广智能变电站成为当前我国电网发展的重要方向。

智能变电站是建设智能电网的核心部分,其中包含智能高压设备和变电站数据信息平台。智能变电站通过先进的设备,自动进行信息采集、监控与数据反馈等基本工作,实时监测电网信息,并进行自动调节,方便技术人员在线分析和处理电网问题,提高变电站障碍处理效率,有效维护社会正常用电秩序。智能高压设备主要包括智能变压器、智能高压开关设备以及电子式互感器。智能变压器替代传统变压器,能够及时传输变压器运行状态和数据,根据电压与功率情况调节电流,在设备出现故障时及时发出警报,降低电网运行风险,增强变电站稳定性;智能高压开关设备具有监测与诊断功能,通过传感器和执行器远程控制智能变电站系统,在变电站遭遇大型故障时能够快速阻断电流,控制事故发生范围,减少损失;电子式互感器体积小,抗干扰能力强,对比电磁式互感器更具准确性和实用性,是传统变电站向智能变电站转变的重要设备之一。

变电站数据信息平台也就是智能变电站涉及的各类工程信息的管理系统。其作为数据收发库,既能横向收集共享各电力系统信息,又能纵向发布操纵命令,一站式处理各变电站事务,简化工作程序,促进电网系统向智能化、人性化方向发展。具体来说,智能变电站信息平台通过变压器联系各级电网,利用光纤数字信号输入技术,检测上面提到的智能高压设备实时收集到的变压器运行状态和各类数据、电压、功率、传感器信息等。当上述信息以报文形式传输给信息平台后,可以进行远程综合分析处理,结合外部环境、电网总体情况、电力需求情况、局部变压器运行情况等条件,得出操作指令,用以指导变压器自适应调节或人工干预。通过这种信息的上传下达处理方式,可极大地降低数据检测误差,降低继保人员错误接线与碰触的概率,保护人员安全,实时高效地提高变电站运维安全性。

从上述实例可以看出,智能变电站工程信息管理使用当下传感器网络、无线传输、数据库和云平台计算处理等手段,可大幅度提高数据精准度和电站工作效率,降低人力成本,节约社会资源。这对当下满足社会用电需求,提高我国用电安全性与稳定性具有重要意义。然而,我国智能化变电工程建设始终处于推进过程中,升级更新传统变电站、扩大智能变电站覆盖面积的任务依然艰巨,仍需长期努力。一方面,该技术在我国发展时间较短,相关规范标准不够明确,智能变电站运行过程中出现设备不稳定、评估机制不完善等问题;另一方面,智能变电站连接各级电网,影响范围广,不能长时间处于停电状态。为了解决这些问题,除构建灵活、可靠的信息处理系统外,还要从人才培养、技术提升、统筹管理三方面着手对我国智能变电站发展进行改进与提升。

从人才培养的角度上,要加强人才在校教育和在岗培训。为顺应国家电网发展,学校应及时更新电气专业课程教育，保持教学内容与时俱进，并加强理论知识教学，为学生打下扎实的专业理论基础，配合实践活动，帮助学生将理论知识转化为专业技能，为智能变电站的发展提供不竭的人才支持；在岗员工应定期参加技能培训，在学习新技能新知识的同时努力提升技术水平，减少因技术失准而造成的经济损失和人员伤亡事故，促进智能变电站快速发展。

从技术提升的角度，可从工程设计与专业技术两方面考虑。智能变电站工程设计涉及站点建设、设备安装等问题，设计人员需要增强专业能力，建立智能变电站建设安装大局观，在遵从智能变电站设计原则的基础上，合理安排变电站站点，既提高智能变电站的稳定性又节约资源，减少原料使用量与能源耗损；设计人员还应合理规划变电站装备安装空间，充分利用空间设计理念与电气专业知识解决传统变电站空间狭小问题，推进传统变电站智能化发展。智能变电站建设要求作业人员具备安装技术、调试技术、维护技术与变电站改造技术。这些专业技术划分细致，对专业水平要求高。技术人员除提高自身专业技能外，还应积极创新升级作业工具，借助各类工具器械安装与调试智能变电站，提高整体行业技术水平，加快各地区智能变电站建设，促进我国电网事业走向成熟发展道路。

从统筹管理的角度，智能变电站建设应建立合理的统一管理机制。除极端特殊环境外，尽可能选取统一型号安装设备，减少个性化案例发生，推动智能变电站程式化发展，并制定明确的规范、标准，要求各智能变电站建设必须在此标准下严格进行，提高变电站建设质量，减少因不符合规定建设变电站而产生的运行问题。智能变电站较传统变电站而言，各变电站站点之间的联系更加紧密，并呈现出一体化发展趋势。因此，各智能变电站应加强对站点网络信息的监控和分析，建立统筹管理机制，实时监控各站点信息，及时排除障碍，维护智能变电站正常运行。

9.1.3 科学工程

科学工程包括软件工程、医疗工程、基因工程、空间探索工程等以科技探索为主题的工程项目，这里我们举一个医疗工程中临床医疗器械信息管理系统的例子。

医疗器械关乎患者生命安危和康复，世界各国政府对其产品的安全性、有效性有着严格的法律监管。医疗器械因用途不同，其使用寿命有较大差别，短至一次性使用，长至5～8年或更长时间使用后才报废。从采购、验收、维保，直至报废，整个使用生命周期都体现出环环相扣的安全监管责任，不仅医院医工部门责无旁贷，而且各临床使用科室也有相应职责。如何准确反映临床的需求，如何及时监管在用医疗设备的使用质量，如何通过合理采购、维修、调配设备资源，降低医疗成本等，成为医工部门面对又必须解决的问题。

设计开发临床医疗器械信息管理系统是希望以国家有关医疗器械的法律法规为指导，通过编制的系统程序来规范医学工程部门的工作流程，进行标准化管理，准确反映和统计每一个安全监管环节，达到医院内各部门之间的信息共享。该系统主要由三大模块组成，分别是采购模块、管理模块和科研模块。

1. 采购模块

该模块主要记录设备及耗材采购过程中涉及的各类信息，包括申请信息、价格信息、

合同信息、资金流动信息、投标招标信息等。设备购买申请主要先由临床和科研单位根据本科室的发展需求提出购买计划。对于一般设备，直接进入采购程序；对于属于年度计划的大型设备，应当由医院的采购小组组织专家进行可行性论证，合理分配资源并概算医院资金后纳入购买。而耗材的采购由临床需求科室提出申请，若与护理部或感染科有关，相关部门都会有电子签名的意见汇总到采购部，采购部据此酌情购买。所有申购、论证结果的回复都将通过该模块进行传输。在该模块，主要监管环节对内是医院纪监审对采购环节的监督；对外是对供应商及产品资质的审查。对于中标的商家资质和产品证件，采购组及时输入计算机，以便在管理模块的验收环节达到信息共享。该模块对商家资质和产品证件的有效期具有预警功能，以便管理人员提前更换过期的证件。

2. 管理模块

该模块由四大环节组成：验收、风险管理、效益分析、报废处理。安全监管主要集中在验收安装和风险管理的环节中。

（1）验收：与采购模块相对应，这里也要对设备和耗材分别进行验收和发放。其中，大型设备验收一般要求有资产管理员、工程人员、临床使用人员和厂家参加。资产管理员将验收的厂家、产品信息和保修期等及时录入计算机，并与维修组共享信息，便于今后对设备的维护，入库的固定资产全部实行二维条码管理。由于医疗设备验收工作复杂，专业性强，技术要求高，应当设计专业标准用以评价购买设备的合格性。而对于耗材的验收和发放，要遵循耗材出入库管理系统的记录。在入库时，库管员根据采购模块共享的信息审查资质、验收货物。根据临床的网络订单，医院配送中心进行及时发放。库管员还应根据临床常规用量，定出最小库存量的报警限，保障库存物资不断货。目前植入性耗材都采用了条码管理，而对于其他耗材，正在探讨采用条码管理的可行性。

（2）风险管理：风险管理主要包括主动出击，预防维护；临床报修，现场维修；风险评估、紧急预案等几方面。每方面基本都涉及安全监管：

- 主动出击，预防维护：将全院设备进行分级管理，对用于抢救类设备和高风险设备，按区域和类别在预防维修菜单中制订出详细的不同周期的预防巡检维护计划，再将计划分配到责任工程师，定期检查预检计划的执行情况，并将该项工作作为责任工程师年终工作量的重要考评内容。
- 临床报修，现场维修：全院临床科室实行了网络报修机制，其特点是临床科室不需要打电话，随时可以通过 EIS 报修设备并了解维修的进展。该系统对每台设备的保修期有准确记录，并对超过保修期的设备进行提示，以便向临床科室明确告知维修成本。临床科室可以从护士站查看本科室的设备清单和明细，当设备发生故障时很快可以调出相关设备档案，填报故障并上传，维修中心的计算机很快得到报修提示，负责该区域的工程师就会赶往现场维修。如果需要等待配件采购，工程师也会通过计算机及时向临床科室告知等待的时间和配件的费用，临床科室可方便地统计每月本科室发生的维修费用，进行成本核算。对于手术室急需修理的设备，手术室可以直接电话告知责任工程师约定维修。对于放在临床科室的在修设备，工程师都会挂上明显的“维修勿用”标示牌，以示区别和警示。
- 风险评估：根据设备使用年限、维修次数（故障频率）和更换配件的统计，以及相关计量检测和校准结果等各方面的安全监测报告，计算机综合评判设备使用的风险程度，以此作为医院更新和淘汰设备的参考依据。

- 紧急预案：由于病种原因，有些急救设备使用频率很低，但在抢救病人时又必须使用，可以将这类设备实行全院共享，定期检查其完好率，保证其随时待用。将共享设备的清单公布在网上，明确存放地点，告知每台设备的性能和适用范围，以便临床合理选用，这样既节约了医院的资金，又达到了使用的目的。

(3) 效益分析：该模块主要对一些大型设备进行收入和支出的计算，如CT、MRI等，临床科室通过深入本科室的EIS，统计设备的耗材成本和人力成本，由支出和收入计算大型设备的纯收入，实质性地分析大型设备为医院创造的经济效益和社会效益，以便医院今后投资大型设备作参考。

(4) 报废处理：报废手续通过网络申请和审批，国有资产的处置符合国家相关规定。

3. 科研模块

该模块涉及对临床工程人员的论著发表、科研课题申报和获奖等情况的统计。

通过该管理系统，可以将医院多个信息管理系统进行融合，实现信息交互。不同利益相关方也可以利用该系统实现信息的实时获取。例如，医院管理层可以通过数据交换平台在计算机上查看临床工程部门的大部分管理信息。临床工程部门大部分工作流程、监管环节能在该系统中体现，便于临床工程部门与医院临床、感染管理、护理等诸多平级部门的沟通。信息管理系统中，财务部和信息部可以调用相关数据进行物价收费、财务报表、信息统计和分析，达到真实的相关数据共享，可以避免有些数据重复录入的现状。该系统加强了对医疗设备使用周期内的安全监管，使管理环节做得更细，使重点监管环节更加突出。

9.1.4 社会工程

某市为全面提高出租车行业服务管理水平，提出了利用目前良好的发展机遇与现有的信息化基础，建设出租车服务管理信息系统。该信息管理系统的建设具有深远的社会意义。首先，该系统的建设可以为出租汽车行业监管和社会服务提供行之有效的技术手段，规范出租汽车驾驶员经营行为，改善出租车营运市场环境，全面提升出租汽车行业服务质量，保障乘客出行合法权益。其次，该系统可以引入社会监督评价机制，完善诚信考核体系，提升行业监管水平，充分发挥政府对出租汽车市场的宏观调控作用。同时，该系统能够减少城市拥堵、促进节能减排，充分履行出租汽车行业的社会责任，促进出租行业稳定、规范、有序、健康发展，推进科技进步，展现都市形象，为面向全行业的推广应用打下坚实的基础。

根据本书第1章和第8章的介绍，本例将展示一个完整的工程信息管理流程和信息系统开发过程，主要包括需求分析、工程设计、工程实施、风险与效益分析、运行管理、人员培训几个步骤，以便进一步巩固读者在前面章节中学到的理论方法。

1. 需求分析

该工程需要针对不同利益相关方进行相应的需求分析，以便提高系统的普适性和效率。该工程涉及的利益相关方包括行业管理部门、驾驶员、乘客和出租车企业。业务系统间的逻辑关系图如图 9-1 所示。

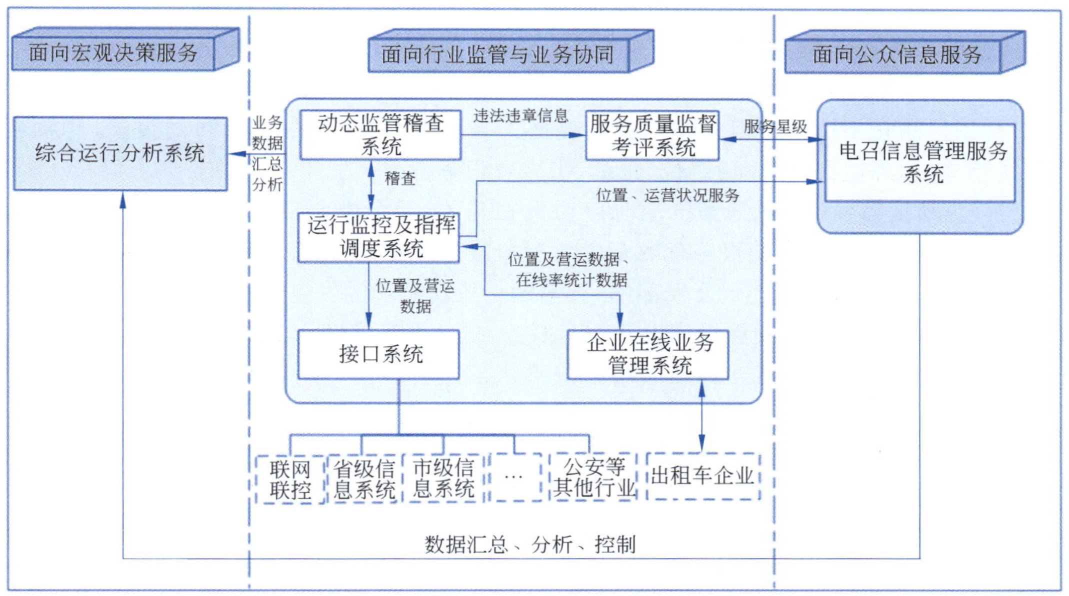

图 9-1　业务系统间逻辑关系图

（1）面向行业管理部门。

- 行业管理部门可通过信息化手段有效避免出租车驾驶员拒载、甩客、宰客、不打发票等违规行为的发生。
- 行政执法人员可利用信息化手段进行稽查，对出租车道路运输证和从业资格证、车辆年审年检、黑车等违规行为进行监督稽查，并实时自动记录违规车辆及驾驶员信息。
- 行业管理部门可通过信息化手段对从业资格证 IC 卡进行管理，包括初始化、制卡、发放、换证等业务。
- 行业管理部门通过信息化手段对出租车驾驶员从业资格证的使用进行监督，对出租车运营行驶状态进行监督，并全程记录每辆出租车的运营行驶信息。运营行驶信息包括上班签到时间、下班签退时间、乘客上车地点、乘客上车时间、乘客下车地点、乘客下车时间、单程运营里程、单程运营价格、运行路线、乘客评价信息、紧急情况下的视频和语音信息等。
- 行业管理部门通过信息化手段分析服务评价信息和投诉记录信息，以便对出租车企业资质、从业人员信用进行等级评定。
- 行业管理部门通过信息化手段为确定运力投放规模和燃油补贴标准、建立定价机制、企业营运状况分析、评估服务质量、运价分析、燃油消耗分析、出租车驾驶员劳动强度、实载率、空驶率等行业监管和决策提供有效的科学数据支撑。
- 行业管理部门通过信息化手段针对出租车车辆异动行为进行实施监测，包括加气站排队、异常聚集、停运等。

- 行业管理部门通过信息化手段针对重大庆典活动、黄金周节假日、重大赛事活动、重要外事活动等提供高效、高质量的应急运力保障。
- 行业管理部门利用信息化手段通过全市范围内的出租车发布通知、通告、追逃、雨雪冰灾等异常预警、公益信息等信息内容。

(2) 面向驾驶员。

利用信息化手段为出租汽车驾驶员提供人身财产安全保障,包括防劫报警,车辆调度,线路规划,外语翻译,车辆定位、跟踪,出城登记等。

- 防劫报警:驾驶员遇到抢劫时启动报警开关,后台中心自动收到报警信息,呼叫中心值守人员启动报警车辆车内监控和监听功能,确认警情属实后直接把车内图像和音频信息传送到公安部门,有效制止抢劫犯罪的发生。
- 车辆调度:为驾驶员提供电话约车服务,提高车辆实载率,降低油耗,增加收益。
- 线路规划:驾驶员遇到交通堵塞或不认识路时,可以拨打呼叫中心电话,由坐席人员为驾驶员提供线路规划。
- 外语翻译:当驾驶员遇到外宾需要外语翻译时,拨打呼叫中心电话,电召服务中心提供相应翻译专业人员进行三方通话。
- 车辆定位、跟踪:后台管理中心通过北斗卫星定位系统跟踪车辆运行线路,存储、回放、打印目标车辆的定位信息,并自动对系统中呈现的报警等重点车辆进行跟踪,可同时定位、跟踪多部车辆的运行轨迹。
- 出城登记:出于安全考虑,系统针对出城的车辆进行登记,确认其出城意向和事实,并对其进行监控,若发现紧急情况,可及时向公安部门报警,确保应急救援的及时到位。

(3) 面向乘客。

通过信息化手段为乘客提供安全、便捷、舒适的服务,主要包括:

- 电话约车:乘客打电话到电召服务中心约车,坐席人员通过系统查询到距离乘客较近的空车,通知空车驾驶员前往载客,驾驶员只要按确认即可完成调度信息的应答。中心反馈相应的信息给到乘客。驾驶员直接与乘客进行通话,当空车接到乘客后,通过短信方式或语音方式向中心汇报。
- 手机自动召车:乘客可下载自动召车客户端软件,通过智能手机搜索周边空车、发送召车请求,通过后台系统完成自动召车功能。
- 失物查询:乘客发现丢失物品后,打电话到电召服务中心,说明上下车时间、地点、车牌号等信息,坐席人员通过乘客提供的信息查询符合条件的出租汽车,帮助乘客寻找失物。
- 服务评价:乘客在到达目的地后,可在语音提示下按服务评价器(前排通过按键式评价器;后排通过 LCD 信息屏,采用触摸屏按键方式)的“满意”或“不满意”按键,对驾驶员的服务起到监督作用,有利于提高乘客满意度。
- 投诉建议:乘客向电召服务中心提出投诉时,电召服务中心根据乘客提供的出租车所在位置、车辆牌号和投诉内容等信息对投诉进行认定,查实后对该车辆进行相关处理。

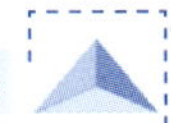

- 智能付费：为乘客设置多种方式进行付费，提高出租汽车驾驶员运营服务的工作效率，更加方便公众出行。

（4）面向出租汽车企业。

通过信息化手段，促进出租汽车企业提高企业管理水平、提升企业服务水平，进而提高企业的竞争力。主要包括：

- 档案管理：出租车企业通过信息化手段对所属企业的车辆、驾驶员建立相关档案，如用工合同、乘客投诉、驾驶员考试记录、驾驶员培训记录等信息并进行在线管理。
- 状态监控：出租车企业对所属企业的出租车运营行驶状态进行动态监督，全程记录出租车的运营行驶信息。
- 异动监测：出租车企业通过信息化手段对所属企业的营运出租车行为进行异动监测，如出租车未登记出城、异常空载和异常聚集等行为，为安全管理提供有力支持。
- 决策支持：出租车企业通过信息化手段收集到所属企业出租车营运数据，按照不同业务口径进行分类和归纳，为营运分析、服务质量评价和安全管理等企业管理提供最新数据支持。
- 信息发布：出租车企业通过信息化手段对企业所属的出租车发布通知、公告、雨雪冰灾、异常预警、公益信息。

完成以上需求分析后，需要考虑该系统实现上述需求对应的业务流程，并根据业务流程分析的结果，汇总判断需要支持信息系统的功能模块。本系统需要具有以下功能：运行监控及指挥调度、电召服务管理、服务质量监督考评、动态监管稽查、综合运行分析、企业在线业务管理和接口管理。同时，该系统还需要考虑系统的先进性、可用性、可扩展性、开放性、可靠性、信息采集成功率、设备负荷及容量、系统安全等方面的要求。应分析现有系统的基础现状，找出当前需求与基础现状之间的差距，以便指导下一步的系统设计。

2. 工程设计

该系统的总体设计遵循图 9-2 所示的总体框架图，该总体框架包含车载终端设备层、物理场所层、基础支撑系统层、数据资源层、综合应用层、用户层与展现层、接口层及信息安全保障体系、信息化标准规范体系和建设与运营保障体系。

（1）车载终端设备层。

车载终端包括智能服务终端、计价器、服务评价器（前排）、车内摄像头、LCD 信息屏（后排服务评价器）等，用以实现出租汽车运营数据、评价数据、车辆状态等信息采集。它按照标准接口协议通过智能服务终端连接成有机整体，通过无线通信方式实时发送和接收数据。

（2）物理场所层。

本工程涉及数据资源中心（机房）、监控指挥中心以及电召服务中心三个物理场所，以为该出租汽车服务管理系统提供基础的软硬件运行环境和工作场所。

（3）基础支撑系统层。

网络支撑平台是整个系统的通信处理中心，是数据传输、交换的基础。本工程主要依

接口层
与部级相关系统接口
与省级相关系统接口
与市级相关系统接口
与市级横向相关部门系统接口
用户层
出租汽车驾驶员
社会公众
出租汽车企业
行业管理部门
展现层
呼叫中心
互联网
大屏幕显示
视频会议系统
综合应用层
运行监控与调度指挥系统
电召服务管理系统
综合运行分析系统
动态监管稽查系统
企业在线业务管理系统
服务质量监督考评系统
接口管理系统
数据资源层
主题数据库
营运效率主题分析数据库
营收主题分析数据库
电召服务主题分析数据库
服务质量主题分析数据库
驾驶员劳动强度主题分析数据库
燃油补贴主题分析数据库
基础数据库
出租汽车车辆数据库
出租汽车企业数据库
出租汽车驾驶员数据库
运价数据库
业务数据库
运行状态监控数据库
日常调度管理数据库
应急指挥管理数据库
电召调度管理数据库
服务质量信誉档案数据库
稽查管理数据库
营运收入数据库
基础支撑系统层
网络支撑平台
主机及存储设备
应用支撑系统
IC卡系统
物理场所层
数据资源中心(机房)
监控指挥中心
电召服务中心
车载终端设备层
智能服务终端
计价器
服务评价器(前排)
车内摄像头
LCD信息屏(后排服务评价器)
智能顶灯(预留)
建设与运营保障体系
信息安全保障体系
信息化标准规范体系

图 9-2 总体框架图

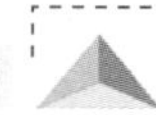

托无线网络实现车辆定位和运营相关信息的传输。网络支撑平台实现数据交换、报文解析、链路维持等，接收来自车载终端设备的数据并发送给数据资源中心进行业务处理；接收来自数据资源中心的各种控制命令，按通信协议要求形成通信报文发送给车载终端设备。网络支撑平台为数据资源层、综合应用层等提供网络传输支撑服务。

主机及存储设备包括数据库服务器、应用服务器、GIS服务器、备份服务器、磁盘阵列、磁带库、光纤交换机等。

应用支撑系统包括数据库管理系统、GIS中间件、应用中间件、备份软件、操作系统等。

IC卡系统：硬件端包括IC卡读写器、车载计算机、GPS定位模块、打印机、通信模块及电源管理模块；软件端包括IC卡管理模块、实时计费系统、调度和定位模块等。

(4) 数据资源层。

数据资源层为各类应用系统的应用开发提供数据支撑，可依据统一的建设规范和数据交换标准，确保出租汽车信息资源在采集、处理、传输以及分析、管理和共享的整个流程中在各系统间顺利地交换，以实现管理和决策支持的目标。数据资源层包括基础数据库、业务数据库和主题数据库，其中基础数据库包括出租汽车车辆数据库、企业数据库、驾驶员数据库、运价数据库；业务数据库包括运行状态监控数据库、日常调度管理数据库、应急指挥管理数据库、电召调度管理数据库、服务质量信誉档案数据库、稽查管理数据库、营运收入数据库；主题数据库包括营运效率主题分析数据库、服务质量主题分析数据库等面向不同业务主题的数据资源库。

(5) 综合应用层。

综合应用层是整个平台业务功能及应用的实现，在基础支撑系统层及数据资源层的基础之上，通过对出租汽车行业管理与服务的需求进行深入分析，整合、设计开发业务应用系统。开发的应用系统包括运行监控与调度指挥系统、电召服务管理系统、综合运行分析系统、动态监管稽查系统、企业在线业务管理系统、服务质量监督考评系统、接口管理系统。

(6) 用户层与展现层。

用户层与展现层面向出租汽车驾驶员、社会公众、出租汽车企业、行业管理部门提供信息服务。信息发布方式包括呼叫中心、互联网、大屏幕显示、视频会议系统等。

(7) 接口层。

接口层按照统一的信息共享接口标准，为更高级层面的数据资源整合提供了数据基础和通信机制，同时，也为将来与各内外部门进行数据共享打下基础，包括与部级、省级、市级上级主管部门，以及市级横向相关部门(公安、安监等)的系统接口。

(8) 三大保障体系。

三大保障体系是本工程顺利建设与运行的重要条件，包括信息安全保障体系、信息化标准规范体系、建设与运营保障体系。

其中，信息安全保障体系为出租汽车服务管理信息系统提供安全支撑，依据安全管理制度与安全技术规范，实现对车载终端设备、网络系统、应用系统等各个层面的安全保护。

信息化标准规范体系指建设中各个层面应遵守的国家级、部级相关技术标准，为系统扩展和全国范围内的应用奠定基础。

建设与运营保障体系用以保障工程顺利开展和建设成果得以巩固发展，可通过制定一套科学的长效运行机制，保障系统的长期稳定运行与可持续发展。

3. 工程实施

项目工期划分为四个阶段：初步设计阶段、招投标阶段、工程实施阶段和工程试运行及验收阶段。其中，工程实施阶段共分为 5 个子阶段。工程实施进度图如图 9-3 所示。

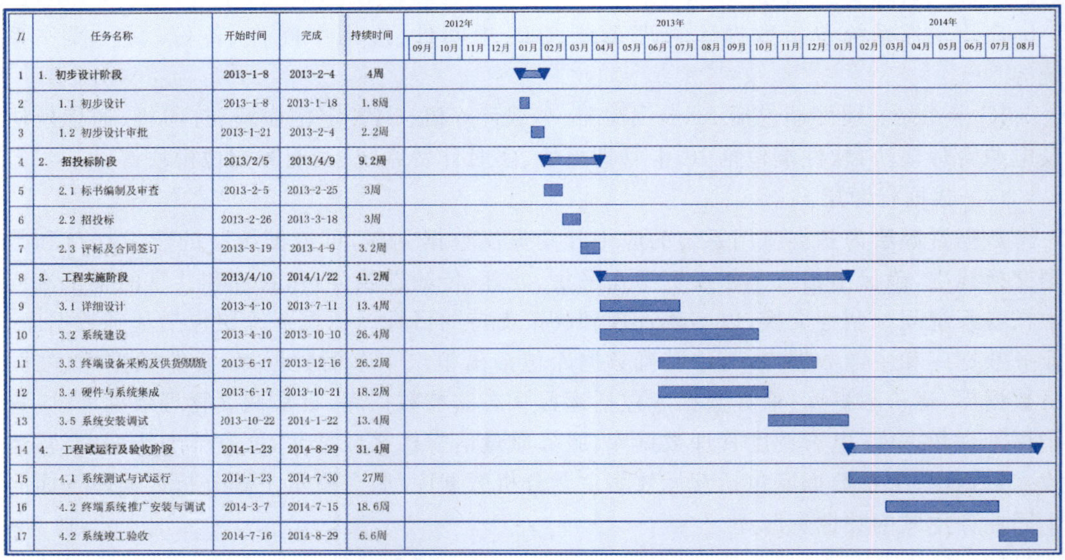

Id	任务名称	开始时间	完成	持续时间
1	**1. 初步设计阶段**	**2013-1-8**	**2013-2-4**	**4周**
2	1.1 初步设计	2013-1-8	2013-1-18	1.8周
3	1.2 初步设计审批	2013-1-21	2013-2-4	2.2周
4	**2. 招投标阶段**	**2013/2/5**	**2013/4/9**	**9.2周**
5	2.1 标书编制及审查	2013-2-5	2013-2-25	3周
6	2.2 招投标	2013-2-26	2013-3-18	3周
7	2.3 评标及合同签订	2013-3-19	2013-4-9	3.2周
8	**3. 工程实施阶段**	**2013/4/10**	**2014/1/22**	**41.2周**
9	3.1 详细设计	2013-4-10	2013-7-11	13.4周
10	3.2 系统建设	2013-4-10	2013-10-10	26.4周
11	3.3 终端设备采购及供货[illegible]	2013-6-17	2013-12-16	26.2周
12	3.4 硬件与系统集成	2013-6-17	2013-10-21	18.2周
13	3.5 系统安装调试	2013-10-22	2014-1-22	13.4周
14	**4. 工程试运行及验收阶段**	**2014-1-23**	**2014-8-29**	**31.4周**
15	4.1 系统测试与试运行	2014-1-23	2014-7-30	27周
16	4.2 终端系统推广安装与调试	2014-3-7	2014-7-15	18.6周
17	4.2 系统竣工验收	2014-7-16	2014-8-29	6.6周

图 9-3 工程实施进度图

第一阶段：初步设计阶段。根据用户批复的业务需求，完成工程的初步设计，确定完成目标任务需采用的技术路线。

第二阶段：招投标阶段。在初步设计文件的基础上，编制招标文件。按照确定的项目招标方案，遵守国家相关法规和政策，本着“公正、公平、公开”的原则，进行工程招标，从而确定工程建设任务的承担单位，并签订合同。

第三阶段：工程实施阶段。

(1) 详细设计：由项目承担单位组织编制详细设计方案。

(2) 系统建设：由项目承担单位对数据资源中心、监控中心以及后台系统进行改造和建设。

(3) 终端设备采购及供货：按照国家有关规定，制订完善的采购计划，进行设备采购。

(4) 硬件与系统集成：由项目承担单位进行硬件和系统集成。

(5) 系统安装调试：系统开发完毕后，由系统集成商负责对系统进行安装调试。

第四阶段：工程试运行及验收阶段。

(1) 系统测试与试运行：系统安装调试工作完成以后，对系统功能进行逐项测试；确认系统满足需求后，组织进行系统初验。初验结束以后，系统投入试运行阶段，进一步解决系统运行中发现的问题，同时对使用系统人员进行不同批次、不同层次的培训。

(2) 终端系统推广安装与调试：完成车载终端设备的安装和调试试运行。

(3) 系统竣工验收：试运行期结束后，进行系统竣工交付验收，验收收通过后，即可将系统移交给甲方使用单位，正式投入运行。

4. 风险与效益分析

通过分析，该工程可能会面临技术、工程、外部协作条件、政策、资金、运维六方面的风险。

首先，技术上会存在信息系统建设和终端系统建设的风险。一是信息化系统是由相互作用的模块组成并具有特定功能的有机整体。因此，一个特定的系统与别的系统之间总要划出一条界线，这个界线通常称为系统边界，这个工作称为边界定义。本工程涉及信息化系统众多，因此，在系统开发中必须定义系统边界，避免功能交叉或重复。

其次，系统开发也存在风险，主要来自国内软件行业不成熟及用户需求时有变更和调整。前者由软件行业不规范、企业缺乏专业化人才、项目团队人员配置不合理、软件开发过程无管理导致，结果为软件开发项目不是延期就是失败。后者是指需求变更会影响到其后的设计、开发、测试各个环节，需求一个很小的变动，会引起后端一连串工作的巨大变动。如果软件耦合度稍高，那么这种变更往往是致命的，将会直接影响项目成败。

再次，出租汽车服务管理信息系统集成的各阶段，无论是技术含量较低的智能管网、综合布线，还是技术密度、集成度比重较大的计算机网络系统、BAS 系统，都可归纳成四个实施阶段，即设备到货验收、安装调试、设备联调、系统测试，每个环节均需相互协调、相互配合才能完成整个系统建设任务。

最后，在智能化实施过程中常常前置或伴随着土建基础建设以及空调、暖通、水电、消防、装潢等一系列的工种在同一作业面交叉施工，虽然智能化集成一般都是在以上工程之后进场，但是前期的管线路由位置确定、预埋以及部门终端设备的连接件安装需要早于或和以上工程同步进行，工程一旦进入实施阶段，随着对设计的逐步深入理解以及之后不断增减的需求变化，对应的原有设计图纸以及基于以上图纸设计出的智能化方案和蓝图可能需要伴随着对应工程的变化而进行施工变更，这就要求集成项目管理者拥有敏锐的洞察力，能从一个细节、一句话中发现潜在的变化，及时调整相应的智能化方案，减少后期由于施工不同步而带来的重复投资。

而对于终端系统建设技术风险来说，出租汽车智能服务单元(intelligent service unit，ISU)是车载设备的核心部件，由中央处理单元、显示单元及卫星定位、无线通信、录音、图像处理、一卡通刷卡消费和从业资格电子证件(非接触式 CPU 卡)读写、数据存储等模块组成，能实现数据实时采集、上传下载；车辆实时定位与跟踪、防劫防盗报警；使用从业资格电子证件上、下班打卡等功能集成设计，集成运行车辆的动态监控管理、车辆的动态定位跟踪及监控、车辆调度、数据传输、应急处置等功能。功能的高度集成对设备的稳定性和可靠性影响较大，其功能的有效发挥依赖通信运营商以及后台支持信息系统的功能设计。此外，终端设备还面临着环境适应性风险。

对于工程风险来说，出租汽车信息化建设过程是一个非常复杂的过程，涉及范围广、知识综合性强、涉及的部门广，是一个全员参与的过程。出租汽车信息化必须与行业的改革、创新和加强管理结合起来，必须引进先进的管理理念。而出租汽车信息化建设是一个长期的过程，行业管理体制变革、项目组织及人员的变更风险很难避免，从而容易导致项

目管理、工程组织、工程进度等环节的风险。

对于外部协作条件风险来说，本工程建设涉及了市级业务管理部门、出租汽车运营企业、车载终端厂商及公安、工商、质检等其他相关部门，工程建成后，在运营管理过程中，需要这些部门长期合作，以此保证工程能长久有效运行，不断深化提高，达到工程的建设目标。

政策风险是指国家和行业对信息化发展战略、技术政策、技术体制、发展目标等重大决策的制定，一旦相关政策、体制制定，实施中就必须严格执行，不得随意变动和偏离，若不按照政策执行，必将带来风险。

资金风险是指在信息化实施过程中需要投入较大的成本费用，实施结束时资金支出往往会超出当初的预算。这些成本费用通常包括硬件费用、网络费用、软件费用、培训费用、实施费用、简历费用、咨询费用和运维费用等。由于出租汽车信息化项目的建设涉及大量的信息化设施设备，部分高新技术设备对环境的敏感性高，大量的实时数据传输对网络通信的要求极高，项目建成后需要持续保证运维资金支持。当运维资金不足时，存在运维服务中断、运维服务水平降低等风险。

最后，本项目的建设以高新技术的应用推广为主，因此对运维操作的技术性要求高。而项目运行后，面对的是基层不同水平的业务操作人员，操作不当即意味着业务流程的中断或错误。

出租汽车服务管理系统建设完成后，面临的是运营商选择问题。运营商提供的运维服务是保证项目功能发挥及系统有效运转的关键。信息系统、数据中心和监控指挥中心、终端系统、网络通信等运维服务的技术复杂，对专业水平要求非常高。而运营商提供的运维服务水平不一，技术良莠不齐，易受利益驱动，所以如果运营商选择不当，会极大地影响项目功能的有效发挥。

出租汽车服务管理信息系统建设和使用对行业、企业管理影响深远，它将改变行业、企业人员的工作模式和作业方式，可能会影响正常的业务流程和连续性，实施中可能会遇到人为的抵触情绪；实施过程中有可能使正常运行的业务中断，影响到正常的工作秩序和工作环境。

面对上述风险，信息工程需要设计相应的对策，具体分为以下几方面。

（1）系统开发风险对策。

第一，应对系统边界定义风险，应首先进行 IT 规划，即在对信息化需求进行全面梳理的基础上，规划较为客观的软件构架远景；在此基础上进行系统边界定义，边界定义依据企业软件架构图进行。

第二，平常要注意可用资源的储备，在软件商及团队的选择上，尽量选择有类似项目经验的团队进行开发。

第三，应强调技术交底的重要性，开好技术交底会，项目管理方应该牵头组织并保证会议的效果而不是形式，这里定义的技术交底不但是设计、施工、监理三方的各自向管理方交底，还应包括他们的核心人员对下属组织进行交底沟通，要让参建单位的每个层面、每个成员了解到本项目的技术重点、难点，避免由于上下交接不清造成对工程建设产生不良后果，每个施工技术员、队长、质量监督员、安全员都需要拿到自己相对应的技术资料和施工图纸并签署交底记录。培训期间及时统计各类系统集成设备的维保期，与厂商取得

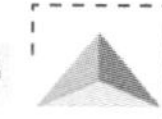

联系得到确认。还可以聘请第三方机构对系统整体和子系统进行功能和性能的检测，让项目管理方对系统自身的质量有一个深入的认识。

(2) 终端系统建设风险对策。

终端设备选型时，应选择质量和信誉良好的厂家通过技术验证的产品，首先在小范围试点应用，通过试点监测评估及升级改造相结合的方式推动终端设备的发展，在产品功能、性能稳定，以及终端建设需求明确的条件下，适时建立终端设计标准，并推广终端设备应用。在订货周期对车载终端设备集成商或直接对厂商进行约束并制定严格的处罚措施，对于大数量的材料和设备，除组织好监理、设计单位到场检查验收外，还应通知厂商来现场检测货物出具证明，必要情况下应抽取规定比例的样本送至当地质量监督部门进行复验，并将复验结果与厂商出场检测报告进行比对，经设计、施工、监理方签字确认后方可进行使用；对于不合格或与合同内容不一致的材料、设备，应坚决要求监理清除出场，对于假冒伪劣情况应该立即做现场封存，通知相关部门处理并准备追究供货单位的法律责任和违约责任。

(3) 工程风险对策和管理。

应对项目组织管理风险，必须依靠科学的项目管理制度，引入领导责任制以及良好的人才培养机制，加强领导层、管理层及操作实施层的交流与沟通，做好详细的项目实施计划，以应对项目工程风险。

要求监理单位严格把控进度，出现进度偏差及时进行调整，如遇到非主观因素引起的工期延长，应搜集各方证据(会议记录、视频音频和签字)并登记在案(必要时需呈报领导)作为以后工期延长的依据。

做好监理单位的管理，在项目实施阶段主要依靠监理单位对项目实施进行直接把控，信息化工程上把它称为“四控、三管、一协调”(即质量控制、进度控制、投资控制、变更控制、合同管理、信息管理、安全管理、各方关系协调)；利用好监理在项目管理中的作用，发挥监理管理人员的主观能动性，以抽查检查施工工作和落实监理到位工作为主，最大限度地节约了管理成本，同时也能分摊一部分管理责任。

(4) 外部协作条件风险对策和管理。

成立专门的长效组织管理机构，统一协调各方关系，定期对车载终端厂商以及广告运营商的运维管理进行检查，以及时发现问题并整改，保障项目的长期正常运行。

(5) 政策风险对策和管理。

针对项目建设可能的政策风险，采取统一规划、分步建设的思路，以便及时分阶段调整项目建设的各个阶段，降低由于政策变动导致的风险。

(6) 资金风险对策和管理。

资金风险防范措施：做好项目立项分析，预算要考虑到各种可能要发生的意外情况；在实施过程中，合理分配实施费用，结合项目进度和时间安排，将实施成本费用控制在预算之内。严格执行项目内部的财务审批制度，约束管理内部与非管理方的利益往来，检查好监理单位的签署意见和阶段汇报，保证内部资金流的衔接到位，一旦发现符合付款条件而无法支付情况要及时与实施方沟通并以会议形式达成一致意见，以免后期引起不必要的麻烦，采用这种方式可以有效减少由于资金断链引起严重后果的风险。凡未达到合同定义的支付条件的款项，一律不得进入支付流程。

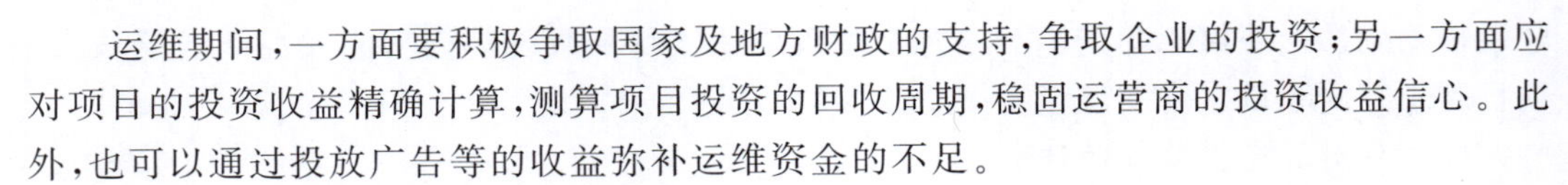

运维期间，一方面要积极争取国家及地方财政的支持，争取企业的投资；另一方面应对项目的投资收益精确计算，测算项目投资的回收周期，稳固运营商的投资收益信心。此外，也可以通过投放广告等的收益弥补运维资金的不足。

（7）运维风险对策和管理。

应制定操作规范并严格执行；进行上岗前的业务培训和运维操作培训；实时监控用户操作并提供实时指导。行业、企业领导必须要有推行信息化管理的坚定决心，克服行业和企业管理中的习惯势力和惰性；做好授权和协调工作；做好员工培训工作。

本工程立足出租车运营行业职能，通过深化信息化应用与科技创新，提高政府对城市出租汽车行业管理和决策的准确性、科学性、及时性，在交通运输行业的管理与服务新领域做出有益的探索。同时以政企互动的行业发展模式为基础，提高企业对出租车的集约化、规范化、信息化管理能力，有效促进出租车行业从传统的松散、粗放式管理模式向紧密、精细管理模式的转变，逐步适应新时期行业发展环境的要求，进而提升出租汽车企业经济效益。工程的建设利用了实用、适用的技术手段构筑出租汽车行业与社会、公众沟通的渠道，为行业面向公众服务质量提高、接受社会监督提供保障。该系统工程按既定目标完成后将会为政府、行业、企业和公众带来直接或间接的经济效益与社会效益。

5. 运行管理

为加强对系统建设的统一领导，统一思想，明确责任，上下配合，形成合力，应该建立如图 9-4 所示的工程组织机构，各机构应各负其责，按时、高质量完成建设任务。为了保证系统长期、持续正常运行，必须强化本工程所建应用系统的运行管理，重点落实信息共享制度、信息采集制度、信息质量责任制度和信息维护资金制度，确保数据来源的稳定和交换渠道的畅通。

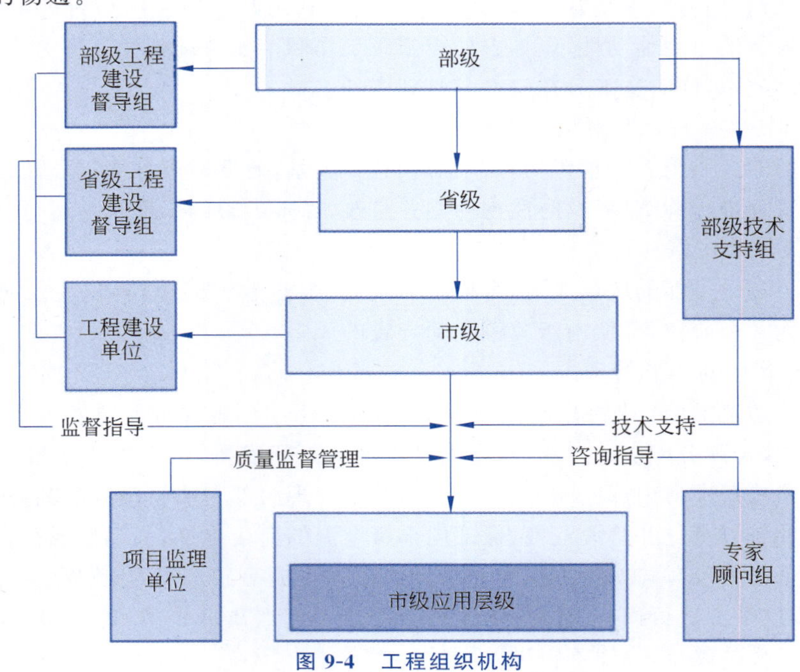

图 9-4　工程组织机构

（1）建立信息共享制度。

不同类型的信息，共享制度不同。业务管理系统是本工程重要的数据来源，业务系统主管部门应按照相关数据管理规范及时、准确地提供信息，并在行业管理范围内全面共享信息。

（2）建立信息采集制度。

应建立信息采集制度，保证有关信息能由相应的责任部门中相应的责任人员按照规定的程序在规定的时间内发送给信息管理部门，并将所接收的信息及时整理入库。

（3）建立信息质量责任制度。

为了确保系统建成后能持续获得及时准确全面的信息，保证信息链畅通，根据信息不同的分类，采取不同的信息质量控制机制。静态类信息基本采用一次采集后手工录入、定期检查的方式；完全动态类信息由自动采集设备进行采集，设备使用维护单位定期对设备进行检查校对；半动态类信息为保证准确性和时效性，采用信息源头单位录入维护的方式，由提供单位负责审核。应明确各有关部门的责任，签订信息更新维护协议，对信息质量进行定期考核，并结合相关业务制定评比、奖惩办法，对行业内各信息提供单位实现约束，以保证信息的准确性和及时性，对提供的信息不能满足质量要求的部门，应追究相应责任。

（4）建立信息维护资金制度。

稳定的信息采集和利用是系统稳定运行的关键，要将数据作为行业资产看待，在信息系统的维护资金中，专门列支数据采集更新资金，为系统正常运行提供资金保证。

6. 人员培训

本工程实施范围比较广，涉及系统平台软件、应用软件系统的使用、管理和维护。为了便于培训，将系统相关人员按照使用权限分为系统管理员和普通工作人员两类。系统管理员的培训内容包括系统平台软件、应用软件后台管理系统的管理和维护，主要涉及权限维护、各个系统的模块设置等；普通工作人员的培训内容为系统的操作使用，主要涉及信息的输入及浏览等。

通过培训，可达到如下目标。

（1）使后台管理和维护人员理解系统的体系架构，并能掌握平台软件的参数设置方法，掌握故障诊断与排除的技巧；掌握本系统的日常管理和维护方法，保证系统不间断、稳定运行。

（2）使普通工作人员掌握该系统软件的具体操作步骤和方法。使该系统能快速地投入使用，为将来的信息化建设打下基础，真正发挥示范工程的作用。

（3）为了切实保证培训效果，在培训结束后将根据实际情况对培训人员进行考核，以强化培训人员对培训内容的理解。

按照工程建设阶段，培训将分为三期：第一期培训内容多为硬件、网络设备、支撑软件的培训，因此将培训重点放在对管理部门硬件网络系统管理员、维护人员的培训上。第一期培训人员及人数如表 9-1 所示。

表 9-1　第一期培训人员及人数　　单位：人

受训机构	系统管理人员、维护人员	总计
市级部门	6	6
电召中心	4	4
总计	10	10

第二期培训内容为各应用系统的使用培训，根据应用系统的使用对象，将培训重点放在对各系统管理人员、维护人员和业务办理人员的培训上。第二期培训人员及人数如表 9-2～表 9-7 所示。

表 9-2　运行监控及指挥调度系统培训人员及人数　　单位：人

受训机构	系统管理人员、维护人员	业务办理人员	总计
市级部门	6	10	16
总计	6	10	16

表 9-3　电召服务系统培训人员及人数　　单位：人

受训机构	系统管理人员、维护人员	业务办理人员	总计
市级部门	6	10	16
电召中心	4	60	64
总计	10	70	80

表 9-4　动态监管稽查系统培训人员及人数　　单位：人

受训机构	系统管理人员、维护人员	业务办理人员	总计
市级部门	4	8	12
总计	4	8	12

表 9-5　服务质量监督考评系统培训人员及人数　　单位：人

受训机构	系统管理人员、维护人员	业务办理人员	总计
市级部门	4	8	12
总计	4	8	12

表 9-6　综合运行分析系统培训人员及人数　　单位：人

受训机构	系统管理人员、维护人员	业务办理人员	总计
市级部门	4	8	12
总计	4	8	12

表 9-7　企业在线系统培训人员及人数　　单位：人

受训机构	系统管理人员、维护人员	业务办理人员	总　计
市级部门	4	8	12
企业管理人员	34	102	136
总计	38	110	148

第三期培训内容为出租汽车服务管理信息系统基础版本平台二次开发培训，包括数据库、接口以及相关应用服务的培训，因此将培训重点放在系统开发人员的培训上。第三期培训人员及人数如表 9-8 所示。

表 9-8　第三期培训人员及人数　　单位：人

受训机构	系统管理人员、维护人员	业务办理人员	总　计
运维单位	6	12	18
总计	6	12	18

依据交通运输部《公路工程建设项目概算预算编制办法》(JTG 3830—2018)，培训费用包括培训人员的工资、工资性补贴、职工福利费、差旅交通费、劳动保护费、培训及教学实习费等。

为了确保培训效果和培训质量，在培训结束后将根据不同培训对象构建不同的培训考核试题，所有参与培训人员必须参加双方共同组织的操作考核，全面掌握相应基本理论知识、软件操作、运行管理，熟练使用软件系统的功能，了解软件系统的体系结构、性能，管理人员还须对系统技术特性、操作规范、运行规程、管理维护等方面获得全面了解和掌握。

上述建设的信息管理系统提高了电召入网车辆的服务水平，为出租车司机提供了更加可靠的电召信息服务和实时交通信息服务，优化了行驶线路，降低了车辆空驶里程，这将大大减少车辆油耗、磨损等成本费用，经济效益显著。随着电召入网车辆的增多、电召服务质量和信息准确性的不断提高，公众出行等待时间得以减少，一方面提高了公众对出租汽车行业的满意度，保障了出租汽车驾驶员的合法权益和安全；另一方面减少了全社会的因空驶里程带来的经济浪费和污染治理费用。而且，本系统实现了对出租汽车的实时监控和运营数据的汇聚统计分析等，为行业管理部门加强服务质量监督、提高市场监管能力及进行行业决策提供支撑数据。长期来看，这将大幅降低在行业运行数据收集方面的人员投入成本和时间成本，有效减少政府财政支出。

9.2 新一代信息技术下工程信息管理发展新趋势

通过前面几章的介绍，我们发现传统工程信息管理存在以下问题：

- 重在纵向命令，缺乏横向沟通。
- 沟通路线长，沟通层次多。
- 信息传递手段落后，信息方式单调。

- 信息管理混乱，缺少统一信息编码。
- 信息传递中有效内容短缺、信息内容扭曲、过载。
- 信息内容传递的延误。
- 信息管理和沟通的成本过高。

上述问题严重地破坏了工程组织的有效性，大大降低了工作效率，甚至是造成工程建设过程中的变更、返工、拖延、浪费、争议、索赔甚至诉讼等问题。随着信息技术手段的不断革新，信息管理技术的发展也向着更集成、更快速、更安全的方向发展。所谓集成不是简单地把两个或多个单元联系在一起，而是将原来没有联系或联系不紧密的单元组成有一定功能的、紧密联系的新系统。例如，在空间跨度上，从原来的企业内部门信息沟通，到现在企业之间的集成。通过信息集成汇总，可以从全局视角准确掌握系统各利益方的需求和实况，从而合理做出项目规划。更多新技术手段的加入使得信息管理技术更快速、更安全，比如无线通信、物联网、云计算、区块链等前面章节提及过的新技术手段。总体来讲，当下工程信息管理发展的新趋势主要是从信息流动的过程上不停优化和改进，即物联网技术背景下的工程信息收集新趋势、移动互联网技术背景下的工程信息传输新趋势及云计算技术背景下的工程信息存储和处理新趋势。

9.2.1 物联网技术背景下的工程信息管理发展新趋势

回顾第 2 章讲过的 BIM 我们知道，BIM 为贯穿建筑工程项目整体（设计、施工、运营维护管理）的全生命周期相关技术理念，其核心是以建筑工程项目的各项相关信息数据作为基础的“三维仿真建筑模型”。物联网（internet of things，IoT）是互联网的延伸和扩展，是“物物相连的互联网”。它通过射频识别（RFID）装置、红外感应器、全球定位系统（GPS）、激光扫描器等信息传感设备，按约定协议把任何物品与互联网相连接，进行信息交换和通信，以实现智能化识别、定位、跟踪、监控和管理。物联网技术是对传感、通信、计算机信息管理技术的最新应用整合，可以应用于实时收集、传递、处理、共享工程各阶段环境以及状态信息，以及执行各种控制指令。该技术应用于工程信息管理，可以提高工程信息实时收集的效率，以及环境的及时感知能力。

BIM 的应用是一个动态连续的过程。在这个过程中，实时采集、感知、监督、控制建筑工程环境以及状态信息的变化是一个极为重要的基础环节，为物联网技术提供了结合点。例如，现行“人工测量＋报表化管理”的模式实时性、可移动性、关联性、预判性较差，反馈过程迟缓，这一短板限制了 BIM 应用效果发挥，这与建立 BIM 的初衷是背离的。而物联网技术的兴起为解决上述问题提供了良好的技术实现途径。借助物联网手段中定位装置、视频前端、智能传感器、二维码、RFID 标签等感知层设施，可以实时化、不间断地采集、感知、监督、控制建筑环境以及状态信息的变化。相关参数通过移动网络汇集至数据库系统中，能够形成连续、可追溯的动态监测记录，这些参数和记录将为“静态的 BIM 模型”提供实时化的数据更新，犹如赋予了模型生命。

把物和人以及 BIM 模型进行合理连接，能够将各种分散、孤立现场数据展示在建筑的“三维虚拟现实模型”中，进而观察、分析其影响，解算、评估其关联，甚至实现对特定方案调整的辅助决策。因此，物联网与 BIM 技术相结合，能够将虚拟和现实、数据和实体之间接口打通，完成合理现场操作和管理行为。总体上看，BIM 是未来工程管理技术的基础，而物联网技术是重要的支撑手段。

这里我们可以举一个物联网与 BIM 技术相结合的例子。针对工程安全隐患管理，能够借助 RFID、定位技术进行辅助管理，且把检测后反馈的数据和 BIM 技术数据结合起来，一起汇总至 BIM 模型监控平台，直观地展现出预警信息，方便施工现场的统一监管。具体地，对于人员位置管理，可以在施工现场的重要区域安装 RFID 读取装置，用于识别现场的施工人员的标示牌以及安全帽，实现施工现场重要区域的管理、跟踪、定位，以便及时采取措施，防止出现事故。而对于监控重要的资产区域，由于施工现场设施较多，且施工人员出入频繁、流动人员多，盗窃事件经常会发生，为解决这一问题，可以在部分重要施工材料、设施以及设备上贴上 RFID 标签、安装定位装置进行识别，或是在视频的前端设施进行在线监管。一旦以上物品不在监控范围，系统能够自行实施定位预警。

针对质量和进度管理，能够借助视频前端的设备进行远程管理，且与 BIM 基础数据中的物料和构件信息结合，实施施工进度远程调度与指挥。进行视频监管后，现场劳动力的分布以及职工考勤状况变得十分清晰。对于项目施工期间的核心区域以及环节，如设备安装、施工人员的操作是否规范等，还能够借助前端视频监控手段对施工全过程进行记录，且和 BIM 基础数据构件信息相结合，对施工点、时间、人员进行问题回溯以及查询，完成质量的监督以及检查工作。

针对物料跟踪管理，对于部分构件化施工的物料，在生产阶段能够借助二维码或 RFID 标签与 BIM 技术数据相结合，实现对物料盘点、领料、入场、运送的监管与跟踪。这相当于为施工物料制定出了合理的质量责任制度以及可追溯制度，以实现物料按需生产，降低仓储成本，同时防止施工构件的订单出现延误。

针对资产管理和日常维护，BIM 自身在设施、设备以及建筑日常的维护方面，能够直观地映射出其维护维修内容、施工工艺、设计参数、位置、成分等信息。物联网和 BIM 技术结合起来，能够在设备以及设施现场给每个设备分配出一个特定的二维码或 RFID 标签。在进行定位查看和运行维修期间，应用智能终端设施获取现场设备和设施相应的 BIM 数据以及电子标签，实施数据交换，还能够查询设备运营信息、状态、属性，进一步合理地提出维护方法，防止维修不足或是过度维修，使维修的成本减小，提高维修的质量。

针对应急管理，BIM 技术最大的优势为三维可视化，在 BIM 应急管理的基础上使盲区减少，提高救援能力和突发事件响应能力，给应急处理带来清晰且明确的信息。在物联网技术以及 BIM 模型的基础上构建应急管理平台，会减少大量图纸工作以及重复找图的时间。该平台可借助二维码或 RFID 标签实现定位查询。在这个平台上，运维者能查询出设备详细的情况，定位故障设备相关信息，进一步给应急指挥带来决策帮助。

9.2.2　移动互联网技术背景下的工程信息管理发展新趋势

随着移动通信技术的飞速发展，智能设备(手机、平板等)功能强大，移动网络方便快捷。由于移动网络的通信覆盖较广，几乎所有在建项目均在手机信号覆盖范围之内，且智能手机终端都已得到普及，市场主流机型完全支持 App 软件的开发应用，这些因素说明，移动通信技术的发展为工程信息管理过程中信息的传输提供了广泛普适的渠道。

无线技术在基础设施较弱的工程现场可以提供方便快捷的通信部署。无线技术为现场的移动办公提供辅助手段，提高劳动生产率和办公效率；使实时办公成为可能，提高了工作灵活性；支持协同办公，使得一项建筑工程的利益相关方（业主、监理、设计、施工、分包商等）可以在线上远程协作，避免重复做工并提高并行工作效率。

基于移动互联网传输技术的管理系统平台的构建与实施，实现了施工项目建设整改通知的及时发送、标准规范图集的随时查询、过程控制图像影像资料的记录和收集、关键数据的采集和统计分析、整改情况的动态管理与评价、施工管理的 PDCA 循环，打破了时空局限，有助于提高安全质量管理的工作效率，从而获得良好的社会效益与经济效益。

例如，同一项目部所有登录的管理人员自动形成“朋友圈”，各功能模块的重要信息、最新消息等，可在具有全部权限的项目经理级别客户端手机上滚动播出、实时提醒；特别重要的信息在项目管理人员手机同步播出；项目经理级别发布的指令、指示，在相关人员的客户端手机上滚动播出、实时提醒，从而实现没有时空限制的移动项目管理，打造具有高度智能化特色的掌上项目管理平台。而且通过设置快速通道，项目经理以及项目部管理人员等级的用户可以一键直接进入相应模块（自定义），提高运行效率，增强用户依赖性，提升用户满意度。除了这些工程利益相关方之间的信息沟通外，物联网技术背景下构建的传感器网络收集到的各类工程信息也可以通过无线传输实时显示在移动监控设备上，这对于工人远程监控和指导操作具有重要意义，有效地提高了工程进展的灵活性和可靠性。

9.2.3 云计算技术背景下的工程信息管理发展新趋势

大数据给管理带来了新要求。一方面，管理平台层次要分明。一个完整的建筑施工项目牵涉的部门和利益相关者众多，不同的人员在不同的职能部门扮演着不同的角色，具有不同的工作内容和职责。因此在进行工程项目管理时需要考虑项目参与者多方面的需求，建立一个涵盖项目现场管理以及多方协助的网络共享平台，便于项目参与各方人员获得自己想要的信息。

另一方面，整个工作的中心要围绕数据来进行。在工程信息化的管理实践过程中，管理实际上就是数据在项目参与者之间的正确传递过程。为了在项目管理中减少交叉工作，努力提高数据在项目参与者之间传递的速度，提高信息传递的准确度，我们在进行信息化工程项目管理改革时，必须以数据为管理的中心，即所有参与者的职责和工作内容都要以数据为中心，工作流程与逻辑关系的制定都要以数据为参考资料，实现业务流程自动流转。

云计算是一种全新的 IT 资源（狭义上）和服务（广义上）提供模式。其具有高扩展性和虚拟化两大特性。高扩展性是指系统可以迅速、灵活地调整计算机资源；而虚拟化是指用户不需要知道具体的计算处理是在哪台计算机上进行的，也不需要知道它处于数据中心的什么位置。这种技术在支撑大数据时代的信息管理需求方面具有重要意义，因为云计算可以灵活、高效地调度不同地域不同时段的计算资源，对应对大量甚至突发的数据处理请求具备强有力的支持能力，它通过打破时空的局限，将计算资源统一调度、按需分配，更好地满足不同类别用户的需求。

当然，云计算的核心在于集中式的处理和调度，这已经可以满足大量小型企业和小型工程的管理需求。而一些更大规模的工程需要更加复杂的信息存储和处理技术。正如前面几章所述，其他分布式技术也发挥着至关重要的作用。除了传统数据库在数据存储方面的地位十分稳定外，还有基于边缘计算的分布式计算模式，基于区块链的分布式数据可靠性验证以及基于联邦学习的分布式智能学习框架。这类技术利用其大量边缘计算资源，让更多的参与者和信息贡献方一起来处理和监督工程信息的管理过程，以有效提升工程信息管理的效果。

9.3 课后思考

从本书 9 章的讲述中，我们已经清楚地体会到了工程信息管理的必要性和方法，下面列举一些工程管理过程中出现的种种现象，请结合前面所学知识分析，这些现象反映了工程信息管理过程中的哪些问题，可以采取哪些方法解决这些问题。

1. 某软件公司接手一个软件开发的项目，负责对接客户的项目经理由于缺乏该项目相关的技术背景知识，根据自己的独断理解，过度承诺给了客户可以完成的功能和不切实际的工期，导致后续实施编程开发的程序员叫苦不迭。

2. 后面为了避免类似问题的再度发生，该软件公司考虑开发一款软件项目案例库，该库记录同行已开发完成的各类软件项目作为背景知识，以便后续的市场可行性研究。然而因人手紧张，该软件公司在开发自己的工程信息管理系统时，邀请同时承担其他软件开发项目的小王负责并参与该案例系统的开发。小王接手后，直接根据自己的理解对当前开发的工程信息管理系统半成品进行了修改，但由于同时承担两个项目而分身乏术，导致两个项目进展都较为缓慢。

3. 在该工程信息管理系统最后验收的过程中，负责验收的老张提出了一些问题，小王能够及时解决这些问题并完成验收，但随后他就转而参与其原承担的软件开发项目。后来随着系统在使用过程中不断出现问题，使用者找不到对应负责维护的人员，导致系统漏洞百出却无人修复，最终处于弃用的状态，当初开发时的人力物力投入也白白浪费了。

【参考答案】

现象 1 体现了工程信息管理的以下几个问题。

(1) 该项目聘用的负责人不够专业，且负责人在缺乏专业技术背景的同时并没有对应去收集相关资料，完成合理的项目可行性研究。

(2) 不够专业的负责人给出过度承诺，没有按照项目合理的工程预期和人力预估进行工程计划管理。

解决方案应当关注工程信息的收集、可行性研究、工程进度控制等方面，例如：

(1) 工程信息的收集方面：在缺乏专业技术背景的时候，应当从系统目标出发，派具备专业知识技能的人才负责有目的性地专项收集与客户需求类似的软件开发市场占有情况或者技术背景。这既可以采取文案调查法，即通过上网或者图书查询相关文献资料；也可以采取实地调查法，即派专员去市场上进行调研访查。

(2) 可行性研究方面：可行性研究是确定项目开发、规定下阶段工作范围、编制工作计划、协调各部门动作、分配资源和系统开发的依据和准则。因此，需要研究准备承接的软件开发项目在经济、技术、组织管理、环境和操作方面的可行性。

其中，经济方面的可行性研究则需要对投入费用和系统产出进行估算。技术方面的可行性研究需要讨论新系统所需的各种技术要求在当前条件下能否达到。组织管理方面的可行性研究需要从管理组织结构上自上而下分析每位负责人的实际态度和能力。环境方面的可行性研究则主要是对系统以外环境对系统的影响或者反向影响进行讨论。操作方面的可行性研究是指讨论建立的系统能否在组织内实现，并高效率地实现预期的功能，组织内外是否具备接受和使用新系统的条件。

对应可以给出四种可行性研究的结论：可以立即开始进行、需对系统目标进行修改后才能进行、需等待某些条件具备后才能进行、不必要或不可能进行。

那么上述几方面的可行性研究可以遵循以下几个步骤：成立可行性研究的专门小组；分析用户的信息需求；提出各种可能的系统方案；说明备选系统的主要特性；确定和评价备选系统的性能及成本/效益情况；选择最优的备选系统；准备可行性研究报告。

（3）工程进度控制方面：工程信息管理的进度控制主要涉及进度计划、进度执行和进度预测三个阶段。在进度计划阶段，需要编制项目设计、采购和施工各级各类进度计划，计算工程网络计划的时间参数，确定关键工作和关键线路。可以借助网络图和计划横道图实现进度可视化，同时需要编制资源需求量计划。在进度执行阶段，需要对进度计划执行情况做比较分析。最后需要根据实时工程进展进行工程进度预测和调整。因此进度控制系统需要包括项目进度计划的编制、实际进度的统计分析、动态比较分析与预测，以及动态报表与信息发布几大功能。工程进度管理不仅是简单的时间管理，还涉及资源的均衡、进度的协调和控制。

现象 2 体现了工程信息管理的以下几个问题。

（1）该项目聘用的负责人并非全身心投入项目中。

（2）该项目负责人独断专行，在不了解项目背景和发展情况的前提下擅自进行系统修改，且修改过程缺乏第三方监督和评估。

解决方案应当关注工程信息管理系统开发分析和系统开发监督等方面，例如：

（1）工程信息管理系统开发分析方面：工程信息管理系统开发分析的任务是了解信息管理的需求，从而确定系统逻辑模型，形成系统分析报告，用以指导后续的系统设计、开发、实施、维护与评价等流程。分析步骤包括现行信息管理系统的详细调查、组织结构与业务流程分析、系统数据流程分析、新系统逻辑模型建立以及系统分析报告的给出。新接手的负责人应当充分完成系统开发分析工作，从而对系统有全面准确的理解。

（2）系统开发监督方面：在系统开发的过程中，应当避免单人独断专行。一方面要加强多人合作沟通，以及开发者与需求者之间的沟通；另一方面要强调开发者对开发标准的遵循以及对其开发行为的监督。

现象 3 体现了工程信息管理缺乏项目维护阶段。那么解决方案主要集中在强调工程开发维护阶段的必要性上，信息系统的维护包括：

（1）改正性维护：诊断和改正软件错误的过程。

（2）适应性维护：为适应软硬件等新的变化进行修改。

（3）完善性维护：为满足用户提出增加新功能、修改已有功能以及一般改进要求和建议而进行的工作。这类维护占软件维护工作的大部分。

（4）预防性维护：为进一步改进系统的可维护性和可靠性等进行的修改，在系统维护中这类维护相对来说是很少的。

根据上述几类信息系统的维护，确定不同的维护目标，并在对系统理解的基础上建立维护方案。该方案要考虑到维护过程中的波及影响。如关闭服务器与外部的连接进行本地维护时，需要考虑关闭的时间段，以最小化对服务质量的影响，避免出现严重的经济损失。在确定好合适的维护方案后，就需要通过修改程序、调试等软件维护手段对信息管理系统进行修复，最终通过修改日志文档的方式记录维护内容。

参考文献

[1] 何继善，陈晓红，洪开荣. 论工程管理[J]. 中国工程科学，2005，7(10)：5-10.

[2] 王大涛，滕德贵，李超.基于低功耗无线传感网络的隧道健康监测系统[J].测绘通报，2018(S1)：273-277.

[3] SHANNON C E. A mathematical theory of communication[J]. The Bell System Technical Journal，1948，27(3)：379-423.

[4] PingCode. https://pingcode.com/.

[5] Worktile. https://worktile.com/.

[6] Microsoft Project. https://www.microsoft.com/en-us/microsoft-365/project/project-management-software.

[7] Trello. https://trello.com/.

[8] asana. https://asana.com/.

[9] wrike. https://www.wrike.com/.

[10] monday.com. https://monday.com/.

[11] Redmine. https://www.redmine.org/.

[12] 林建海，张海英，张胜. 浦东国际机场扩建工程信息系统总体规划研究[C]//吴念祖.上海空港(第1辑).上海：上海科学技术出版社，2006：50-54.

[13] 顾承东，林晨，刘武君.上海浦东国际机场二期工程的规划设计管理[J].中国市政工程，2008(2)：49-51，92-93.

[14] 王晓鸿，尹承林，李军世. 浦东国际机场第三跑道地基处理方案研究[C]//吴念祖.上海空港(第5辑).上海：上海科学技术出版社，2007：70-73.

[15] 林建海.浦东国际机场二期工程节能研究[J].上海节能，2008(5)：34-38.

[16] 王有晴，陶俊.上海市大型公共建筑节水技术调研[J].给水排水，2022，58(1)：104-110.

[17] Primavera P6 Enterprise Project Portfolio Management. https://www.oracle.com/cn/industries/construction-engineering/primavera-p6/.

[18] Quicken. https://www.quicken.com/about-us/careers.

[19] SeaTable. https://www.seatable.cn/.

[20] MeFlow. https://meflow.com.cn/case.

[21] 宋战平，史贵林，王军保，等.基于BIM技术的隧道协同管理平台架构研究[J].岩土工程学报，2018，40(S2)：117-121.

[22] YICK J，MUKHERJEE B，GHOSAL D. Wireless sensor network survey[J]. Computer Networks，2008，52(12)：2292-2330.

[23] LIU Y T，KONG L H，CHEN G H. Data-oriented mobile crowdsensing：A comprehensive survey[J]. IEEE Communications Surveys & Tutorials，2019，21(3)：2849-2885.

[24] WANG B，KONG L，HE L，et al. I(TS，CS)：Detecting faulty location data in mobile crowdsensing[C] Proceedings of the IEEE ICDCS，2018：808-817.

[25] BASU S，MECKESHEIMER M. Automatic outlier detection for time series：An application to sensor data[J]. Knowledge and Information Systems，2007，11(2)：137-154.

[26] D. L. Donoho，“Compressed sensing，” IEEE Trans. Inf. Theory，vol. 52，no. 4，pp. 1289-1306，

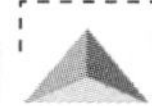

Apr. 2006.
[27] BIM_Ricky,工程数据库的特点. https://blog.csdn.net/rackyye/article/details/2147180.
[28] 母凤雯.数据库索引技术概述[J].电脑知识与技术,2017,13(25):9-11,13.
[29] QIAN L, LUO Z G, DU Y J, et al. Cloud computing: An overview[C]. Proceedings of the IEEE International Conference on Cloud Computing, 2009: 626-631.
[30] Amazon Web Service. http://aws.amazon.com.
[31] SCHMIDT E. Conversation with Eric Schmidt hosted by Danny Sullivan[C]. Proceedings of the Search Engine Strategies Conference,2006.
[32] PIKE R, DORWARD S, GRIESEMER R, et al. Interpreting the data: Parallel analysis with sawzall[C]. Proceedings of the Scientific Programming, 2005.
[33] Microsoft Azure. http://www.microsoft.com/azure/.
[34] CAO K Y, LIU Y F, MENG G J, et al. An overview on edge computing research[J]. Proceedings of the IEEE Access,2020(8):85714-85728.
[35] 田家林.安全信息的生命周期管理问题探讨[J].黑龙江科技信息,2015(4):109.
[36] GOSNELL C F. The rate of obsolescence in college library book collections as determined by an analysis of three select lists of books for college libraries[D]. New York: New York University, 1943.
[37] BERNAL J D. The transmission of scientific information: A user's analysis[C]. Proceedings of the International Conference on Scientific Information, 1958.
[38] MARCHAND D A, HORTON F W. Infotrends: Profiting from your information resources[M]. New York: John Wiley & Sons, Inc., 1986.
[39] 裴雷，望俊成. 信息生命周期管理研究进展述评[J]. 情报杂志，2010,29(9):7-10.
[40] MONTGOMERY C H. Measuring the impact of an electronic journal collection on library costs: A framework and preliminary observations[J]. New Review of Information Networking,2000,6(1):37-52.
[41] JONES M, BEAGRIE N. Preservation management of digital materials: A handbook[M]. London: British Library, 2001.
[42] 钱鹏. 信息生命周期管理两重性辨析：以科学数据管理为例[J]. 情报理论与实践,2013,36(3):11-14.
[43] 马费成，望俊成. 信息生命周期研究述评(Ⅰ)：价值视角[J]. 情报学报,2010(5):939-947.
[44] 赖茂生，李爱新，梅培培. 信息生命周期管理理论与政府信息资源管理创新研究[J]. 图书情报工作,2014,58(6):5-11,41.
[45] 李立伟. 面向全生命周期管理的电站远程诊断运维信息系统设计[D]. 上海：上海交通大学，2017.
[46] 齐贺瑾妍,饶美婉,何东山.轨道交通自动扶梯智能运维和全生命周期信息管理平台[J].中国电梯,2022,33(16):58-62,65.
[47] 李冠强.学术期刊光盘版的无序与整合[J].图书情报知识,2000(4):69-70.
[48] 索传军. 论数字馆藏的管理[J]. 大学图书馆学报,2003,21(2):30-35.
[49] 张峰. 构建存储梯田[N]. 网络世界,2003-08-25.
[50] 张春颖. 信息生命周期管理研究述评[J]. 情报科学，2012,30(6):6.
[51] URP.https://baike.baidu.com/item/URP/4643024.
[52] HABIBI M A, NASIMI M, HAN B, et al. A comprehensive survey of RAN architectures toward

5G mobile communication system[J]. IEEE Access,2019(7):70371-70421.

[53] 中国信通院. 物联网白皮书(2018). http://www.caict.ac.cn/kxyj/qwfb/bps/201812/t20181210_190297.htm.

[54] YE Z H, YIN M, TANG L, et al. Cup-of-water theory: A review on the interaction of BIM, IoT and blockchain during the whole building lifecycle [C]. Proceedings of the International Symposium on Automation and Robotics in Construction, 2018.

[55] WU Y, WANG Y, HU W, et al. Resource-aware photo crowdsourcing through disruption tolerant networks[C]. Proceedings of the IEEE ICDCS, 2016: 374-383.

[56] ZHANG D, HUANG J, LI Y, et al. Exploring human mobility with multi-source data at extremely large metropolitan scales[C]. Proceedings of the ACM/IEEE MobiCom, 2014: 1-12.

[57] TALASILA M, CURTMOLA R, BORCEA C. Improving location reliability in crowd sensed data with minimal efforts[C]. Proceedings of the IEEE WMNC, 2013: 65-85.

[58] 张广钦. 信息管理教程[M]. 北京,北京大学出版社,2005.